多元城镇空间协同规划研究丛书 | 赵虎主编

国家自然科学基金面上项目（51878393）
国家自然科学基金青年科学基金项目（51308325）

都市区职住协同与空间干预研究

赵虎 著

东南大學出版社
SOUTHEAST UNIVERSITY PRESS
·南京·

内容提要

本书着眼于具有中国特色的都市区职住空间协同发展规律与规划干预机制探寻，或者也可以表述为新型城镇化阶段城市区域职住空间重构规律与规划干预机制研究，是在深刻分析新型城镇化和乡村振兴双重战略作用的基础上，梳理国内外相关典型案例，科学架构中国都市区职住空间发展规律及规划干预机制框架，并以济南都市区为对象进行实证研究，提出具有针对性的空间干预策略。本书通过八章内容的阐述，在都市区职住协同与空间干预研究的基础上试图初步实现从理论建构到实证分析乃至规划应对的系统建构。

本书作为国家自然科学基金项目的部分研究成果，适合城市及国土空间规划管理部门的工作者、城市规划设计人员，城乡规划学、城市地理学、城市经济学、城市交通与管理等领域的研究人员以及高校师生阅读与参考。

图书在版编目（CIP）数据

都市区职住协同与空间干预研究 / 赵虎著 .—南京：东南大学出版社，2023.12

（多元城镇空间协同规划研究丛书 / 赵虎主编）

ISBN 978-7-5766-1055-0

Ⅰ. ①都… Ⅱ. ①赵… Ⅲ. ①城市空间－空间规划－研究－中国 Ⅳ. ① TU984.2

中国国家版本馆 CIP 数据核字（2023）第 252053 号

责任编辑：李倩　　责任校对：子雪莲　　封面设计：王玥　　责任印制：周荣虎

都市区职住协同与空间干预研究

Dushiqu Zhizhu Xietong Yu Kongjian Ganyu Yanjiu

著　　者：赵虎
出版发行：东南大学出版社
出 版 人：白云飞
社　　址：南京四牌楼 2 号　邮编：210096
网　　址：http：//www.seupress.com
经　　销：全国各地新华书店
排　　版：南京凯建文化发展有限公司
印　　刷：南京凯德印刷有限公司
开　　本：787 mm × 1092 mm　1/16
印　　张：15.75
字　　数：345 千
版　　次：2023 年 12 月第 1 版
印　　次：2023 年 12 月第 1 次印刷
书　　号：ISBN 978-7-5766-1055-0
定　　价：69.00 元

本社图书若有印装质量问题，请直接与营销部调换。电话（传真）：025-83791830

前言

大都市区是源自国外的一种城市区域概念，它是由中心市和外围郊县共同构成的功能一体化区域。在这个区域内，人们通常能在一天之内实现居住和就业之间的空间组织，同时这也界定了大都市区的空间范围。因此，大都市区是一种高级的城市区域功能形态，是在城镇化率提升到 50% 之后更大范围内多中心城市的一种区域化呈现。它在组织上有别于以往强调城乡对立或城郊分野的意识，突出都市区范围内的一体化，特别是通过高效率的通勤方式实现了城郊和城乡之间的合理职住分工。可是当中国的城镇化率达到 50% 之后，在政府的公文中对都市区化却鲜有提及。难道是中国的城市没有迎来都市区化的时代？当然不是，中国的城市已然进入了都市区化的阶段，只是在表述上被新型城镇化所取代了。随着城镇化率持续提升，多中心的大城市框架逐渐拉开，城郊之间的通勤联系日趋紧密。然而正是基于西方城镇化发展的规律，中国提出了更符合自身现实的新型城镇化战略，这其实是都市区化阶段的中国特色版本。也就是说，随着中国城市发展进入了都市区化阶段，中国政府随即提出了新型城镇化战略来对这一阶段的发展进行调控，从而引导大中小城市健康发展。加之近年来乡村振兴战略的推进和城乡融合力度的强化，更体现出都市区职住空间协同研究的必要性和时代价值。

本书共分为八章，着眼于具有中国特色的都市区职住空间协同发展规律与规划干预机制探寻，初步实现了从理论建构到实证分析的系统逻辑。从整体来看，相较于以往国内大都市区职住空间关联的研究，本书的特点主要体现在以下三个方面：

第一，在研究思维上强调平等，特别是城乡之间的平等。有别于以往类似研究过度强调城区的特点，在本书的研究中，不仅同等关注了城区、郊区、村庄等空间范围内的研究对象，而且列举了高新区和快速公交走廊地区两个典型地区，并总结了新型城镇化阶段乡村非农就业者的职住协同特征。尤其在分析中强化了不同性别和代际的乡村家庭成员职住协同差异及空间体现，还分析了相关的影响因素；同时，在郊区职住协同的研究中归纳了不同户籍的非农就业人员的职住协同特征。这些都为新型城镇化的高质量推进提供了值得借鉴和参考的一手资料。

第二，在研究地域上强调互动，特别是中心城区和郊区之间、城镇和村庄之间的双向互动。在大都市区的概念中，中心城区与郊区之间需要一定的通勤量予以支撑，同时由于乡村振兴战略的落实，村庄也承担了一部分非农就业人口的居住功能。本书通过大量的问卷调研数据，从乡村居住人口和非农就业人口两个角度入手，得到了济南都市区的中心城区与郊区、城区与乡村之间的职住互动特征，为进一步提升大都市区的运营效率和幸福感提供了良好的数据支持。

第三，在研究应对上强调空间，特别是与国土空间规划编制内容的对接。众所周知，国土空间规划体系的改革正在如火如荼地推进之中。本书结合国土空间规划需求，提出了两个层次、两个维度、两个互动、四个要素的空间规划应对体系。其中，两个层次是指总体规划层次和单元规划层次；两个维度是指职住空间分布和职住空间组织；两个互动主要是指中心城区与郊区互动、城镇和乡村互动；四个要素是指居住、就业、交通和公共服务设施，并将这些内容在不同的空间尺度上予以体现，进而为国土空间规划编制体系的完善提供了积极的探索。

本书由赵虎教授及其研究生共同完成。其中，赵虎提出本书的整体架构并负责统稿，张悦、张浩楠参与了第 1 章的撰写工作，尚铭宇、张浩楠参与了第 2 章的撰写工作，张悦、高翔参与了第 3 章的撰写工作，徐宁、张悦参与了第 4 章的撰写工作，何晓伟、张悦参与了第 5 章的撰写工作，孙涵、尚铭宇参与了第 6 章的撰写工作，王晓彤、董铭慧参与了第 7 章的撰写工作，司建平、尚铭宇参与了第 8 章的撰写工作。此外，王晓彤和闫静参与了本书图片和表格的整理工作，在此一并说明。

目录

1 绪论

1.1 研究背景和意义

职住关系是一个既古老又新颖的话题。自人类开始形成定居，就要处理居住和就业功能的空间布局问题。在已发现的新石器时代的若干个早期聚落遗址中，考古专业人员考察出当时房屋基础、手工业作坊等早期遗迹的布局，这些都能体现人类当时处理职住功能空间的思想和做法。从古代的城镇遗迹挖掘情况来看，功能分区和就近组织的平衡始终是人类处理职住关系的重要法则，其中反映了人类对生产环境与生活环境不相互干扰的处理方式，也反映了二者之间联系的便捷要求。现代城市的发展源自现代生产方式的变革，小型手工业作坊逐渐被大型蒸汽机带动的工厂所代替。工业革命带来的人口向城镇集聚的趋势日益明显，松散的工业作坊被集中到资源密集的区位上来。这些工业企业造成的环境污染使得人类居住的功能区与工业区之间不得不形成阻隔，同时由于机动化交通工具的盛行，居住和就业两个功能区之间的距离开始拉大，长距离的职住通勤逐渐出现，更大尺度的城市功能区逐渐形成。19 世纪末至 20 世纪初，英国伟大的城市规划理论大师霍华德提出了田园城市的思想，其初衷就是为了消除工业革命对人类居住生活带来的负面影响，创造更美好的人居环境。到 20 世纪 30 年代，权威而经典的《雅典宪章》明确提出了居住和就业作为城市的四大功能之二，在其组织上要以美好环境的创造为目的。第二次世界大战后，随着郊区化和大都市区化的推进，美国居民职住空间的距离开始被疯狂地拉大，传统就业组织的居住和生活模式发生剧烈变革，更加分散的城市空间布局呈现出与以往不一样的格局。时至今日，在资源和能源约束趋紧、“双碳”发展目标成为世界共识的时代，职住之间的组织成为新时代各个城市功能组织绕不开的话题。

由此看来，在数千年人类文明历史中，不同时代的城镇功能组织始终围绕着一个主题，那就是居住和就业二者关系的协调。近年来，随着中国新型城镇化发展战略和乡村振兴战略的推进，以大都市区和城市群为核心的城市区域空间逐渐成为职住空间实现协同的主要空间载体，这也为职住空间组织研究带来了新的挑战。

1.1.1 研究背景

1）新型城镇化与都市区化

新型城镇化，这是近 10 年来国家始终在推进的一项重大战略（表 1-1）。

新型城镇化与传统城镇化的最大不同在于，新型城镇化是以人为核心的城镇化，注重保护农民利益，与农业现代化相辅相成（伊海燕等，2014）。新型城镇化不是简单的城市人口比例增加和规模扩张，而是强调在产业支撑、人居环境、社会保障、生活方式等方面实现由“乡”到“城”的转变，实现城乡统筹和可持续发展，最终实现“人的无差别发展”（梁倩，2022）。

表 1-1 新型城镇化战略相关政策与文件列表

时间	相关政策与文件
2012-11	中国共产党第十八次全国代表大会上的报告《坚定不移沿着中国特色社会主义道路前进 为全面建成小康社会而奋斗》
2013-11	《中共中央关于全面深化改革若干重大问题的决定》
2014-03	中共中央、国务院发布《国家新型城镇化规划（2014-2020 年）》
2014-12	国家发展和改革委员会等联合下发《关于印发国家新型城镇化综合试点方案的通知》
2016-02	国务院发布《关于深入推进新型城镇化建设的若干意见》
2016-03	《中华人民共和国国民经济和社会发展第十三个五年规划纲要》
2016-04	国土资源部印发《关于进一步做好新型城镇化建设土地服务保障工作的通知》
2017-06	国务院批复同意《加快推进新型城镇化建设行动方案》
2019-04	国家发展和改革委员会发布《2019 年新型城镇化建设重点任务》
2020-04	国家发展和改革委员会发布《2020 年新型城镇化建设和城乡融合发展重点任务》
2020-05	第十三届全国人民代表大会第三次会议政府工作报告《2020 年国务院政府工作报告》
2021-04	国家发改委发布《2021 年新型城镇化和城乡融合发展重点任务》
2022-03	国家发改委发布《2022 年新型城镇化和城乡融合发展重点任务》

为什么要推出这个战略？这是因为面对城镇化拐点的到来，政府要做出积极应对。2010 年中国的城镇化率达到 50%，后期城镇化的发展将进入一个新型的发展阶段。实现城镇化的高质量发展，包括就近实现的城镇化发展思路逐渐受到认可。

新型城镇化内涵要求不一定非要把人口向大城市积聚，通过新型的经济业态，可以是工业化的，也可以是非工业化的，更加人性化地推动农民的城镇化和市民化，比如工业园区带动的城镇化、乡村旅游带动的城镇化、农村网购经济带动的城镇化等。这些新的城镇化模式，首先带来的是农民生活方式的转变，同时也拉动了都市区化的发展，即非农劳动力职住空间尺度的扩大。

城镇化的内涵是乡村人口和资源向城镇集中的过程。就城镇化的发展规律而言，这一集中的过程可以分为集聚性城镇化和分散性城镇化两个大的阶段，但是最终的状态还是会达到均衡，即城乡之间资源要素的均衡。对应到城镇的空间形态和分布上面，在城镇化率较低的阶段，城镇是较为分散而均衡地分布到广域乡村基地上面的，这个阶段城镇作为一个点，是需要广大的乡村来供养和支撑的，城镇化呈现出的是一种低水平的均衡状态，各个城镇的平均规模相差不大，增长也较为缓慢，仅有少数城镇因为行政中心功能而规模宏大，并且这个阶段的城镇化率是低于

30% 的。随着工业化时代的到来，乡村的资源要素大规模地向城镇集中，城镇规模开始普遍增长，城镇化呈现出的是一种极化的特征，现代意义的城市雏形显现，但是区域多个城镇之间的网络并没有真正形成，各个城市还是处在一种相对独立的状态上，这个阶段的城镇化率处在 30%—50%。第二次世界大战之后，随着信息化时代的到来，分散的、郊区化的城镇化进程开始兴盛起来，多中心的大都市区逐渐成为城镇化推进的主要形态，这是以人的日常居住—就业活动尺度构建的城镇化主要空间载体。这个时候也被称为都市区化阶段，多个城镇之间通过信息网络、高速公路等基础设施形成了紧密联系，网络化均衡的分布状态日渐形成，这个阶段的城镇化率处在 50%—70%。

所以，从城镇化发展的规律和我国发展的实际情况来看，中国目前已经进入了以都市区为发展主体的阶段。虽然因为中西方的国情差异，中国还没有从行政上明确发布大都市区的名词和统计制度，但是城市群、都市圈的相关概念和相关规划却不断涌现。政府提出新型城镇化的国家战略也正是为了顺应这一发展态势，相对于传统城镇化，单纯强调单个城镇规模扩大，而忽视区域一体化发展和简单依赖工业带动城镇化的模式必定会有所不适。新型城镇化的动力更加多元，是以城乡统筹、城乡一体、产业互动、节约集约、生态宜居、和谐发展为基本特征的城镇化，是大中小城市、小城镇、新型农村社区协调发展、互促共进的城镇化。与传统提法相比，新型城镇化更强调内在质量的全面提升，也就是要推动城镇化由偏重数量规模增加向注重质量内涵提升转变（黄亚平等，2013）。长期以来，各级政府习惯于粗放式用地、用能，主要依靠中心城市带动，提出新型城镇化后，必须从思想上明确走资源节约、环境友好之路的重要性（冯国强，2015），更应该强调城市群、大中小城市和小城镇协调配合发展的必然性。

由此，都市区化的发展使得中心城区和郊区真正连成了一体，人在其中的活动尺度扩大，职住功能突破了原有城区的范围，开始在城乡之间组织开来。

2）乡村振兴与城乡融合

乡村振兴战略是习近平总书记 2017 年在中国共产党第十九次全国代表大会工作报告中提出的。中国共产党第十九次全国代表大会工作报告指出，农业农村农民问题（即“三农”问题）是关系国计民生的根本性问题，必须始终把解决好“三农”问题作为全党工作的重中之重，实施乡村振兴战略。后续，中央政府在管理机构、规划指导、实施路径、法规保障、产业配套、土地开发、脱贫增收、数字建设等方面做出了一系列工作安排（表 1-2）。

表 1-2　乡村振兴战略相关事件列表

时间	相关事件
2017-10	习近平同志在中国共产党第十九次全国代表大会工作报告中提出的战略
2017-12	中央农村工作会议首次提出走中国特色社会主义乡村振兴道路，让农业成为有奔头的产业，让农民成为有吸引力的职业，让农村成为安居乐业的美丽家园
2018-03	国务院时任总理李克强在《2018 年国务院政府工作报告》中讲到，大力实施乡村振兴战略

续表 1-2

时间	相关事件
2018-09	中共中央、国务院印发了《乡村振兴战略规划（2018—2022 年）》，并发出通知，要求各地区各部门结合实际认真贯彻落实
2019-04	中共中央、国务院印发《关于建立健全城乡融合发展体制机制和政策体系的意见》
2019-06	国务院印发《关于促进乡村产业振兴的指导意见》
2019-12	国家发展和改革委员会、中央农村工作领导小组办公室、农业农村部、公安部等 18 个部门联合印发《国家城乡融合发展试验区改革方案》
2020-07	农业农村部印发《全国乡村产业发展规划（2020—2025 年）》
2020-09	中共中央办公厅、国务院办公厅印发《关于调整完善土地出让收入使用范围优先支持乡村振兴的意见》
2021-02	《中共中央　国务院关于全面推进乡村振兴加快农业农村现代化的意见》，即中央一号文件发布
2021-02	国务院直属机构国家乡村振兴局正式挂牌
2021-03	中共中央、国务院发布《关于实现巩固拓展脱贫攻坚成果同乡村振兴有效衔接的意见》，提出重点工作
2021-04	国家发展和改革委员会发布《2021 年新型城镇化和城乡融合发展重点任务》
2021-04	第十三届全国人民代表大会常务委员会第二十八次会议表决通过《中华人民共和国乡村振兴促进法》
2021-05	司法部印发《“乡村振兴　法治同行”活动方案》

乡村振兴战略推动了新的农村就业和居住空间格局重构。首先，农村就业的变化来源于农村产业结构的变化。乡村振兴战略系统推进农业供给侧结构性改革，培育新型经营主体。鼓励发展“互联网 + 农业”，多渠道增加农民收入，促进农村一二三产业融合发展（魏东雄等，2018）。并且，《乡村振兴战略规划（2018—2022 年）》提出要坚持党管农村工作、坚持农业农村优先发展、坚持农民主体地位、坚持乡村全面振兴、坚持城乡融合发展等基本原则；深化农业供给侧结构性改革，构建现代农业产业体系、生产体系、经营体系；推进农村一二三产业交叉融合，加快发展根植于农业农村、由当地农民主办、彰显地域特色和乡村价值的产业体系，并明确了乡村产业发展的重点任务。相对于种植业和畜牧业这些传统农业的类型，《全国乡村产业发展规划（2020—2025 年）》则提出，提升农产品加工业、优化乡村休闲旅游业、发展乡村新型服务业的思路。由此，乡村振兴战略推动下的乡村会产生大量具有吸引力的非农就业岗位，所以乡村的发展也会具有活力，这就会吸引一定数量的城镇居民来到乡村就业。同时，乡村振兴战略规划的落实还对改善农村人居环境有着重要影响。通过改水改厕等重点工程，提升村庄建筑质量，优化公园绿地等环境，加强公共服务设施配套，保护好绿水青山和田园风光，留住独特的乡土味道和乡村风貌，推动水、电、路、房等基础设施向农村延伸倾斜，创造美好的乡村人居环境。伴随着乡村人居环境的提升和机动化交通出行方式的便捷化，村庄对非农就业者的吸引力会大大增加，这就增加了城乡之间跨区通勤的可能。

城镇化是一种生活方式的转变，有着巨大的吸引力，同时城镇也意味着更多可选择的发展机会。根据改革开放以来城乡人口流动的趋势，乡村人口向城镇流动的特征十分突出，人口的集聚带动了城市的繁荣，人口的流失也造成了乡村的衰落。这一衰落表现在经济产业衰落、生态景观风貌衰落、传统文化底蕴丧失、乡村人口收入不高等多个方面。国家推出乡村振兴战略正是为了应对这些问题，如对应“城市病”的叫法，这些问题可以被称为“乡村病”。但是有别于城市巨大人力和财力的资源支撑，乡村在资源支撑方面要弱于城市，特别是在市场经济主导的今天，资源的分配主要是依赖市场力量推进，因此乡村振兴战略的实施面临着市场力量支持相对欠缺的困境。特别是在缩小城乡差距的同时，还要尽量保持乡村的文化和生态特色，这是一个巨大的挑战。

政府在意识到这个困难之后，又提出了城乡融合发展的思路。为什么要提出城乡融合？因为要把城镇和乡村绑定在一起进行联动。从目前发展来看，解决这个困难的根本还是要继续推进城镇化发展，通过城镇化实现人口城乡布局的再调整，实现人口收入的增加，实现城乡资源的再分配。因此，各地在积极落实国家乡村振兴战略的同时，还要继续推进新型城镇化，增加国家对资源的统筹能力，挖掘乡村的特色资源，增强市场对乡村的吸引力，要借助城市的资源形成对乡村的有效支撑。因此，城乡融合要以协调推进乡村振兴战略和新型城镇化战略为抓手，以缩小城乡发展差距和居民生活水平差距为目标，以完善产权制度和要素市场化配置为重点，坚决破除体制机制弊端，促进城乡要素自由流动、平等交换和公共资源合理配置，加快形成工农互促、城乡互补、全面融合、共同繁荣的新型工农城乡关系，加快推进农业农村现代化（张小瑛等，2022）。并且，城乡融合策略能够为乡村振兴战略的推进提供支持，有效解决乡村振兴战略落实中人力、财力、土地、公共设施等资源调控的问题。

总之，新型城镇化战略和乡村振兴战略是国家着力推进的两大战略，对实现中华民族伟大复兴有着积极而重大的意义。同时，这两个战略对城乡就业和居住格局的重构也会产生深远影响，直接表现为人口在城乡之间流动的加剧，这种加剧又呈现为职住之间互通频次和空间距离的变化。因此，本书研究大都市区人口的职住协同和空间干预问题具有时代价值和现实意义。

3）职住平衡与绿色低碳城市

职住平衡成为一个重要的城市发展目标，这是新型城镇化时代，也是中国大都市区化时代不得不提倡的目标。自“十二五”规划以来，国家和地方政府陆续发布新型城镇化规划（2014—2020 年），并持续推出年度工作实施方案。其中，明确将产城融合和职住平衡作为重要的目标进行推动。同时，中国共产党第十八次全国代表大会提出了五个文明的治理体系，特别是生态文明的提出将生态优先确定为国家发展的基本导向，成为城市发展的根本导向，也成为相关规划的核心原则。

生态文明与绿色低碳在内涵上具有高度一致性。2020 年 9 月国家明确提出 2030 年“碳达峰”与 2060 年“碳中和”目标。“双碳”目标势必倡导绿色、环保、低碳的生活方式，加快降低碳排放步伐，有利于引导绿色技术创新，提高产业和经济的全球竞争力。这些要求与生态文明的要求是相通的，并且与职住平衡之间有着深刻的关联。职住平衡是一个策略，也是生态文明和绿色低碳目标实现的直接行动策略。职住平衡有助于实现通勤者的低能耗、低排放，是绿色交通发展目标的具体体现，更有助于“双碳”目标的实现，在《山东省新型城镇化规划（2014—2020年）》《北京城市总体规划（2016—2035年）》《上海市城市总体规划（2017—2035年）》和《广州市城市更新专项规划（2021—2035年）》等规划设计成果中均有相应的体现。

其中，《山东省新型城镇化规划（2014—2020年）》在“行动计划”一章中专设“产城融合行动”一节，提出“以产业与城市互动融合发展为主线，优化功能布局，以园区转型升级、职住平衡为重点，促进产业活动向园区集中、城市功能向园区拓展，构建要素匹配、功能齐备、服务完善的城市功能区”。

《北京城市总体规划（2016—2035年）》是首都地区发展的总体蓝图，提出协调就业和居住的关系，推进职住平衡发展的策略，包括优化就业岗位分布，缩短通勤时间，创新职住对接机制，具体是从就业、居住和交通三个方面落实。在就业方面，关注提升劳动者就业创业能力和合理调控中心城区就业岗位规模两个方面的内容。在居住方面，调整优化居住用地布局，到2020年全市城乡职住用地比例由现状的1∶1.3调整为1∶1.5以上，到2035年调整为1∶2以上。同时，创新职住对接机制，提高就业人员就近居住配置率，积极探索通过多种方式提供面向本地就业人口的租赁住房，引导就业人口就近居住和生活。在交通方面，大幅提升通勤主导方向上的轨道交通和大容量公共交通供给，完善城市主要功能区、大型居住组团之间的公共交通网络，提高服务水平，缩短通勤时间。推进公共交通导向型发展（Transit Oriented Development，TOD）模式，围绕交通廊道和大容量公共交通换乘节点，强化居住用地投放与就业岗位集中，建设能够就近工作、居住、生活的城市组团。

《广州市城市更新产城融合职住平衡专题报告》是广州市规划和自然资源局依托2021年城市更新深化工作，围绕产城融合和职住平衡两个主题开展深入研究，通过多维度职住平衡指标体系构建，多举措促进实现产城融合职住平衡的发展目标。其中，产城融合职住平衡指标体系涵盖市域、行政区、就业中心30 min通勤圈三个层级，每个层级有5项，共计15项指标，特别是在微观层面提出了交通需供指数、轨道可达指数、公服配套指数、职住平衡指数、低成本住房指数5项指标，均是客观性指标（表1-3）。

表1-3　国内相关案例职住平衡指标体系构成表

空间层次	指标	解释
宏观：市域	通勤距离	平均通勤距离
	通勤时间	平均通勤时间
	轨道覆盖率	轨道站点800 m半径覆盖的人口岗位比
	职住比	就业岗位与居住人口之比
	产居比	产业建设量占总建设量的比重

续表 1-3

空间层次	指标	解释
中观：行政区	轨道覆盖率	轨道站点 800 m 半径覆盖的人口岗位比
	职住比	就业岗位与居住人口之比
	产居比	产业建设量占总建设量的比重
	公服覆盖率	教育、医疗、养老等公共服务设施覆盖情况
	市民满意度	市民对城市更新的满意度情况
微观：就业中心	交通需供指数	进出就业中心的交通需求与供给能力之比
	轨道可达指数	30 min 通勤圈范围中 10 min 内可达轨道站点的适龄就业人口占比
	公服配套指数	30 min 通勤圈范围内公共服务设施建筑面积与总居住人口之比
	职住平衡指数	就业中心范围内岗位数与其 30 min 通勤圈范围内适龄就业人口之比
	低成本住房指数	30 min 通勤圈范围内城市更新项目中低成本住房居住人口与总居住人口之比

例如，计划到 2030 年，广州市交通设施按规划建成、城市更新五年计划项目全部完成后，轨道覆盖率由 39% 提升至 55%，产居比由 15% 提高至 25%，超过新加坡、东京现状水平（分别为 23%、24%）。城市更新五年计划完成后，广州市交通及公共服务设施水平将得到提升，职住平衡和低成本住房供应均得到改善。一是职住平衡指数平均达到 0.41，即典型商圈平均可满足 30 min 通勤圈内 41% 的适龄就业人口的就业需求；二是低成本住房指数平均达到 0.4，即城市更新中有 40% 以上的居民可享受低成本住房；三是城市更新所提供的住房面积总量中有 40% 为低成本住房（袁亚琦，2020）。

综上，都市区化作为国内大城市发展的趋势之一，这不仅仅表现为城市规模的扩张，更意味着一个统一的非农劳动力市场正在加速形成。伴随着这一趋势，都市区就业空间的研究亟须被提上日程，除去以传统产业空间为依托的研究内容之外，以就业空间为出发点的就业可达性、职住关系等话题也日益得到国内学者的关注（赵虎等，2014）。

1.1.2 研究意义

本书的研究目的主要有三个方面：第一个方面是理论的建构，精细化探索大都市区职住功能协同的规律和空间干预的体系。这个理论的拓展是将时间和空间进行结合，梳理国内外先进大都市区职住协同的历程和空间干预的经验。在此基础上，从大都市区内部不同功能地域空间的视角，抓住居住、就业和通勤三个要素的变化，总结归纳大都市区职住协同的规律和空间干预体系。第二个方面是实证分析。结合济南都市区的数据，从整体、中心城区和郊区三个大的空间进行职住协同特征和影响因素的实证分析。其中，在中心城区层面，选取快速公交系统（Bus Rapid

Transit，BRT）沿线区域和高新区两个典型空间进行实证分析。在郊区层面，选取济南市长清区和章丘市（现章丘区）进行实证分析。第三个方面是优化策略提供。结合济南市都市区多个层次空间的实证分析，提出从整体到部分，多个层次的职住空间干预策略。

本书的研究意义在于对中国都市区职住空间组织理论和空间干预架构进行有效的补充和完善。在都市区职住空间组织理论上面引入城镇化率的发展阶段，考虑城区—郊区—乡村之间的多元互动，重新建构适合中国新型城镇化发展阶段的都市区职住空间组织理论。同时，本书提出的“两个层次 + 两个维度 + 三个要素”的空间干预框架对国土空间规划体系的架构和充实具有积极意义。

1.2　概念辨析

1.2.1　城乡功能地域

城乡功能地域是将城乡功能均包含在内的地域，这是都市区职住空间协同研究中所涉及的空间范围，即本书研究的职住空间协同组织尺度突破了以往城区的范围，从城区延伸扩展到区域和乡村的地域之内。鉴于此，本书需要对都市圈—都市区、城区—中心城区、郊区—乡村三对基础概念进行辨析，从而为后续的研究分析提供必要的前提。

1）都市圈—都市区

都市区的概念来源于美国。1910 年，美国管理和预算总署在人口普查时提出了“都市区”的概念，定义为以一个人口规模 10 万人以上的中心城市为核心，包括周围 10 mile（1 mile ≈ 1.6 km）范围内的区域，或者包括周围地区虽然超过 10 mile 但城市连绵不断且人口密度超过 150 人 /mile^2 范围内的区域（马向明等，2020）。因此，美国的大都市区通常由中心市和外围郊县共同构成，二者之间有着紧密的经济社会联系，这种联系通常情况下表现为日常通勤的空间紧密化。目前在美国的经济社会统计中，对于其功能地域的划分通常只有两类地区，一类是大都市区，一类是非大都市区，美国的大多数城市都属于大都市区的范畴。

我国研究都市区这一现象是从地理学者开始的。1987 年，北京大学周一星教授认为，中国应该借鉴西方国家的都市区概念提出自己的城市功能地域统计概念，即“城市经济统计区”（周一星，1989）。因此，都市区形成的首要条件是一个区域内存在一个人口规模较大的中心城市，而该中心城市的居民和就业人口的工作、生活、居住等空间扩展到了周边地区，周边地区与该大都市之间存在较大规模、频繁、密切的经济社会联系，这种经济社会联系主要表现为就业人口在中心城市与其周边地区之间大规模、频繁往返的上下班通勤联系（马燕坤等，2020）。

与大都市区字面相近的还有一个专业名词——都市圈或者城市圈。目前学术界对都市区和都市圈两个概念尚没有形成统一的认识。都市区与都市圈应该是既有联系又有区别。它们都以大都市为核心，均属于国家或地区经济较为发达的区域。都市区主要描述的是大都市就业人口的上下班通勤地域，都市圈主要描述的是大都市的经济辐射地域。都市区是都市圈的核心区域，两者在空间范围、人口规模、空间结构、经济社会特征等方面存在明显的差异。

从空间尺度来看，都市圈比都市区的地域范围要大，都市圈是以都市区为基础发展形成的更大范围、城市间具有紧密联系的发展区域；从区划关系来看，都市区的范围处于市域范围内，而都市圈则有时会突破省市行政区的边界约束，影响范围更大；从区域空间关系的构成角度来看，都市区的整体发展相较于都市圈更为均衡，中心区域与外围区域的发展相差没有那么大，而都市圈则呈中心—外围的发展结构，中心区域的发展水平、经济总量、人口规模等相关指标远高于其他地区，都市圈内各区域发展水平参差不齐（高翔，2020）。

2）城区—中心城区

从相关概念的比较可以发现，大都市区是一个以日常通勤距离为半径的通勤圈范围，其中不仅有中心市内部通勤的人员，即在中心市区内部居住和就业的人员，也有往返于郊县和中心市区之间的通勤者。由此而言，大都市区的功能地域范畴并不仅局限在城区或者建成区的概念，而且延伸到了与城市就业者关联紧密的乡村居住（图1-1）。这些乡村不仅为城镇就业者提供了居住条件，而且为大都市区的城镇功能提供了便捷的生态和粮食安全支撑。所以，在大都市区的功能地域构成上，首先要接受的是城区和村镇的二元共存性。其中，城区又包括中心城区和郊县新城。中心城区类似于中心市的概念，这是大都市区经济的中心区域，通常包含非农就业的主中心——中央商务区（Central Business District，CBD），并且其建筑开发强度很高。据统计，美国纽约大都市区的中央商务区（CBD）曼哈顿岛的就业密度达到20万人/km^2，芝加哥的中央商务区（CBD）的就业密度达到9万人/km^2。这些地区凭借着极高的就业容量和高端的产业业态为整个大都市区范围内的居民提供了就业岗位。通常情况下，这些中心城区都是以原有的中心城市为基础发展起来的。随着区域交通条件的改善，中心城市与周边县的通勤联系强度加强，跨区县通勤的比例开始增加。郊区的新城是在原有郊县的城镇或者工业园区基础上形成的城区，其发展的层次较中心城区要低，但是周边区域仍然是非农就业和居住较为集中的地区，通常情况下会成为大都市区的就业次中心。

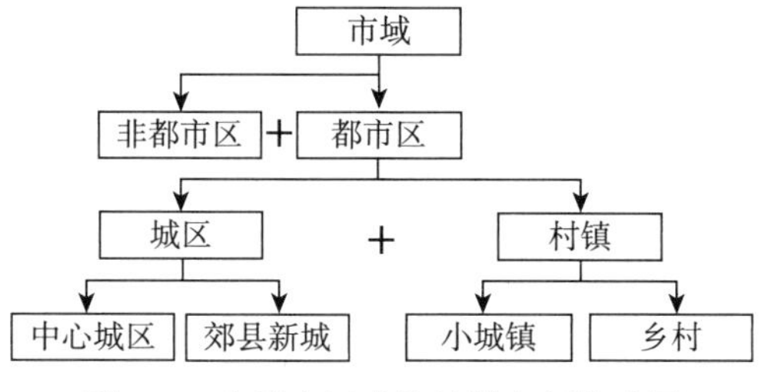

图1-1　大都市区功能地域空间构成图

中心城区和郊县新城之间一般会有快速交通方式相联系，主要表现为汽车或轨道交通。其中汽车交通以美国为代表，美国的大都市区内遍布高速公路，通勤者乘坐小汽车往返通勤。另外，以轨道交通为代表的丹麦哥本哈根和日本东京大都市区依靠地铁＋郊县通勤铁路组成的手指状轨道交通网相联系。

中心城区和郊县新城在进一步的构成划分上可以分为旧区和新区两种空间类型。所谓旧区是城区的旧有开发地区，开发年代较为久远，属于若干历史阶段的建设积累拼贴，建筑形式较为传统，人居环境水平相对较差，开发多在2000年以前。新区则是相对旧区而言的区域，其开发多在2000年后，成片开发的特征明显。开发区和大型居住区并存，建筑形式较为新颖，道路形式较为宽阔，人居环境水平相对较高。当然，因为开发阶段的局限性，新区也会存在公共服务设施配套无法满足使用需求的问题。

3）郊区—乡村

郊区（亦称邻近都市区域或市郊）是指城市外围人口较多的区域。通常是商业功能较少，以住宅为主，或者还有相当程度的农业活动但在都市行政辖区的范围之内。在发达国家和地区，有许多人口居住在郊区，但就业和日常活动空间主要在城镇里面。这是西方国家有关郊区的概念。中西方城市概念认识和发展路径的差异导致这一概念在适用性上也存在一定的差异。例如，概念中的城市在国内解释为城区更容易让人理解，或者替换成中心城区更容易被接受。后经我国学者结合国情，从地理学派、历史学派、行政区划学派、城市规划学派、社会经济学派等方面给出了相应的定义。整体考虑下来，郊区应该有以下几个典型特征：

第一，郊区和中心城区是大都市区的主要构成部分。中心城区是大都市区的核心，郊区通常位于中心城区外围，二者在空间上相近相邻。

第二，郊区与中心城区在功能上与城区又有紧密的联系。郊区受到中心城区经济辐射、社会意识形态渗透和城市生态效应的影响，在居住、就业等方面形成紧密的功能分工。

第三，郊区范围内既有城镇性质的功能区，也有乡村性质的功能区。根据它的位置以及同中心城区的联系可分为近郊和远郊两个部分：近郊是城镇性质的功能区；远郊则主要表现为农村农业生态和建设景观的区域。

郊区包括郊区新城、小城镇和乡村三种功能地域。郊区新城主要是在原有郊区城镇基础上发展起来的，结合了新的城市功能要素而形成的具有城郊混合特性的城镇功能片区。从城镇风貌上看，这里既有传统的城镇风貌，如多层的住宅楼，也有新型的都市风貌，如研发孵化大楼等。这里居民的成分也具有混合性：一是郊区当地的居民，大部分还是由农村进城的农民；二是市区的就业者，考虑到郊区房价的优势而在此买房居住。另外，还有部分临时居住人员因为在此就业选择临时在此居住。总体而言，郊区新城的发展处在一个快速成长的阶段，大量的人口和企业涌入，从而造成新城职住功能和风貌的剧烈变化。小城镇多是郊区原有的乡镇政府所在地，本身有一定量的人口集聚和中心服务功能，但是因为靠近新城和市区，受二者的极化吸引作用影响，小城镇在居住和就业上的作用整体呈现下降态势，特别是随着城乡交通条件的改善，许多乡村居民在解决高等级居住、就业和公共服务需求时逐渐绕开乡镇甚至新城，直接奔向市区。乡村是一种非城镇化的功能空间，是以大片生态农林基地和低密度开发村庄共同构成的面状空间类型。在大都市区的郊区，因为区位优越和历史原因，部分乡村也存在一定的非农产业。如在20世纪80—90年代，产生过一定数量的村镇企业。不过2000年以后，随着土地指标的趋紧，乡村能获取新增产业用地的可能性逐渐消失，这就造成了乡村非农产业的萎缩。但是，随着新型城镇化和乡村振兴战略的实施推进，乡村发展也迎来了新的机遇，居住和就业城乡一体化的趋势得到了鼓励和推动。因此，从一体化格局建构的视角来看，大都市区外围乡村的职住功能也应该受到重视。同时，从发达国家和地区的发展经验来看，在郊区的村庄内日常会有大量的城镇就业者在此居住，因为在解决了交通困难的前提下，他们更喜欢乡村的生活环境。

1.2.2 职住协同

1）概念界定

职住是居住和就业的简称。居住是城乡居民点的主要功能，也就是说，无论是哪种类型的居民点都会承载居民居住的功能。值得注意的是，有些居民点并不具备大规模的非农就业岗位。同时，对于就业来说，这里主要强调的是非农就业，而不是农业就业。因为，非农就业是全社会就业的主体。随着城镇化水平的提升，农业就业岗位的数量和占比都在下降。从西方发达国家和地区的从业结构变化来看，随着城镇化率数值的稳定，第一产业从业比重将会下降到5%以下，如美国的第一产业从业结构在2%以下。因此，从发展的规律来看，职住协同对就业的研究需要关注的是非农就业。当然，这里面也并不是完全摒弃农业类就业岗位，一二三产业融合型的就业类型也属于研究的范畴。

从字面上来看，职住互动就是居住和就业二者之间相互联系与调整适应的过程。从已有研究来看，以往主要关注的是职业状态特征和测度方法以及影响这种状态的因素是什么，还有这种状态与城市交通等的影响等等。可以说，有关职住平衡、职住分离、空间错位的研究都是这一领域的重点方向，并且产生了一系列重要而具有深远影响的研究成果。但是，本书在这里强调的职住互动与既有职住平衡、职住分离和空间错位研究的异同点又是什么？首先来说共同点，研究对象是指定地域内的居住和就业功能，这些功能的外观，或者体现的指标，或者采集的数据应该是相同的，也就是说研究的数据基础应该是相同的。基于指定地域范围内的居住者和就业者的相关数据，其核心是人的职住属性数据，抓手在地域内职住用地指标的控制。差异在哪里？职住互动更加强调居住和就业功能关联的动态性和过程性，主要体现在两个方面：一个是强调过程性和动态性，一个是强调自适应和调控的介入。何为强调过程性和动态性？职住平衡、职住分离，还有空间错位的研究，分别从交通学、地理学和社会学视角介入研究，但是均特别关注职住关联状态的特征值，也就是对现状特征或者历史特征的描述，而对若干个时间断面的连续性的或者动态性的描述是相对欠缺的。同时，对于地域整体性状态环境的把握是存在不足的，即过于单纯地只考虑了职住状态的数值，而忽略了地域发展的整体性阶段需求。

2）职住测度方法

已有研究通常使用“三种五类”的测度方法，即测度职住协同程度的方法主要有三种，分别是职住平衡指数法、关键通勤指标法和过剩通勤计算法。

（1）职住平衡指数法。该指数表明的是在同一区域内居住且就业的人口所占比例（Cervero，1989）。常用的计算方法有两个：第一个是职住比，这个计算方法是计算指定区域内就业岗位数与居住家庭户数之间的比例[①]。这是一个客观的数值，也是西方职住平衡研究中常用的一个指标。通常数值在1—1.5之间被认为是较为合理的范围。因为按照一个三口的核心家庭单元进行计算，包括两个成年人和一个小孩。如果有一个成年人工作的话，这个比值就是1，如果有两个成年人工作的话，这个比值就是2。考虑到家庭构成的实际情况，这个数值在1—1.5之间时，说明这个地区的职住协同程度较好。第二个是职住偏离指数，这个计算方法参考了区位熵的计算公式，用来计算一个区域内的若干个空间单元的职住协同情况[②]。假设这一个大的区域范围内的职住数量是协同的，也就是就业岗位数与居住人数是持平的，或者说，该区域范围内的居民都是在区域内实现就业。各单元的职住偏离指数是用就业岗位数除以居住人数的商值与整个区域该商值的比值。如果单元的职住偏离指数大于1，说明单元的就业岗位数高于区域平均水平，属于就业相对集中的单元；如果该数值小于1，则说明单元的居住人口数高于区域的平均水平，属于居住相对集中的单元。

（2）关键通勤指标法。参考国内外相关研究的成果和中国城市的实情，将某一区域内的职住协同测度方法分为行政测度、距离测度和时间测度三类：行政测度是以行政单元为空间范围，统计在此就业和居住的人员数量比例是多少。目前，国内对这一统计单元的使用多是以镇和街道为单位。这种方法的优点是容易获取数据，缺点是统计单元的行政面积差异很大。例如，在济南，边缘区的街道面积通常会比中心城区的街道面积大10倍以上。所以，同样职住比的街道，边缘区和中心城区的职住平衡程度其实并不一样。因此，行政平衡度是指被调查者的居住地与就业地在同一个行政街道范围内的比例。距离测度是以调查者通勤距离为基础，根据人的出行承受水平，将其划分为不同的职住协同类型。这种方法的优点是职住协同状态反映得较为准确，缺点是数据获取较难。因为这需要调查者详细填写自己的居住地点和就业地点，特别是涉及个人隐私时，被调查者通常不愿意泄露自己的个人信息。根据已有研究成果，通常将通勤距离在5 km以内的居民视为职住协同。因此，本书的距离测度法是指通勤距离在5 km以内样本的占比。时间测度是以调查者的通勤时间为基础，根据城市的若干平均通勤时间划分不同类型的职住协同程度。这种方法的优点是数据获取较容易，并且能体现市场对空间距离的修正性，缺点是容易让人忽视不同交通方式的差异性。例如，虽然步行和开车通勤的时间都是20 min，但其实两种方案所能达到的空间距离并不相等。据《济南市综合交通调查报告（2013年）》显示，济南市居民平均日常通勤时间为34 min，本书以30 min作为判断居民时间平衡的参照值。因此，本书的时间测度标准是指通勤时间在30 min以内的样本占比。

（3）过剩通勤计算法。过剩通勤是指在不改变城市职住空间分布现状的条件下，即在不改变城市空间结构的前提下，通过相互交换居住地与就业地，使城市通勤在理论上达到最小值，实际通勤与理论最小通勤的差值即过剩通勤[3]。这个概念最初是由汉密尔顿（Hamilton）提出的，只是他使用的是“浪费通勤”这个术语。后来，斯莫尔（Small）等使用了一个更为中性的术语——“过剩通勤”来替代“浪费通勤”一词（刘定惠等，2012）。过剩通勤是建立在理论最小通勤假设上的研究方法，假设研究区域内的住房和就业岗位无差别，通勤者愿意按照最优化原则相互交换居住地或就业地，从而使通勤达到最小值，即为理论最小通勤（Hamilton et al.，1982）。因此，理论最小通勤反映了一种职住接近的理想化状态。计算过剩通勤的关键在于计算理论最小通勤。汉密尔顿根据单中心模型理论，假设居民通过权衡居住和通勤成本获得最大效用。他用负指数密度函数表示居住地和就业地的分布，并分别计算了居住地和就业地与中央商务区（CBD）的平均距离，并将两者的差值定义为理论最小通勤。

1.2.3 空间干预

1）宏观调控——空间干预

政府干预市场失灵的方式通常有两种，一种是宏观调控，一种是微观规制，这两种方式都是空间干预的主要形式（表 1-4）。

表 1-4 政府干预市场失灵方式对比表

名称	宏观调控	微观规制
英文	macro-economic control	government regulation
原因	纠正市场失灵	纠正市场失灵
主体	政府	指具有法律地位且相对独立的政府管理者（机构）
客体	是国民经济总量，它从宏观角度调节市场运行，着重解决市场机制引起的宏观失灵和社会资源充分利用问题	是经济个量，它从企业或行业的角度规范市场经济运行，着重解决市场机制引起的微观失灵和资源未最优利用问题
目标	经济持续协调稳定增长、物价稳定、充分就业、国际收支平衡	反垄断、反不正当竞争、市场价格合理化、治理污染、环境保护等
途径	是间接的调控，它借助财政、货币等政策工具作用于市场，通过市场参数的改变，间接影响企业行为	是直接的调控，它借助有关法律和规章直接作用于企业，规范、约束和限制企业行为
手段	运用计划、财政和金融手段，从宏观的角度调节总供给和总需求及国民经济结构、物价总水平、社会总就业量等经济总量，引导企业投资和个人消费	主要运用价格、数量管制和质量控制等手段，规范市场主体、市场客体和市场载体，抑制垄断和不正当竞争，维护市场竞争效率，建立公平竞争等生产秩序
特征	有易变性、相机决策性	有相对稳定性、规制性和强制性

所谓调控，本意是调节与控制。目前这个词多用在宏观调控层面，又称作政府宏观调控，是指为弥补市场运行的不足，在尊重市场自我调节的前提下，政府综合运用计划、法规、政策、道德等手段对国民经济进行的一种调节与控制，对经济运行状态和经济关系进行干预和调整，及时纠正经济运行中偏离宏观目标的倾向，以保证国民经济的持续、快速、协调、健康发展。政府宏观调控是系统工程，应该以经济手段和法律手段为主，辅之以必要的行政手段，形成有利于科学发展观的宏观调控体系，充

分发挥宏观调控手段的总体功能。根据重点差异，调控内容通常包括三个方面：第一个方面是从全局平衡上进行调控，包括国家政府合理地制定各项经济、财政、货币政策和措施，以控制总量平衡，规划和调整产业布局等。第二个方面是从生产环节上进行调控，正确运用价格、税收、信贷等经济杠杆，调节国民收入的分配和再分配，从经济利益上诱导、协调和控制社会再生产的各个环节等。第三个方面是从专项领域进行调控，如科学地编制各项经济计划，使经济计划建立在有充分科学依据的基础上，使其在中长期的资源配置中发挥应有的作用，弥补完全依靠市场配置资源的不足。

所谓微观规制，是与宏观调控并行的两种政府干预经济的方式。其中，宏观调控关注的是经济总量的平衡、经济的增长和就业的增加等目标，而微观规制更注重个体经济在市场中规范的运行。

空间资源是国民经济平稳发展的重要支撑资源，对其进行调控是促进国民经济发展的直接手段。空间调控是政府调控中的一种，其调控的对象主要是国土空间资源。因为中国实行国土资源的社会主义公有制，即全民所有制和劳动群众集体所有制，但是在土地的使用权上又明确了物权，因此这些资源的开发和保护都需要在一个合理的框架之下，所以空间调控是不可或缺的，也是必要存在的。随着我国国土空间资源市场的建立，高效、健康、公平的开发与保护效果是空间调控的目标，弥补市场运营的缺陷是空间调整的初衷。根据目前对国土空间规划相关材料的解读，现有的国土空间可以被系统分为生产空间、生活空间和生态空间三种，而职住空间分别属于生产空间和生活空间的范畴，因此国土空间规划作为空间调控的一种，应被纳入第三个方面的调控类型。在调控时，要遵循综合决策原则、总体平衡原则、协调原则、引导鼓励原则。同时，在空间调控上面还有针对整体和各个环节的调控类型存在，其调控手段有法律、经济和行政等多种形式。

所以，从这个角度出发，在相关规划中会出现空间规制或空间管制的内容，在这里主要是针对未来的开发设置空间使用的准入门槛，进行数量和质量控制，并且规范、约束开发的行为。

2）职住空间干预——国土空间规划

职住空间干预属于空间干预的一个专项内容（表 1-5）。空间干预的对象是空间资源，职住空间干预的对象主要是职住空间资源。空间干预的原因是为了弥补市场失灵所造成的若干问题，如空间资源配置不均衡或者低效率，甚至不公平，这体现在职住空间资源上面，即与房地产市场和就业市场的运作失灵是相关的。同时，这种失灵造成了住宅和就业资源的空间分布不均衡，特别是因为这种不均衡引发了职住空间组织的低效率，这不仅会造成交通拥堵，而且会降低居民和就业者的生活与工作质量。职住空间干预领域集中在住房、就业和交通领域，遵循总体平衡、协调原则、引导鼓励原则。干预方法为制定法律、出台措施、制定政策（规划）、提供信息服务、惩罚等。干预手段为经济手段、法律手段、行政手段，科学地编制规划计划，使其在中长期的资源配置中发挥应有的作用，从而实现城乡资源的高效配置。

表 1-5　职住空间干预体系表

方面	空间调控	空间规制
对象	职住空间资源	
原因	是为了弥补市场失灵带来的空间资源配置不均衡或者低效率、不公平	
目标	职住总量的平衡、职住空间阶段性供需的均衡、房地产市场稳定性、就业稳定性增加	规范居住—就业空间资源的综合开发利用
手段	空间总体规划	空间详细规划
内容	居住—就业—交通整体的关系分配和稳定的发展	居住—就业—交通用地的规范开发引导，提供相关的开发模式、开发强度等指标引导
形式	对目标体系、空间结构、用地布局等进行调控	规划单元开发，浮动分区管制，特别使用分区管制，条件式分区管制，发展权移转，冲击分区管制，绩效分区管制，混合使用发展，开发许可制

空间干预的手段有多种，空间规划是其中重要的一种，其侧重于利用制定政策的方法去推进空间干预。现代城乡规划作为政府管理职能，是基于经济、社会、环境的综合发展目标，以城乡建成环境为对象，以土地及空间利用为核心，通过规划编制和规划管理对城乡发展资源进行空间配置，并使之付诸实施的公共政策过程。因此，城乡规划学科具有自然科学、技术、人文、艺术、社会科学的综合属性。

干预可以分为两种方式，一种是市场性为主的干预，一种是行政性为主的干预，但是二者又不是完全不相容的，最终的结果还是以个体居住和就业的选择作为考量。所谓市场性为主的干预是指借助市场调控的手段，按照市场价值最优的导向进行居住和就业功能的布局指导。从实践情况来看，市场最优价值的居住和就业功能布局容易带来职住不平衡和分离，但是市场在资源配置上的高效却能在最大程度上激发经济的活力，从而引发居住和就业的兴旺，而不是死气沉沉的规划区。所谓行政性为主的干预是指政府采取行政手段确保基本的就业和居住功能布局，通过法定规划及用地混合、建筑兼容等指标来控制城市开发的导向，以及利用就近设置保障性用房和公益性就业岗位的方式以保障社会公平。另外，还有在居住和就业中心之间建立高效公共交通的廊道，为通勤者提供更高质量的职住联系服务。

国土空间规划构成体系包括总体规划、详细规划和专项规划。虽然这些规划的目的都是应对市场对职住空间协同的失灵，创造更加美好的人居环境，但是针对调控和规制两种方式对职住空间的干预重点也会有所差异。在总体规划层面体现的是职住空间资源的调控，其目标是关注职住总量平衡、职住空间阶段性供需均衡、房地产市场稳定、就业稳定增加等方面，在干预内容上更加关注居住—就业—交通整体的关系分配和稳定的发展，通过设定合理的目标体系、空间结构、用地布局等形式来引导职住空间资源形成高效的运行模式；在详细规划层面体现的是职住空间资源的规制或管制，其目标是规范开发主体的行为，设定合理的开发门槛条件和行政许可制度，积极引导职住空间资源的合理布局和规范开发，更讲究操作性；专项规划的类型较为广泛，针对规划区的职住平衡规划应该属于专项规划的一种，其应以该地的职住平衡为目标进行系统的规划对策研究。

1.3 研究对象与空间层次

1.3.1 研究对象及数据

本书的研究对象为济南都市区，含济南市行政区划内的 8 个区县，包括历下区、市中区、天桥区、历城区、槐荫区、长清区、济阳县和章丘市（虽然 2016 年 12 月章丘市改为章丘区，2018 年 10 月济阳县改为济阳区，但考虑到本书研究使用的数据多在 2016 年 10 月以前，因此在后续章节中仍沿用了章丘市和济阳县的叫法），土地面积为 6 121 km^2，辖 121 个街镇。据统计，2010 年常住人口数为 591.8 万人，占全市人口的 86.85%。2013 年非农从业人数为 287.1 万人，占到全市非农从业人数的 85.21% 。可以说，济南都市区是济南市居住和就业的主体空间。

本书主要使用的研究数据包括统计数据和问卷调查数据两个部分。其中统计数据包括人口普查数据和经济普查数据，还有相关年份的统计年鉴数据（表 1-6）。问卷调查数据主要是自 2014 年以来国家自然科学基金面上项目（51878393）课题组和国家自然科学基金青年科学基金项目（51308325）课题组收集到的数据。

表 1-6　本书使用的数据来源情况表

年份	数据来源
2000	山东省第五次人口普查、济南市第五次人口普查、《中国农村统计年鉴：2000》
2001	济南市第二次基本资料普查资料（2001 年）、山东第二次基本单位普查资料汇编（2001 年）、《中国统计年鉴：2001》和《济南高新技术产业开发区大事年表（1988—2001）》
2010	山东省第六次人口普查、济南市第六次人口普查
2011	《中国统计年鉴：2011》
2013	《山东经济普查年鉴：2013》《济南市经济普查年鉴：2013》《济南统计年鉴：2013》以及济南市各区县统计年鉴（2013 年）
2015	《济南高新区人口和计划生育简志》《济南统计年鉴：2015》
2017	《山东统计年鉴：2017》《中国农村统计年鉴：2017》《中国统计年鉴：2017》
2018	山东省第四次经济普查、济南市第四次经济普查、《山东省统计年鉴：2018》和《济南统计年鉴：2018》、济南市各区县统计年鉴、《中国开发区审核公告目录》（2018 年版）、2018 年度高新技术产业开发区土地集约利用评价技术报告
2019	《济南统计年鉴：2019》、中国火炬统计年鉴（2009—2019 年）
2020	济南市第七次人口普查

1.3.2 研究范围及扩展

本书的研究对象主要是济南都市区，同时考虑到研究拓展和延伸的需要，研究范围还需要涉及都市区外的山东省域、济南市域范围，都市区内的中心城区、郊区等空间范围（图 1-2）。

1）山东省域范围

山东省行政区划范围在 2018 年之前有 17 个地级市，包括济南、青岛、淄博、

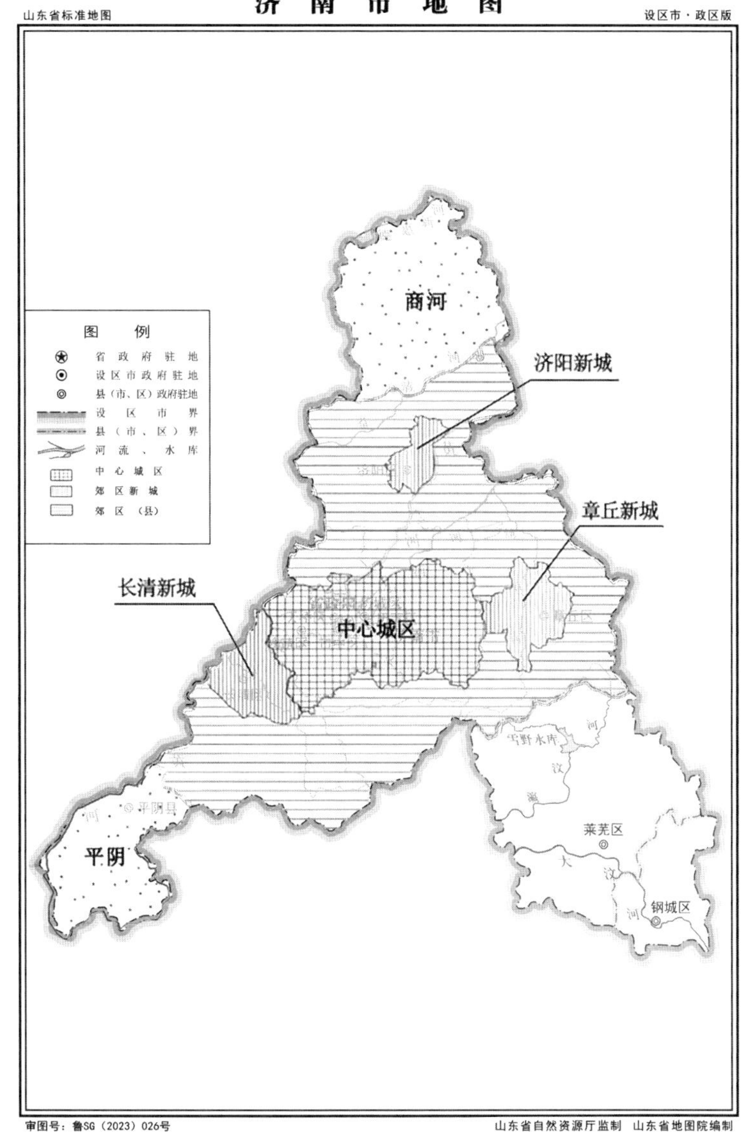

图 1-2 济南市域与都市区空间构成分析图

枣庄、东营、烟台、潍坊、济宁、泰安、莱芜、威海、日照、临沂、德州、聊城、滨州、菏泽 17 个设区的市。2018 年年底撤销地级莱芜市，将辖区划归济南市管辖。2010 年，全省陆域面积为 15.71 万 km^2，辖 140 个区县，常住人口为 9 579.3 万人；2013 年，非农从业人口为 4 252.5 万人。

2）济南市域范围

济南市行政区划范围之内含 10 个区县（本书研究范围主要是 2016 年以前的济南市行政区划范围），见表 1-7，包括历下区、市中区、天桥区、历城区、槐荫区、章丘市、长清区、济阳县、商河县、平阴县。土地面积为 7 998 km^2，辖 142 个街镇，2010 年常住人口为 681.4 万人，2013 年非农从业人口为 313.8 万人。

表 1-7　济南市各区县职住数据统计表

区县名	2010 年常住人口数 / 人	2013 年非农从业人口数 / 人	街镇数量 / 个	都市区街镇数量 / 个	城区街镇数量 / 个
济南市	6 813 984	3 137 533	141	121	80
章丘市	1 064 210	432 435	20	20	5
历城区	1 124 306	384 348	21	21	14
历下区	754 136	713 874	14	14	14
市中区	713 581	362 948	17	17	17
天桥区	688 415	352 842	15	15	13
长清区	578 740	181 348	10	10	3
槐荫区	476 811	299 289	14	14	14
济阳县	517 948	144 086	10	10	0
商河县	564 125	139 225	12	0	0
平阴县	331 712	127 138	8	0	0

3）中心城区

本书研究的中心城区主要是《济南市城市总体规划（2011—2020 年）》中所确定的中心城区范围，即东至东巨野河，西至南大沙河以东（归德镇界），南至南部双尖山、兴隆山一带山体及济莱高速公路，北至黄河及济青高速公路，面积为 1 163 km^2，包括历下区、市中区、槐荫区的全部，天桥区、历城区的部分，下辖街镇 72 个。2010 年常住人口为 334.35 万人，占全市人口的 49.07%；2013 年非农从业人口为 197.35 万人，占全市非农从业人口的 62.90%。

4）郊区

本书研究的郊区主要是指大都市区中心城区以外的其他部分，包括长清区、济阳县和章丘市的全部及历城区和天桥区的部分。下辖街镇 49 个，2010 年常住人口为 257.47 万人，占全市人口的 37.79%；2013 年非农从业人口为 89.76 万人，占全市非农从业人口的 28.61%。

1.4　研究思路和内容

1.4.1　研究思路

结合研究目的的设定，本书的研究遵循三元一体的思路。理论建构、实证分析和策略提供三个方面的内容不可或缺，并且前后衔接形成本书的框架（图 1-3）。

理论建构是本书的基础和先导，通过对多个先进案例和相关理论的介绍，提出本书的理论基础，包括大都市区职住协同的规律和空间干预的体系。其次是实证分析，需要结合济南都市区的数据，从整体、中心城区和郊区三个大的空间层次进行职住协同特征和影响因素的实证分析。为了进一步说明，还需要在中心城区和郊区

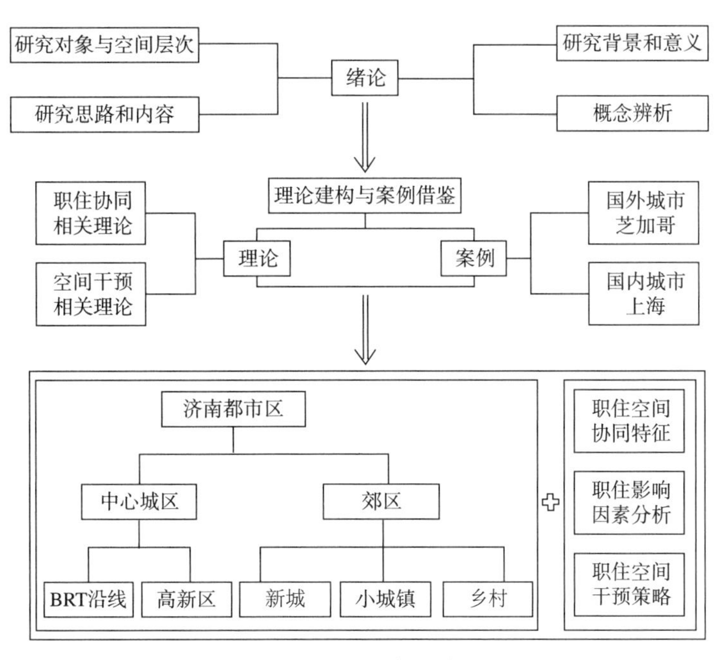

图 1-3　研究框架示意图

选择典型空间进行详细的实证分析。最后是应用策略提供，结合济南都市区多个层次空间的实证分析，提出从整体到局部多个层次的职住空间干预策略。

在具体的研究思路上，特别突出了以人为本、以环境为抓手、以城郊多层次空间覆盖的特征。所谓以人为本，是指本书在采用面上普查数据的同时，还使用了大量的问卷数据，从中能够体现出居民和就业者的职住协同特征和个体属性；以环境为抓手，主要是反映在都市区建成环境的影响上面，包括职住用地数量及分布等方面的内容；以城郊多层次空间覆盖是指在对都市区整体职住协同程度进行分析的基础上，又将都市区细化为中心城区和郊区两个类型，进一步选取了多个典型空间进行职住协同和空间干预策略分析。

1.4.2　主要内容

本书在系统建构大都市区职住空间协同规律的基础上，结合济南都市区的实际进行了实证分析。本书的内容共分为 8 章。

第 1 章是绪论。本章包括本书写作的研究背景与意义、概念辨析、研究对象与空间层次、研究思路和内容，从整体上对本书的研究框架进行阐述，给读者提供一个相对清晰的研究设计构架。

第 2 章是理论建构与案例借鉴。本章主要分为三个部分：第一部分是大都市区职住空间协同和干预的相关理论介绍；第二部分是国内外案例职住空间组织演变和规划调控的分析，分别选取了美国芝加哥大都市区和中国上海大都市区进行剖析；第三部分是大都市区职住空间协同与调控理论的构建。

第 3 章是济南都市区区域职住环境分析。本章主要是从整体视角对济南都市区的职住协同演化情况和特征进行分析，从区域和首位就业区层次出发，借助经济普查数据和人口普查数据，对济南都市区的职住空间协同特征进行审视。同时，结合济南都市区的发展规划情况，提出整体性规划调控策略。

第 4 章是济南都市区城区职住空间协同与干预研究。本章关注的空间范围是济南市的城区，是大都市区就业和居住的密集区域。本章以街镇为基本单元，结合普查数据和问卷调查数据对中心城区的职住协同情况进行分析，归纳其特征并分析其影响因素，在此基础上提出城区职住协同的空间干预策略。

第 5 章是济南快速公交系统沿线职住空间协同与干预研究。本章关注的是中心城区内的典型空间区域——快速公交系统（BRT）沿线区域。济南市的快速公交系统（BRT）是济南中心城区公共客运的骨干支撑，对中心城区的职住协同有着重要影响。本章在济南中心城区的旧区、新区和中间区域分别选取了三条快速公交系统（BRT）走廊，结合调查问卷的数据对其沿线地区进行职住协同状态分析，并结合快速公交系统（BRT）站点的环境进行职住影响因素分析，最后提出针对性的空间干预策略。

第 6 章是济南高新区职住空间协同与干预研究。本章关注的空间对象是中心城区内的高端就业岗位密集的区域——济南高新区，通过对济南高新区职住人口、职住用地多项指标的分析，对济南市高新区不同阶段的职住协同特征进行分析，归纳影响因素，并提出针对性的空间干预策略。

第 7 章是济南都市区郊区职住空间协同与干预研究。本章关注的空间对象是郊区的典型代表——济南市长清区，通过对济南长清区普查数据、问卷调查数据进行职住协同特征的分析，包括整体特征、分类型特征和分群体特征三个方面，归纳影响因素，并提出相关的空间干预策略。

第 8 章是济南乡村职住空间协同与干预研究。本章关注的空间对象是济南市章丘市的农村，通过对济南市章丘市 16 个村庄的问卷调查数据进行职住协同特征分析，并分析其影响因素，最后提出相关的空间干预策略。

第 1 章注释

① 职住比的计算公式为 $W=J/H$，其中 J 为就业岗位数；H 为居住家庭户数。

② 职住偏离指数的计算公式为$Z_{ij}=(Y_{ij}/Y_i)\div(R_{ij}/R_i)$，其中 Y_{ij} 为 j 区第 i 年份的就业人口；Y_i 为 j 区内某地第 i 年份的就业人口；R_{ij} 为 j 区第 i 年份的常住人口；R_i 为 j 区内某地第 i 年份的常住人口。

③ 过剩通勤的计算公式为 $Z=T_{act}-T_{min}$，其中 T_{act} 为实际通勤；T_{min} 为最小通勤。

2 理论建构与案例借鉴

都市区职住空间协同的理论主要是都市区范围内职住要素在空间上分布和联系规律的理论。这里的协同是分布与联系体现出来的一个状态或者若干个状态。同时，为了体现理论指导实践的应用价值，本章也提出了职住空间协同干预的理论。这两个大的理论如何去建构？对于理论的构建而言，通常多是两种方式：一种方式是演绎法，即通过已有理论的扩展演绎，加入新的因素，从而产生新的理论，这是由 1 得 2 的逻辑思路。另一种方式是归纳法，即通过若干个案例特征的归纳总结，从而得出相应的规律。这两种方法各有利弊。本章对都市区职住空间协同理论的建构从两个方面出发：一个是通过对既有职住空间相关理论的阐发，包括结构理论、组织理论、规划理论等理论的演绎和组合，从而产生一个相对新颖的理论；另一个是从国内外经典案例城市职住空间协同发展的特征出发，分别选取美国芝加哥和中国上海两个案例进行系统剖析，既关注两个城市的职住空间演变特征，也关注其空间干预的手段和方式，进而为都市区职住空间协同和干预的理论构建提供有意义的支撑工作。

2.1 相关理论的引介

本节选取目前可以作为本书分析基础的理论进行阐述，并将其分为四类，分别是职住空间结构理论、职住空间动力理论、职住空间组织理论和职住空间干预理论。其中，职住空间结构理论主要体现的是就业空间和居住空间的演化现象，并关注演化过程中二者的结构关系；职住空间动力理论主要体现的是就业空间与居住空间的相互作用关系；职住空间组织理论主要体现的是就业空间与居住空间的交叉关系，关注的是二者的共性联系；职住空间干预理论主要体现的是对就业空间和居住空间的调控手段，注重的是问题的空间解决办法（表 2-1）。

表 2-1　职住协同与空间调控相关主要理论列表

序号	职住空间结构理论	职住空间动力理论	职住空间组织理论	职住空间干预理论
1	就业多中心理论	空间扩散与集聚理论	空间错位理论	职住平衡理论
2	都市区空间结构理论	竞价租金曲线理论	社会空间分异理论	产城融合理论
3	—	—	—	新城规划理论

2.1.1 职住空间结构理论

1）就业多中心理论

按照集聚经济的理论可知，集聚经济是城市出现的原始力量，同时也是创造城市中心吸引力的基本要素。随着中心集聚程度的加大，首先形成的中心地区的地价和工资将会上涨，以致一些企业和家庭不得不逐步迁离中心而向整个城市地区扩展。次中心是位于城市中心以外的经济活动聚集地，它们的出现既体现了企业落户在城市中心的劣势，也反映了各种类型的企业在某一地区集中分布的优势。由此，城市就业多中心的形成可以归纳为从单中心到多中心的过程（丁成日等，2005）。

2）都市区空间结构理论

谢守红（2003）认为都市区空间结构是指以城市为基本空间单元的空间结构，是各个城市各种物质要素和非物质要素在城市功能地域范围内的分布特征和合作关系。都市区是一个扩大了的城市区域，是区域的一种特殊形态，其空间结构具有城市和区域二者空间结构的特性。

现有的都市区空间结构理论的研究包括注重区域经济结构的增长极理论、"中心—外围"理论、点轴扩散理论、圈层理论等（崔功豪等，1999），其中"中心—外围"理论和圈层理论经常被都市区研究者所运用。

无论是城市空间结构还是区域空间结构，对于都市区而言，其空间结构的两个基本要素均无法动摇，即中心地区和外围地区或中心区和郊区。在此基础上，可根据经济结构、交通结构、社会结构、开发强度等因素对都市区进行空间结构的归纳和分类。

此外，都市区空间结构也不是一成不变的，它是随着发展阶段的变化而演化的。丁万钧（2004）认为都市区空间结构的演化经历了中心—外围、中心城市—边缘城市共生、网络化城市结构三个阶段。

2.1.2 职住空间动力理论

1）空间扩散与集聚理论

1953 年瑞典学者哈格斯特朗在其论文《作为空间过程的创新扩散》中首次系统地提出了空间扩散问题。空间扩散是指物质流、货币流或信息流等各种"流"不断运动，在特定的时间和空间中从原生地产生，经过若干时间后扩散到承受者身上的趋向和过程。空间扩散会导致自然或人文景观的转换，这与在一个现存结构中维持日常功能所必需的相互作用不同。空间扩散理论对区域空间结构的形成与发展具有极强的解释价值，如区域空间的代表性理论——增长极理论主要就是研究经济增长中扩散与回流的问题。空间扩散有传染扩散、等级扩散和重新区位扩散三种基本类型（许学强等，1997）。

2）竞价租金曲线理论

竞价租金曲线是土地利用变化经济分析的重要理论基础。它具有深远的历史，可以追溯到19世纪初杜能和李嘉图关于地租理论的经典著作。

竞价租金曲线主要强调多个市场主体在空间上的租金竞争，通过价格调整达到空间平衡。由于不同功能改变的边际变化率不同，因此可以用租金竞价函数表示土地成本（地租）和区位成本（交通成本）之间的权衡，租金竞价函数曲线上的每一点即为一种选址决策，其纵坐标即为该选址决策所需要付出的土地租金，其横坐标体现了区位条件（杜宁，2010）。只有当某一土地使用者的出价水平高于其他功能所能支付的租金时，该区位才能为此种功能所占据。

2.1.3 职住空间组织理论

1）空间错位理论

空间错位理论最初是由美国学者凯恩提出的。他在研究过芝加哥和底特律的情况之后得出，工作岗位的郊区化和美国城市中普遍存在的居住隔离是造成内城工作技能不足的居民（主要是非白人族裔）失业率较高、收入相对较低和工作出行时间偏长的主要原因。

国内在这一方面的研究也已开展。按照一般的理解，空间错位是城市社会阶层就业地与居住地之间存在较长距离基础上的非对偶状态（郭永昌，2007）。不过相对于国外研究中强调的种族差异，国内研究更多关注的是低收入群体、弱势群体或者公共交通乘坐者等在职住空间组织上的特征问题，并提出提升公交可达性等建议。

2）社会空间分异理论

社会空间分异是指各种社会要素在空间上明显的不均衡分布现象。

直接针对城市功能空间分异的研究又可以分为居住空间和产业空间两大块。近几年来，国内学者对居住空间分异的研究成果日渐增多。研究地域涉及北京、上海、深圳、大连等多个城市，研究内容多集中在演化进程、现状表现、机制归纳及城市规划应对等多个方面（刘长岐等，2004；王宏伟，2003；杨上广，2005；姚秀利等，2008；孙斌栋等，2008b；丁甲宇，2010）。相比之下，目前国内对就业空间分异的研究较少。冯健（2004）提出三次产业就业人口在北京中心区和郊区之间的分布变化，得出生活服务、流通行业就业空间多分布在中心区，制造业及为生产服务的行业多集中在郊区的空间分异现象。

就业空间分异研究不仅仅是各产业就业岗位在空间上分布的差异和规律，更是对不同阶层、族群、家庭等层面的从业人员在空间分布、空间组织上的规律进行的深入研究。

2.1.4 职住空间干预理论

1）职住平衡理论

职住平衡观念源自新镇开发，一般在特定的空间单元中，所提供的工作数量和住宅单元数量相当（王大立等，1999）。这一职住平衡的概念多关注职、住二者数量上的匹配、表象上的平衡，而对城市内部居民就业地点与居住地点分离（职住分离）的深层现象未能予以充分的重视（王兴平，2008）。

本书所提倡的职住协同主要是基于城乡范围内职住分离引发的大量问题，是城市功能和结构协调下的协同，是一种高于“量”层面的“质”平衡，这种协同的最终目的是减少资源浪费，营造怡人的生活、工作环境。

职住协同的空间结构调整并非局限于城市范围之内，而是一个城乡共生的实体之内。由于当前城乡居民择业范围的扩大，城乡居民的就业地点呈现出“你中有我，我中有你”的混杂局面。随着城乡统筹发展理念的深入，职住协同空间结构调整的“作用域”应是一个有效的城乡统筹实体，县（市）域兼有完整的城、乡两种要素，具备了空间结构调整的前提。

2）产城融合理论

产城融合是在社会转型背景下，针对日趋严重的产城分离现象而提出的一个概念（图 2-1）。它强调“以人为本”和“产兴城聚”的可持续发展思路（麻承琛，2022），是一种依托产业集聚，促进城市或园区提升运营效率，完善相关配套，从而实现“产—城—人”一体发展的模式（赵虎等，2022）。

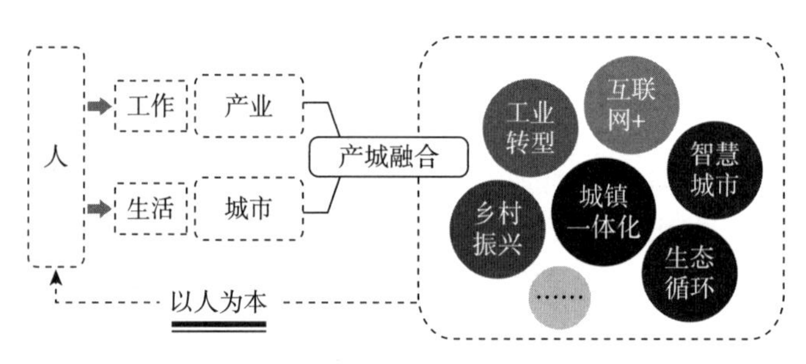

图 2-1　产城融合导向内涵示意图

产城融合发展在宏观层面注重城市功能区与产业功能区的“统筹协调”，在中观层面注重产业功能区生产功能和生活功能的“互促共融”，在微观层面注重产业园区内部服务质量的“高效提升”，并通过三个空间层次的融合引导，实现产业功能区内部空间功能的综合提升，最终实现“产、城、人”融合，促进城市协调发展。

3）新城规划理论

新城规划理论起源于霍华德的田园城市理论。20 世纪初，“田园城市”理论由泰勒进一步发展为卫星城理论，在 1928 年的大伦敦规划中，便采用了在外围建设卫星城镇的方式以疏散大城市人口，但效果并不显著；第二代卫星城在第一代的基础上进行了一定的优化，规模比以前更大，功能分区也不再严格，开始考虑地区经济的发展；第三代卫星城实质上是独立的新城，以 20 世纪 60 年代英国建造的米尔顿·凯恩斯为代表，不但规模比之前更大，而且进一步完善了城市公共交通和公共福利设施。总体来说，不论是田园城市理论还是卫星城理论，都是以疏散大城市人口和功能为目的，解决大城市问题，发展中小城市。

20 世纪末，战后几十年的无序郊区化趋势带来了许多城市问题，新城市主义理论兴起。以传统邻里开发（Traditional Neighborhood Development，TND）模式和公共交通导向型发展（TOD）模式为代表的新城市主义理论的核心思想强调以人为中心，重视区域规划，尊重历史与自然。传统邻里开发（TND）模式强调城镇内部解放社区建设理念，即邻里中心模式，认为社区的基本单元是邻里（沃尔特斯等，2006）；公共交通导向型发展（TOD）模式是以公共交通为导向的开发模式，是公交主导的发展单元，以公交站点为中心布局商业服务设施，外围布局居住小区（孙斌栋等，2009）。

2.2 相关案例的引介

根据集聚和扩散的空间规律，城市的就业要素开始处在低端均衡和分散的阶段。随着技术的升级和市场经济的推动，就业要素开始在城市的中心区集聚，由此促成了城市就业中心的强化。下一个阶段，就业要素进入集聚和扩散并存的阶段，就业要素不断向郊区扩散并开始占据主导，这促进了就业次中心的产生，同时形成了就业中心与次中心共存的局面。此时，就业主中心是综合性的中心，其就业类型以服务业为主，次中心以专业性的就业类型为主。这一规律也可以从中美都市区就业中心的演化实证中得到一定的证实。中国大都市区处在就业要素向郊区扩散的阶段，并且当前扩散的重点还是近郊区，而美国早已经进入就业岗位向远郊区扩散的阶段。整体来看，中国大都市区内各分区就业要素的演化状态要滞后于美国大都市区，就业多中心的格局尚不明显。通过对既有学者相关成果的整理可以发现，北京、上海和广州等一线城市已经进入了从单中心向多中心演化的过程，虽然多中心的格局尚未形成，但在原有城市中心区之外，都市区开始出现有影响力的就业节点。

本节分别选取了美国芝加哥和中国上海两个都市区进行分析。美国拥有芝加哥、洛杉矶、纽约等发展较为成熟的大都市区，其中洛杉矶是一个由接近 100 个同核城市组成的大都市，结构较为分散；而纽约则是以“大纽约都市区”为概念的较为集中的都市区，向心性较强；芝加哥位于两者之间，是一个由单中心向多中心逐渐演化而来的城市，在总体区域规划上也考虑了职住平衡的问题，并将此作为一个专题进行了详细的阐述。因此，芝加哥作为研究都市区域职住空间互动的典型城市极具代表性。上海的整体发展同芝加哥较为相似，在形成制造业和服务业并举的良好格局的同时，也已经向着全球城市逐步迈进。由此，上海不论是作为芝加哥的对比案例还是职住空间研究的典型案例都具有较大的价值。

2.2.1 美国芝加哥职住空间演变及干预

1）基本概况

美国芝加哥大都市区位于北伊利诺伊州的东北部，包括 7 个县市，面积约为 18 220 km^2，2006 年人口约为 850 万人（图 2-2）。相关学者通过对该市 1836—1990 年 150 余年的就业岗位数据进行分析，得出其就业空间结构从单中心向多中心演化的结论。其中 150 余年的演化可以被划分为两个阶段：在 1836—1928 年的第一个阶段中，芝加哥都市区都是一个由芝加哥中心区主导的就业单中心城市。此外，在芝加哥与罗杰斯公园（Rogers Park）之间的铁路沿线也出现了少量具有就业影响力的突起，但是并未改变单中心的城市就业空间格局。1960—1990 年是另一个阶段，在这一时期，单中心的空间模型再也难以解释芝加哥的城市空间现状，因为就业多中心的空间结构已经开始形成。而 1929—1959 年则是芝加哥从单中心发育成多中心的过渡时期，其间多个就业次中心受郊区化进程的影响逐渐形成。

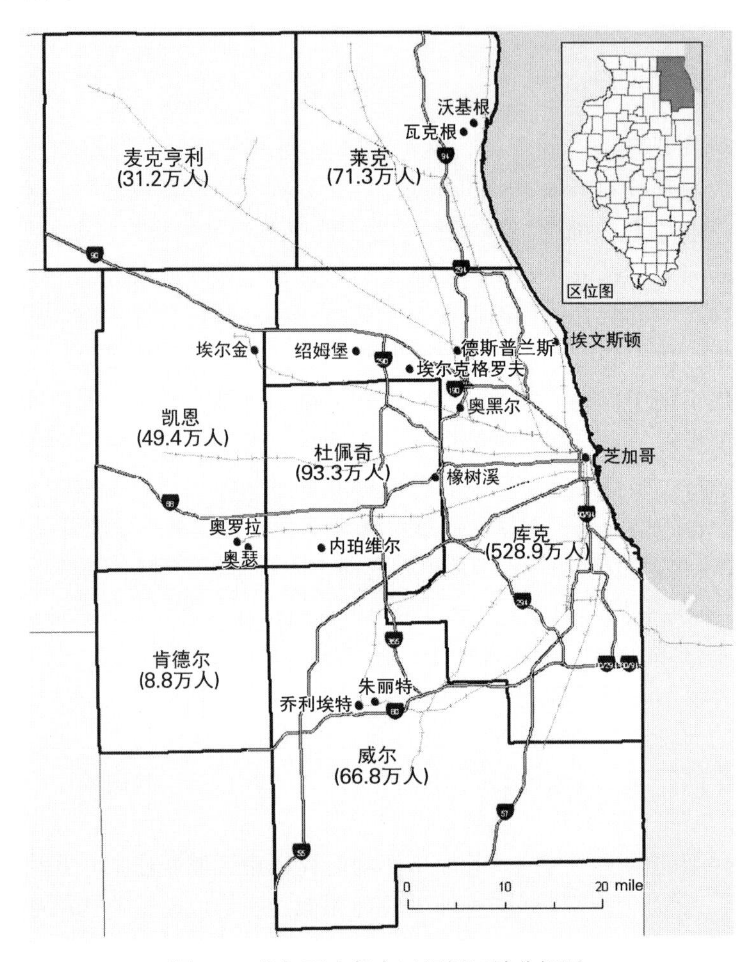

图 2-2　芝加哥大都市区规划区域分析图

面对芝加哥地区经济增长缓慢、服务设施老化和交通拥堵等问题，芝加哥大都市区规划委员会（Chicago Metropolitan Agency for Planning，CMAP）在 2008 年启动编制《奔向 2040：芝加哥总体区域规划》（以下简称《芝加哥 2040》），并于 2010 年 10 月公布了该规划。职住平衡是规划其中的八个专题之一，也是《芝加哥 2040》规划过程中的一部分。该专题主要探讨芝加哥大都市区范围内就业岗位与可负担性住房[①]之间的空间关系，分析二者之间的不匹配程度，并给出潜在的政策，以期实现职住平衡。

本节主要以《芝加哥 2040》职住平衡报告为例，聚焦第二次世界大战后芝加哥地区居住—就业空间的演化特征，即其就业空间结构由单中心向多中心演化的第二阶段（图 2-3）。

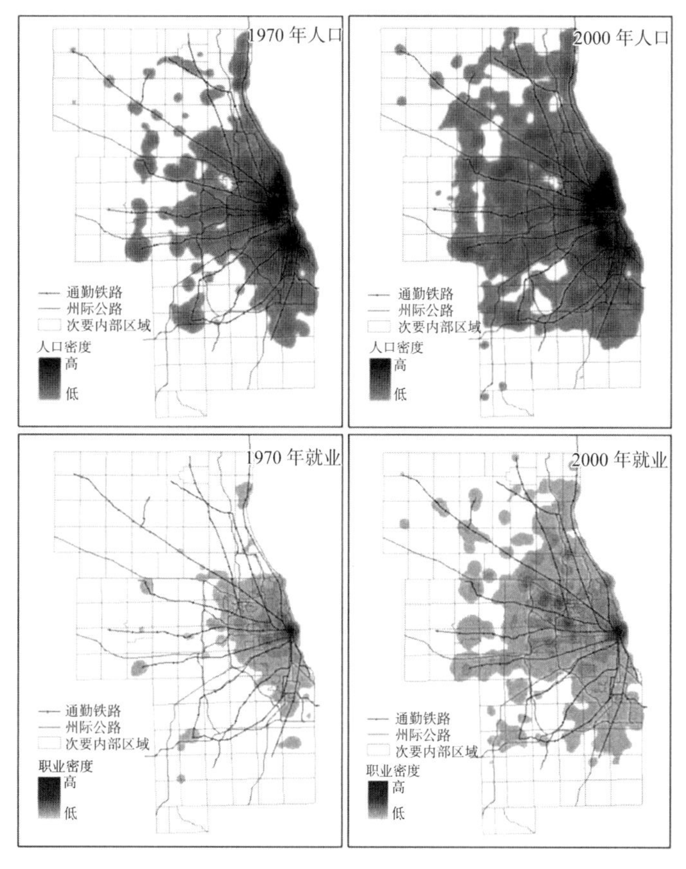

图 2-3 1970 年、2000 年芝加哥大都市区人口和就业空间演化图

2）居住—就业空间演化特征

这一报告整体上遵循“问题—策略”的研究思路，具体围绕着就业、住房和通勤三个方面的历史演进和现状格局展开，在空间上涉及大都市区、市县和重点地区几个层次。

（1）就业空间演化特征

在第二次世界大战后，在政府和市场的推动下，芝加哥大都市区的就业功能逐渐向郊区转移和蔓延。据统计，区域整体的就业岗位数量是增加的，郊区就业岗位的数量和比重都在上升。1947—1961 年，芝加哥中心市的制造业就业岗位占比已经从 71% 下降到 54%。1972—1995 年，芝加哥中心市的就业岗位数量仍然不断减少，大致丧失了 35 万个就业岗位，其就业占比从 56% 下降到 34%，但同期周边郊县的就业岗位均在持续增加。由此郊县产生了众多的就业次中心②，但是它们之间的就业类型并不相同。其中有些郊县是以工业为主，这些地方多靠近机场、高速互通口和港口，另一些郊县则在新型服务业、零售业和科研产业就业上有了长足进步。

（2）居住空间演化特征

居住空间的演进也呈现出郊区化的特征。据统计，1950—2006 年，芝加哥中心市的居民占比已由 70% 下降到 32%。早在 19 世纪，为了逃离市中心的工业污染压力，居民就开始从市中心向芝加哥北部、西部和南部的社区迁移，郊区铁路和小汽车更促进了这一趋势。这造成了北伊利诺伊州许多以居住功能为主的社区被建设起来，后期也有一些社区伴随着郊迁的工作岗位而发展起来。另外，虽然住房数量在整个区域分布上均有增长，但因住房价格差异和混合型住房存量分布不均，许多人的居住、就业、购物和游憩等需求很难在一个地方得到解决。

芝加哥的就业和住房均向郊区蔓延扩展，但开发强度却不高。这导致了更长的通勤距离和土地浪费现象。1970—1990 年，都市区的人口整体增加了 4%，而郊区的土地却增长了 47%。随着住房向郊区迁移，单套住房面积增长显著，由 1950 年的约 91.3 m^2 增长到 2006 年的约 234.2 m^2。此外，职住不平衡还会带来基础设施成本增加和公交客运量降低等不良的关联影响。

（3）交通通勤特征

职住分离现象导致了通勤成本日益增长。居住和就业的空间错位增加了区域交通系统的压力，因为现行公交系统的缺陷，导致自驾者要面临更长的通勤距离。报告显示，自驾通勤的居民平均每日出行距离是 36 mile，约 20% 的居民会超过 50 mile。相较于 20 年前，居民通勤时间延长了 5.5 倍。大幅增加的远离市中心、跨郊县[③]和上下班高峰通勤量，对于公交系统而言，这都会是一个巨大的挑战！

芝加哥大都市区的职住分离已经成为一种常态，特别是居住和就业不在同一个地区的郊县居民较多。如图 2-4 所示，2000 年中心县库克的居民外出就业占比约为 12.4%，并且 2000—2006 年变化并不大。同年郊县的肯德尔县有 69% 的居民和威尔县 55.6% 的居民外出工作。6 年间，杜佩奇、凯恩和肯德尔的外出通勤比重上升，但是莱克和麦克亨利、威尔的跨郊县通勤占比在下降。同时，居住和就业同在一个城镇的居民占比则在下降，根据 1980—2004 年的数据，职住在同一城镇的占比均呈现下降态势（图 2-5）。其中芝加哥中心市的职住同在一个地区的居民占比减少量最小，下降最大的是埃尔金，这里职住在同一地区的占比由 1980 年的 55.30% 下降

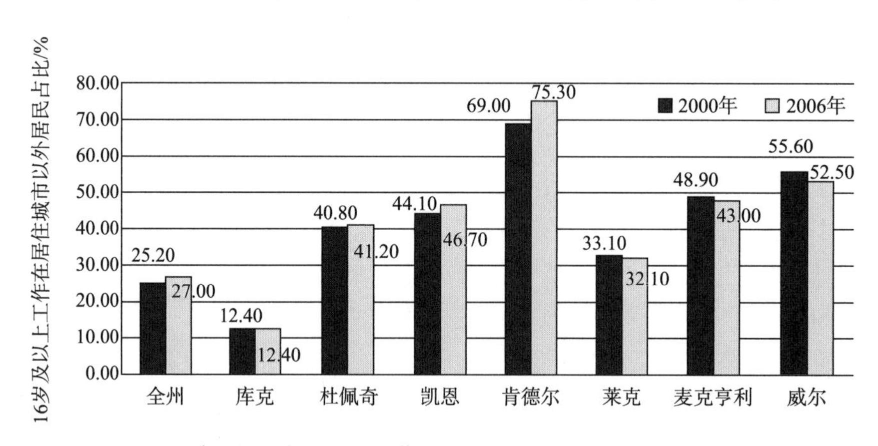

图 2-4　芝加哥 16 岁及以上工作在居住城市以外居民所占比重统计图

到 2004 年的 23.70%。另外，据芝加哥大都市区规划委员会（CMAP）的计算可知，大多数居住在可负担性住房的就业者，其驾车通勤的时间在 45 min 以内，而芝加哥南部较远区和库克县南部居民则在 45 min 之内很难到达就业地。

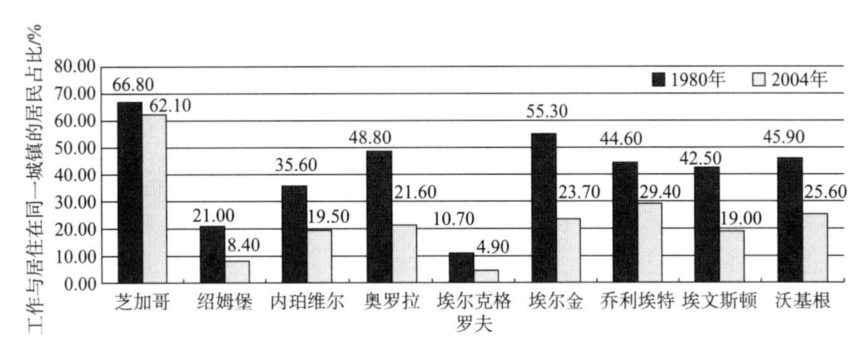

图 2-5　芝加哥工作与居住在同一城镇的居民所占比重统计图

同时，美国规划协会（American Planning Association，APA）职住平衡报告还对就业次中心的公交通勤情况进行了调查，发现在早高峰时段就业者的公交通勤时间低于 120 min。本报告选择了四个就业次中心来计算其公交通勤时间（图 2-6）。橡树溪次中心的公交可达性最优，但是从南库克县和芝加哥市来的就业者其公交通

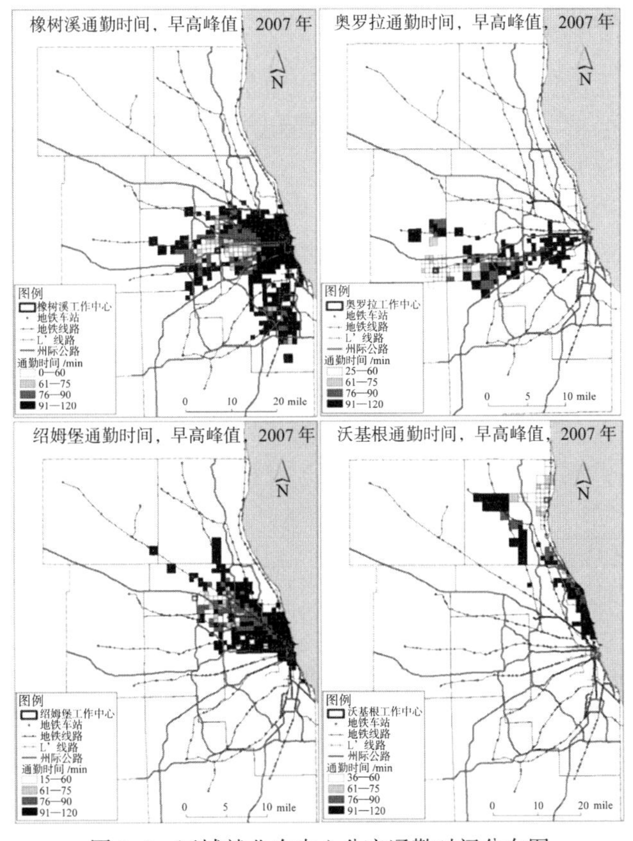

图 2-6　区域就业次中心公交通勤时间分布图

勤时间较长。奥罗拉和沃基根的公交通勤时间分布图显示，这两个次中心附近的公交可达性较好，但是从芝加哥城区和区域其他地区来的就业者其公交通勤时间超过了 90 min。绍姆堡次中心显示，北库克县的就业者得到了很好的公交服务，而从杜佩奇、莱克、麦克亨利或凯恩来的就业者其公交可达性受到了约束。

3）空间干预策略

《芝加哥 2040》职住平衡专题采用了市场引导下的“职—住—达”协同安排的规划策略。职住平衡已成为芝加哥所在北伊利诺伊州区域以往规划中不可或缺的一部分。芝加哥大都市区规划委员会（CMAP）的原组成机构芝加哥地区交通调研机构（Chicago Area Transportation Study，CATS）和北伊利诺伊州规划委员会（Northeastern Illinois Planning Commission，NIPC）在其中扮演了重要角色。芝加哥地区交通调研机构（CATS）编制的《区域交通规划 2030》中提出职住平衡可以作为一种减少交通设施拥堵和减轻压力的方式。2005 年编制的《北伊利诺伊州区域结构规划》提出职住平衡可以作为一个减少小汽车出行里程、交通拥堵和通勤时间，同时减少空气污染和提升生活质量的关键战略。在衔接以往规划的基础上，运用市场运行规律,《芝加哥 2040》职住平衡专题提出在就业次中心附近提供可负担性住房、在可负担性住房集聚区创造就业机会、改善交通和可达性三个方面的策略。

（1）住——在就业次中心附近提供可负担性住房

这一策略会为那些在就业次中心工作的低收入工人提供居住机会。同时，芝加哥大都市区规划委员会（CMAP）也承认，就业者选择在哪里居住是受多种因素影响的，确实许多人更愿意居住在离工作地点更远的地方。因此，许多其他因素，如公交等必要设施的可达性，必定会成为可负担性住房发展的考虑因素。而工程项目的增长是另一个重要方面，许多县有在空地或未利用土地上进行再开发以提供可负担性住房的机会。因此，在那些人口和就业增长计划高速发展的地区，政府要对可负担性住房的供应做出具体的考虑，具体分为直接干预类、资产经营类、融合资金类和机制保障类（表 2-2）。

表 2-2　住房和就业改善策略归纳表

策略类型	关注重点	在就业次中心附近提供可负担性住房	在可负担性住房集聚区创造就业机会
直接干预类	政府通过直接干预的计划和倡议	（1）雇主辅助住房计划 （2）跨行政区住房倡议 （3）保障出租房屋存量	（1）建设社区改善示范区 （2）提供劳动力培训资源 （3）评估劳动力与工作的匹配性
资产经营类	计划将政府资产与市场经营结合，盘活资产，实现目标	（1）土地银行 （2）商业连锁	未开发土地的再开发
融合资金类	成立基金或信托为策略实施提供资金支持	（1）房产信托基金 （2）社区土地信托基金	创造就业，提供融资方式
机制保障类	成立机构、完善规范和编制规划以落实策略	（1）修订区划条例和建筑法规 （2）区划激励 （3）包容性区划 （4）住区更新条例	（1）成立土地再开发议会 （2）形成社区效益分成机制

（2）职——在可负担性住房集聚区创造就业机会

在可负担性住房集聚区创造就业机会，可以使得居民仍然在其邻里工作，从而减少长距离通勤。同时，这条策略还会促进拥有大量可负担性住房的低收入社区进行投资再开发，这是超越职住平衡目标的收益。可负担性住房的集聚区通常是一个较老的社区，那里有一些现状老旧的基础设施，但交通便利。虽然在此创造就业岗位看起来可行，但是这些社区面临的巨大挑战就是现有基础设施老化，难以适应商务经济的需求，如果再开发就会面临需要提高税率以支撑设施投资所带来的风险。规划结合项目开发，在土地开发、社区改善、劳动力改善和资金保障等方面提出具体策略。

（3）达——改善交通和可达性

这一策略主要是通过编制交通规划来提高区域的可达性。为了解决职住不匹配带来的问题，交通规划需要考虑区域劳动力的显著变化和那些远离市中心、高峰和郊—郊通勤量增长的项目，特别是低收入居民的需求。《芝加哥 2040》使用评估方式去衡量交通投资的潜力和发展优先权。一个因素应该被考虑，就是投资到何种程度才能改善居民的就业可达性，特别是低收入居民。区域交通管理局（Regional Transit Authority，RTA）使用相似的方法去评估库克—杜佩奇走廊的交通出行方式并做出相关预测（图 2-7），为了评估交通投资和如何改善就业可达性，他们给出了多个数据支撑，如靠近交通设施的就业岗位数量，反向通勤或郊区通勤的设施支撑和到就业次中心工作的人口来源。

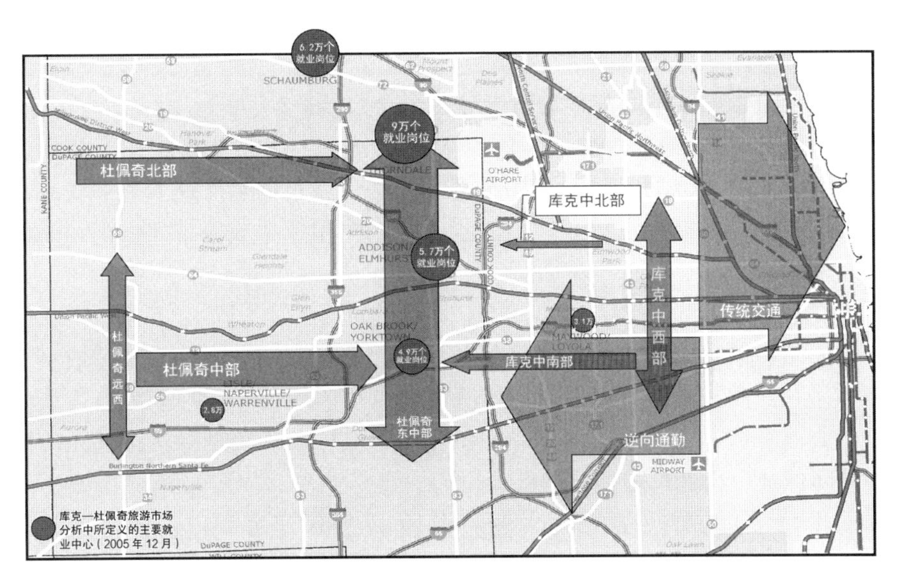

图 2-7　库克—杜佩奇走廊的通勤流及就业次中心预测图

2.2.2　中国上海职住空间演变及干预

1）基本概况

上海市地处中国东部、长江入海口，东临东海，北、西与江苏、浙江两省相接。截至2010年，上海市下辖17个区，总面积约为6 340.5 km^2，常住人口为2 301.91万人。上海市的城市空间经历了复杂的演化过程。开埠前的上海空间形态为团块状，表现为多个分散组团，民国时期开始向着“团块蔓延＋飞地发展”演化，新中国成立后，上海市的城市空间一直呈“摊大饼”式的单中心扩展，但已开始有了卫星城的规划建设思路，改革开放后转变为“圈层＋轴向”延伸的空间格局，郊区化逐渐加速（Calthorpe，1993）。上海市的大都市区发展格局经过改革开放40余年来的推动初见端倪，城市交通也在逐步发展。本节以上海都市区各街道为单元进行研究，对其职住空间演化特征和规划干预策略进行分析和阐述。

本节将上海市整体分为中心城区和郊区两个部分进行研究。为了便于统计和对比，在本节中上海市中心城区由杨浦区、虹口区、普陀区、静安区、长宁区、徐汇区和黄浦区组成，其他区县组成郊区部分。此外，由于统计数据的局限性，崇明区的资料较难获得，因此并未被纳入此次研究范围。

2）居住—就业空间演化特征

本节以第一次、第二次、第三次全国经济普查数据和第五次、第六次全国人口普查数据为基础，对上海市职住空间的演化特征进行分析和总结，具体围绕就业、居住和通勤三个方面。通过对三次全国经济普查数据和两次全国人口普查数据的比较可以发现，上海市正处在向就业多中心空间结构转变的过程中，其郊区具有就业影响力的街道就业密度的正向增长态势十分明显。同时，居住空间逐渐向郊区扩散，形成集聚和扩散并存的态势，郊区开始出现次中心的雏形。

（1）就业空间演化特征

本节将上海市就业空间演化的研究分为三个阶段。

第一个阶段是1980—1990年。这一阶段的就业空间主要集中在黄浦江以西的中心城区。改革开放以后，随着市场经济的推动，城市的生产性服务业得到了快速发展，上海市的就业空间从低端均衡的状态转向集聚，形成以外滩、南京东路为中心的就业格局。

第二个阶段是1991—2000年。这一阶段的就业空间开始出现郊区化的现象，处在多中心培育阶段。随着浦东新区的开发建设，陆家嘴金融中心迅速成型，就业空间开始呈东西向扩散。这也促使《上海市城市总体规划（1999—2020年）》中提出建设中央商务区和主要公共活动中心的构想，其中，中央商务区由浦东小陆家嘴和浦西外滩组成，由此形成城市的就业中心。

第三个阶段是2001—2013年。这一阶段以2008年为节点，分为就业空间的迅速扩张期和缓慢收缩期，整体处在向多中心空间结构转变的过程中。2004—2008年，上海市就业空间迅速扩张。据统计，截至2008年，上海市就业人口相比2004年增长了14.32%，而中心城区就业人口总量占整体的比重由37.80%下降至34.40%，郊区就业人口总量占比由62.20%上升至65.60%，就业空间向郊区扩散较为明显（表2-3）。其中，松江区岳阳街道、宝山区友谊路街道和嘉定区嘉定镇街道的区域中心性开始凸显，同周边街道相比就业密度较高，形成了次中心的雏形（图2-8）。2008—2013年，上海市就业空间呈现出缓慢收缩的态势，就业总人口数量继续增长，并开始向就业主中心和郊区的次中心逐渐收缩。其中，中心城区的就业人口总量占比上升至35.40%，郊区的部分街道，如嘉定区的嘉定工业区、松江区的松江工业区和岳阳街道、奉贤区的工业综合开发区等（表2-4），形成郊区就业空间的主要收缩点，开始成为较为明显的次中心，就业多中心的格局基本形成（图2-9）。

表2-3　上海市中心城区与郊区就业人口统计

年份	中心城区		郊区	
	人数/万人	占比/%	人数/万人	占比/%
2004	344.36	37.80	566.64	62.20
2008	358.28	34.40	683.22	65.60
2013	433.70	35.40	790.93	64.60

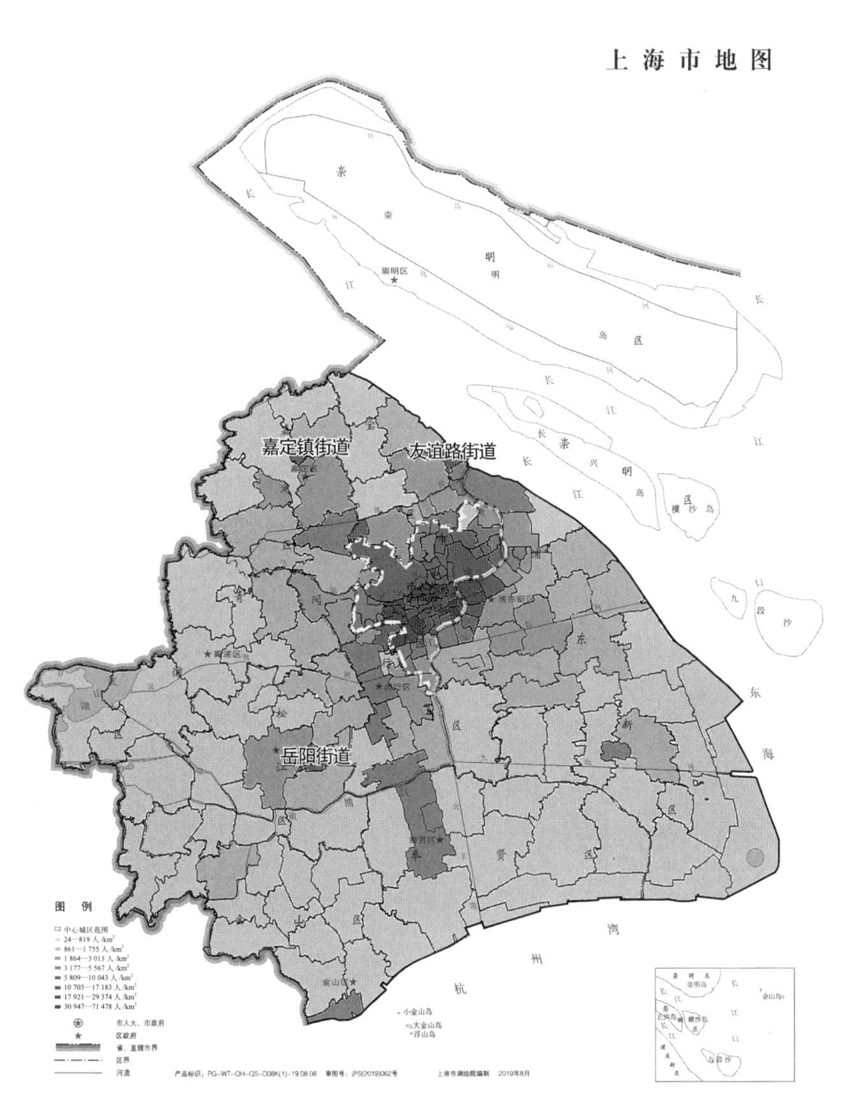

图2-8　2004年上海市第一次经济普查各街道法人单位就业人口密度分布图

表 2-4　2013 年就业次中心街道法人单位就业人口密度表

区名	街道名	人口密度 / （人 · km^{-2}）
嘉定区	嘉定工业区	7 788
松江区	松江工业区	5 372
	岳阳街道	6 491
奉贤区	工业综合开发区	3 230

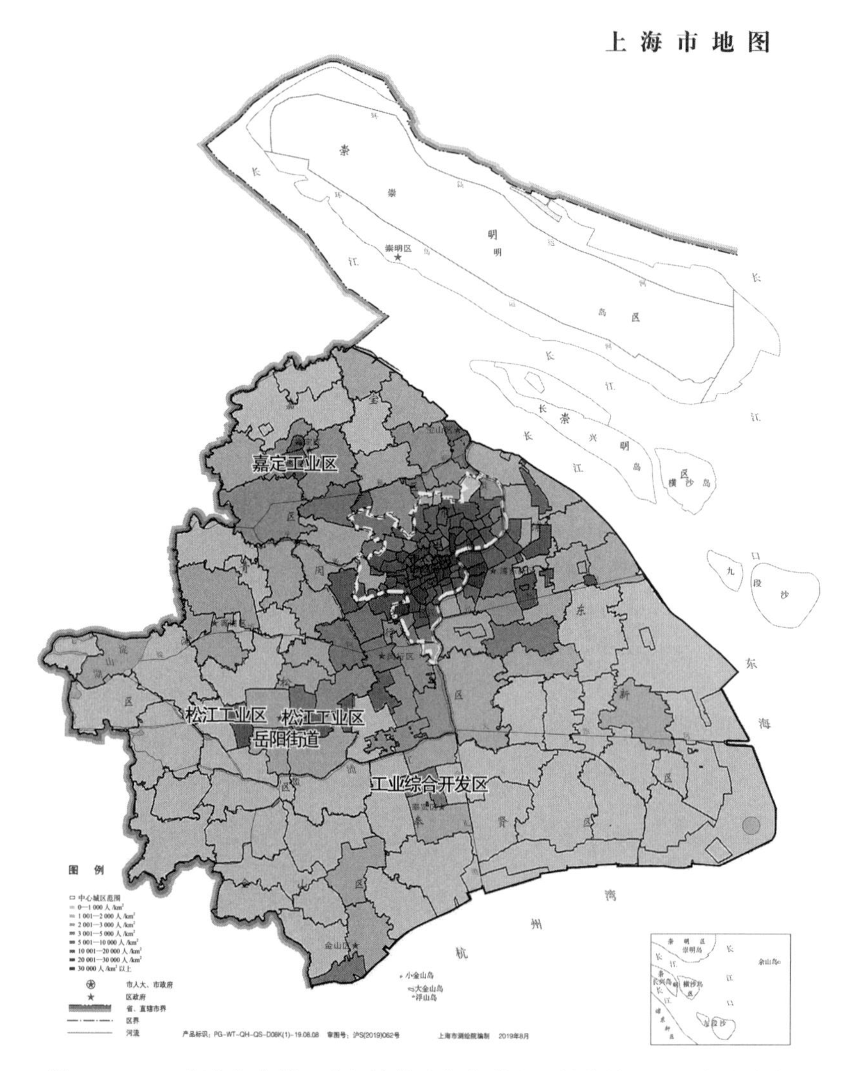

图 2-9　2013 年上海市第三次经济普查各街道法人单位就业人口密度分布图

（2）居住空间演化特征

上海市居住空间演化同样也分为三个阶段。

第一个阶段是 1980—1989 年。这一阶段的上海市居住空间处于快速扩张的时期。除了中心城区居住人口密度明显增大之外，原本集中于浦西地区的居住空间也迅速扩张，近郊区扩张的现象开始显现。除了经济因素外，这一现象同当时土地制度和住房制度的改变也是分不开的（杨珺丽，2018）。1987 年前后，国家土地政策形成了由禁止流转交易到商品化的转变，福利分房制度也随之开始变革，居民的自主选择性大大增加，推动了居住空间的扩张。

第二个阶段是 1990—2000 年。这一阶段的上海市居住空间表现出圈层式蔓延扩张的特征，居住次中心略显雏形，且同就业中心空间分布基本吻合（图 2-10）。1990 年浦东大开发使得居住空间向浦东扩散最为明显，中心城区人口规划政策的提出和福利分房制度的取消也促成了居民向郊区的迁移。郊区人口占比虽然逐渐增加，但尚未形成较为明显的“反磁力中心”，中心城区的人口集聚程度依然较高。截至 2000 年，上海市中心城区常住人口约为 688.54 万人，占上海市总人口的 45.00%，郊区常住人口约为 841.12 万人，占上海市总人口的 55.00%（表 2-5）。

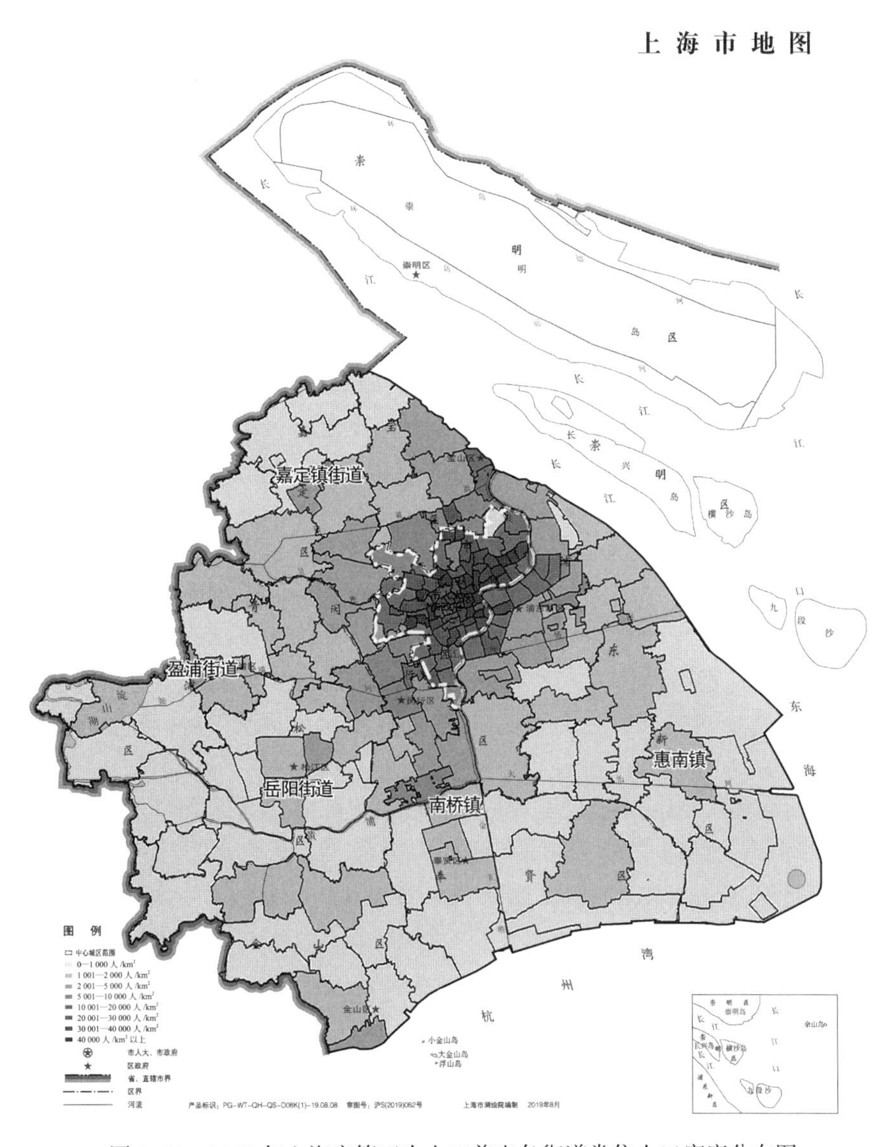

图 2-10　2000 年上海市第五次人口普查各街道常住人口密度分布图

表 2-5　上海市中心城区与郊区常住人口统计表

年份	中心城区		郊区	
	人数 / 人	占比 /%	人数 / 人	占比 /%
2000	6 885 439	45.00	8 411 230	55.00
2010	6 986 214	31.30	15 339 461	68.70

第三个阶段是 2001—2013 年。这一阶段的上海市居住空间继续向郊区扩散，表现为中心城区低速聚集、郊区高速聚集的态势，并在郊区形成了较为明显的次中心。经统计，2010 年上海市常住人口比 2000 年增长了 44.40%，而中心城区常住人口占总人口的比重由 2000 年的 45.00% 下降到 31.30%，占比下降明显。在各项制度的推动下，上海市居住空间获得了较大发展，在郊区形成了明显的居住次中心，人口主要聚集在嘉定区的嘉定镇街道、松江区的岳阳街道、青浦区的盈浦街道、奉贤区的南桥镇、浦东新区的惠南镇等（图 2-11，表 2-6）。

（3）交通通勤特征

为方便对比分析，本节将上海市通勤特征的变化也分为三个阶段。

第一个阶段是 1980—1990 年。这一阶段上海市建成区面积处于不断扩张的时期，郊区化现象开始显现，但就业空间较为均衡，交通通勤也处于一个相对均衡的阶段。出行方式的选择较为单一，主要以自行车、公交和步行为主。

第二个阶段是 1991—2000 年。这一阶段上海市居民的职住状态表现出从平衡走向分离的特征，在交通通勤上表现为出行时间和距离持续增加，并仍以向心性交通为主。1995 年上海市第二次全市性综合交通调查成果显示，相比 1986 年，居民的平均出行时耗有所增加（表 2-7），出行空间分布呈现出中心城区占比下降，外围区、浦东占比上升的特征，这同郊区化的情况相吻合；小汽车的平均出行距离为 19.40 km/次，比 1986 年增长了 38.09%，出行距离增加；此外，早上进内环的出行量比出内环的出行量多 40% 左右，有一定的“潮汐”现象，这是由于就业空间依然在中心城区高度集聚，就业次中心尚未成型，所以仍以向心性通勤为主。在出行方式的选择上，全市以自行车出行方式为主，占比为 45.10%，其次是步行（表 2-8），机动车拥有量开始急剧增长，公交客流量与 1986 年相比有所下降，这同当时单一的公交选择方式是分不开的。

第三个阶段是 2001—2013 年。这一阶段上海市的交通通勤依旧受郊区化的影响，且由于次中心逐渐形成，郊区交通量大幅增加。上海市第三次全市性综合交通调查报告显示，中心城区居民使用轨道交通和公共汽（电）车出行的平均距离从 1995 年的 6.6 km / 人次延长到 2004 年的 8.4 km / 人次，出行时间也由 35.6 min 增长至 41.4 min（表 2-9）；中心城区和郊区的交通增长量分别为 100% 和 470%，交通增长的郊区化现象明显。上海市第五次全市性综合交通调查报告显示，2009—2014 年，全市居民的平均出行距离由 6.5 km / 人次增加到 6.9 km / 人次，出行距离仍在增加；在出行方式的选择上，中心城区的出行模式逐步以公共客运交通方式为主导，其占所有使用交通工具出行的比重由 2009 年的 47% 增加到 2014 年的 48%，其中，

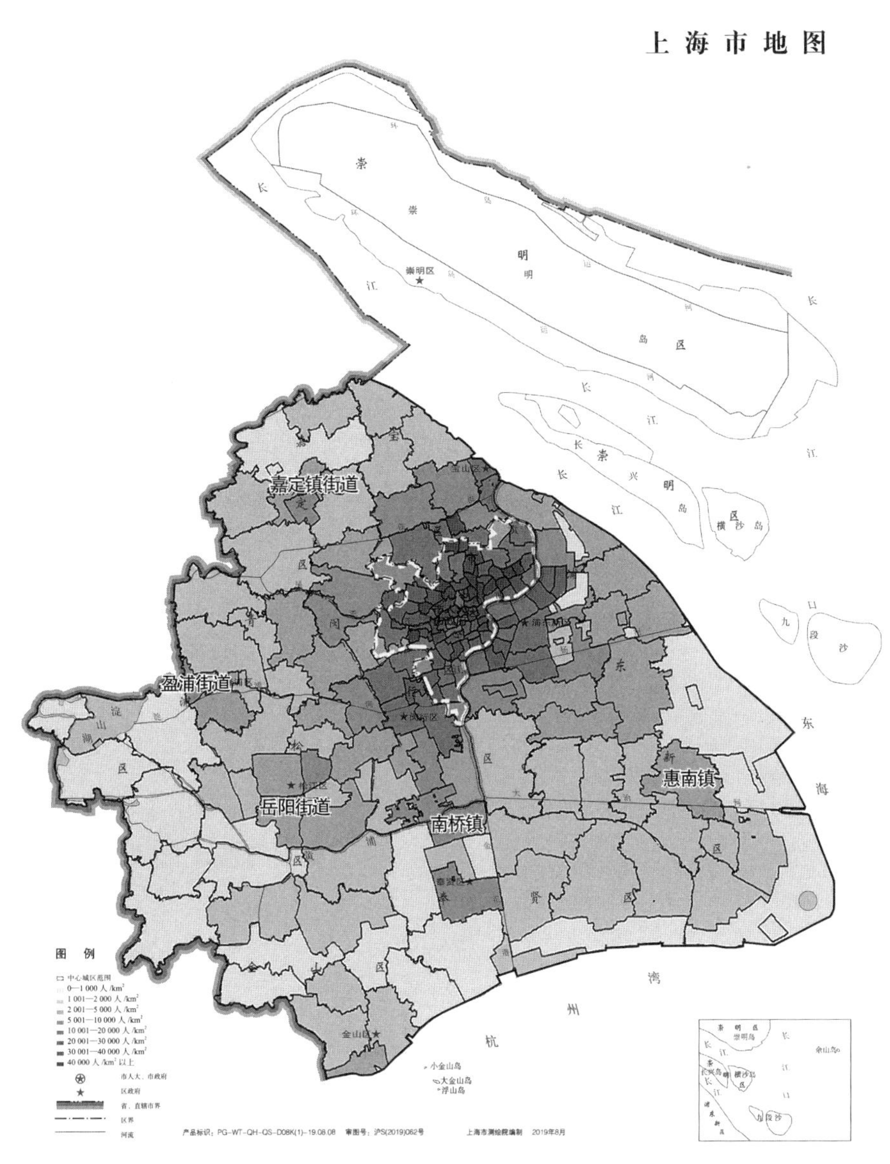

图 2-11　2010 年上海市第六次人口普查各街道常住人口密度分布图

表 2-6　2010 年居住次中心街道常住人口密度表

区名	街道名	人口密度 / (人 · km^{-2})
嘉定区	嘉定镇街道	20 464
松江区	岳阳街道	18 778
青浦区	盈浦街道	7 914
奉贤区	南桥镇	5 021
浦东新区	惠南镇	3 145

轨道交通的主体地位凸显，线网规模不断扩大。

表 2-7　1986—1995 年上海市居民不同出行方式平均时耗变化表

出行方式	步行		自行车		公交地铁		客车	
年份	1986	1995	1986	1995	1986	1995	1986	1995
出行时耗 / min	13	19	21	35	48	62	55	55

表 2-8　1995 年上海市居民出行方式占比统计表

出行方式	自行车	步行	公交地铁	客车和摩托车	出租车	其他
占比 /%	45.10	32.80	15.00	5.80	0.90	0.40

表 2-9　上海市居民出行时间统计表

年份	1995	2004	2009
通勤时间 /min	35.6	41.4	43.2

3）空间干预策略

本节主要以《上海市城市总体规划（2017—2035 年）》报告（以下简称《上海 2035》）和《上海市黄浦区单元规划》为研究内容，从总体规划和单元规划两个层次，居住、就业、交通三个方面对上海市职住发展目标和职住空间结构进行说明。

（1）总体规划层次

在总体规划目标维度上，本节内容涉及中心城区和郊区城镇圈两个方面。《上海 2035》以强化郊区节点城市的独立功能为目标，转变传统城镇体系以行政层级配置公共资源的方式，在更大范围统筹功能和服务，提出依托“城镇圈发展战略”，实现城乡统筹发展，推动城镇化健康发展，形成以中心城区为核心的主城区和以各级次中心为核心的城镇圈空间体系模式。其中，城镇圈指的是在郊区形成的，以新城、中心镇或核心镇为主体的城镇组团。

① 发展目标设定

上海市城市发展目标公众调查结果显示，“开放、绿色、关怀”是市民对于上海市未来畅想的三个核心关键词，市民越来越强调对宜居环境的追求，越来越关注城市人文魅力的提升，越来越追求上海市民生建设带来的获得感。《上海 2035》中提出，在 2035 年，上海市要基本建成卓越的全球城市，令人向往的创新之城、人文之城、生态之城，具有世界影响力的社会主义现代化国际大都市，其职住平衡的目标主要体现在创新和人文两个方面，目的是实现产城融合和职住平衡，并在各个方面提出了具体目标。

a. 居住发展目标

在居住方面，上海市提出要构建 15 min 社区生活圈，激发城市文化活力，保护历史文化遗产和彰显城乡风貌特色的目标。上海市坚持不懈地提升城市品质，以建设更具人文底蕴和时尚魅力的国际文化大都市为目标，不断完善多层次高水平的公共服务和社会保障体系，满足人民日益增长的美好生活需要，成为城市治理完善、共建共治共享的幸福、健康、人文城市。

对于中心城区来说，规划确定了降低人口、控制住宅用地规模、优化与完善居住环境和公共服务设施的目标。结合 15 min 社区生活圈的优化与完善，推进基本公共服务的均等化，提高社区级文化、体育、医疗等设施的服务效率和水平。

对于城镇圈来说，要做好“三个倾斜”，即公共服务资源配置向郊区人口集聚地倾斜、基础设施建设投入向整个郊区倾斜、执法管理力量向城乡接合部倾斜。要提高新城、新市镇的服务能级，加快推进城乡一体化发展。

b. 就业发展目标

在就业方面，上海市提出要营造更具吸引力的就业创业环境，促进中小微企业发展，提供鼓励人才成长环境的目标。

对于中心城区来说，要打造中央活动区的品质与活力，形成城市最具标志性的区域。要加快主城副中心的培育，加快产业转型，适当增加就业岗位，优化和提升片区功能。

对于城镇圈来说，要发挥新城、核心镇和中心镇的引领作用，着重体现郊区城乡统筹与跨区域协调。重点加强城镇圈公共服务和资源配置，促进产城融合，引导就业人口向新城、核心镇和中心镇集中，积极推进产业社区的建设。

c. 交通发展目标

在交通通勤方面，上海市提出要建设更开放的国际枢纽门户，强化便捷高效的综合交通所支撑的目标。

对于中心城区来说，要发展多元化的公共交通模式，提高公共交通服务水平。至 2035 年，全市公共交通占全方式出行的比重将在 40% 左右，力争实现中心城平均通勤时间不超过 40 min。

对于城镇圈来说，要构建市域轨道交通网络，优化各城镇圈之间的道路交通功能。要强化新城与主城区快速联系和对外辐射能力，将新城与主城区之间的公共交通出行占比提升至 80%。完善各交通枢纽的道路集散网络，提升干线道路的服务功能。

② 空间结构优化

a. 居住空间优化

居住空间主要包括 15 min 生活圈的打造。建设公共交通导向型发展（TOD）社区，按照步行 15 min 可达的空间范围，完善教育、文化、医疗、养老、体育、休闲及就业创业等服务功能，并将其用综合性交通通道连接，形成“串珠式”空间模式。坚持以居住为主、以市民消费为主、以普通商品房为主，构建可负担、可持续、租购并举的住房供应体系，进一步完善“四位一体”的住房保障体系，满足市民多层次、多样化的住房需求。

其中，城镇社区生活圈结合行政边界划定，平均规模为 3—5 km^2，服务常住人口 5 万—10 万人，以 500 m 步行范围为基准，划分包含一个或多个街坊的空间组团，配置满足市民日常需求的基本保障性公共服务设施和公共活动场所，主要配置公园、公共空间、社区文体设施、社区商业设施、社区医疗养老设施和社区教育设施等。

乡村社区生活圈按照慢行可达的空间范围，结合行政村边界划定，一般涵盖多个自然村。乡村社区生活圈内以行政村为单元，集中配置基本保障性公共服务设施、基础性生产服务设施和公共活动场所。以自然村为辅助单元，配置满足村民日常基本需求的保障性公共服务设施和公共活动场所，如文化站、综合服务用房、体育健身点等。

b. 就业空间优化

就业空间优化主要是通过优化就业岗位结构和布局进行调整，分为优化就业结构、引导就业岗位均衡布局和打造职住平衡的产业社区三个方面。

在优化产业结构上，强化金融保险、贸易咨询、中介服务等现代服务业的就业吸引力，增加文化艺术、体育休闲、教育健康、国际交流等新兴产业就业岗位，拓展高端人才就业规模。至 2035 年，生产性服务业从业人员占就业总人口的比重将在 25% 左右。加快制造业的转型升级，推动制造业的高端化、服务化发展，逐步淘汰劳动密集型的低端制造业，增加高技术就业岗位。

在引导就业岗位均衡布局上，中心城区通过产业结构升级引导非核心功能及相应的就业岗位疏解，依托城市公共活动中心促进服务业就业岗位的多中心布局，适度保留部分工业地块发展符合产业导向、经济社会效益好、环境影响小的都市型工业；郊区则在新城、核心镇和中心镇增加现代服务业配置，完善生活配套服务，吸引创新创业人口，并根据资源禀赋条件发展旅游、商贸、文化等各具特色的产业类型，提供多元化的就业岗位。

在打造职住平衡的产业社区上，结合城市功能提升来推进产业园区转型，增加居住、公共空间和公共设施配套，提高教育、健康等社会性基础设施服务水平，从而形成第二、第三产业融合发展、配套功能完善、环境景观宜人的产业社区。提升各分区职住平衡指数[④]，至 2035 年，主城片区的职住平衡指数不低于 95，综合发展型城镇圈的职住平衡指数不低于 115，整合提升型城镇圈的职住平衡指数不低于 73。

c. 交通空间优化

在交通通勤上，主要涉及实施公交优先战略和优化道路交通功能两个方面。

在公交优先战略方面要发展多元化的公交模式，构建轨道交通城际网络，强化中心城的辐射能力，形成 9 条中心城联系新城、核心镇、中心镇及近沪城镇的射线。至 2035 年，主城区公交出行占全出行方式的比重将在 50% 以上，绿色交通占比达到 85%，将轨道交通线网密度提高到 1.1 km/ km^2 以上，轨道交通站点 600 m 覆盖用地面积、居住人口、就业岗位的占比分别达到 60%、70%、75%。郊区城镇圈要在公交战略上向主城区看齐，在宝山、嘉定、青浦、松江、金山、崇明等区预留同近沪城镇对接的通道，构建以中运量轨道和中运量公交为骨干的局域公交网络，提高主城片区、新城、核心镇和中心镇的轨道交通服务水平。

在优化道路交通功能方面，调整高速公路通道、枢纽和城镇空间发展关系，主城区在中心城“三环十射一横十字”快速路网的基础上，规划多个快速路，优化主城区重点更新地区，提高基础路网密度，提高慢行交通可达性和路网组织的灵活性，严格控制主城区停车供应。郊区城镇圈要在优化道路交通功能方面，控制青浦、松江、奉贤新城与主城区之间的快速路，预控新城、核心镇和中心镇至近沪地区的重要交通廊道。

（2）单元规划层次

控制性单元规划是上海市用来有效衔接总体规划和详细规划两级法定规划的中间层次，其主要内容包括片区总体发展战略、重大专项统筹内容及分单元图则等。国内的主要城市对此类衔接层次已经有了各自的思考，如北京市的街区控制性详细规划、杭州的分区规划、合肥市的控制性详细规划管理单元和深圳市的城市发展单元等。2003 年，上海市在《上海市城市规划条例》中将控制性单元规划首次纳入规划编制的法定层次，用来上承分区规划、下启控制性详细规划，是上海市实现“统一规划、统一领导、统一规范、分级管理”的关键内容之一，体现了上海市城市规划的创新之处（凌莉，2018）；2010 年颁布的修正版《上海市城乡规划条例》中，进一步明晰了上海市城乡规划体系，形成“总体规划—分区规划—单元规划—详细规划”四个层次，在中心城分区规划的基础上编制单元规划，明确了中心城单元规划的编制导向。《上海 2035》则进一步完善了全域覆盖、分区管理、分类指导的规划编制体系，取消了分区规划，构建了“总体规划—单元规划—详细规划”的规划层次，强化了单元规划承上启下的作用，使之在适应超大城市规划管理的结构性管控中发挥更多作用（图 2-12）。

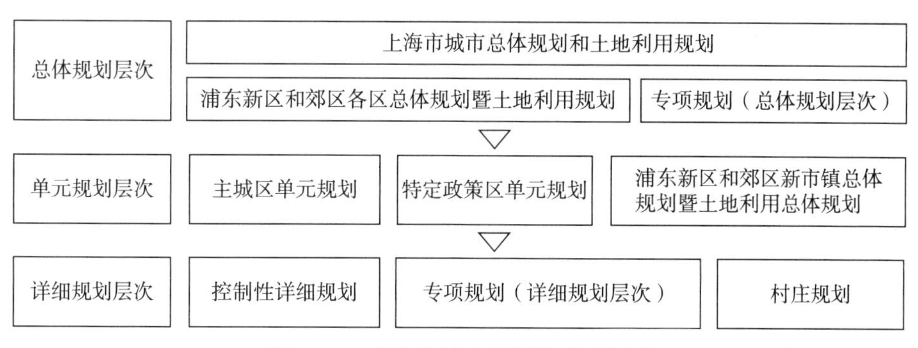

图 2-12　上海市城乡规划体系示意图

在单元规划目标维度上，本节以上海市黄浦区单元规划为例，将单元规划中对职住的具体落实情况做简要梳理和阐述。黄浦区位居上海主城区的核心位置，总用地面积为 20.5 km^2，是上海市历史文化首区，也是全市唯一的全域中央活动区，具有最独特的核心区位，经历了复杂的空间更迭。

① 发展目标设定

a. 居住目标设定

树立高品质生活新典范，落实 15 min 社区生活圈的服务要求。以提高人民群众获得感为目标，广泛推动城市更新，依托旧改统筹来激活土地资源，优先与完善公共服务和公共空间，保障空间落实，完善社区生活圈，全方位改善民生。到 2035 年，常住人口规模达到 66 万人，居住用地达到 641.73 hm^2，占建设用地的 34.5%。结合社区和商区发展多样住宅，提高租赁住房占比至 15%—20%，完善特色风貌住宅、混合住宅等形式。

b. 就业目标设定

构筑高质量发展新高地。根据上位规划要求，完善具有全球资源支配能力的功能体系。聚焦核心功能区域和未来发展潜力区域，以空间拓展、功能转型、品质提升为重点，进一步强化产业、功能、环境协同联动。到2035年，职住平衡指数不低于120。

c. 交通目标设定

以公交优先为总体导向，构建与全球城市核心功能承载区、全球城市品质特质典范区相匹配的、高效集约的、绿色安全的综合交通体系。完善路网结构，提高支路网密度，优化交通组织，保障慢行通道连续；进一步提升公共交通服务水平。规划至2035年，全路网密度达到11.8 km / km^2，公交出行占比将在55%以上。

② 空间结构优化

a. 居住空间优化

在居住方面，规划提出优化居职混合，提升功能混合、促进街区活力，在北区商办功能片区适当增加住宅；鼓励住宅多样化供给，结合社区和商务区提供多类型住宅，增加特色风貌住宅等丰富多样的居住类型。具体为控制商品房住宅总量，合理引导住房布局，引导居职平衡，住宅新增25万—30万m^2（不含文博区）。充分考虑黄浦区各类居住类型与户型特点，考虑不同人群与多元化居住产品需求，精细化住宅标准，提供多元化居住水平的住宅产品。重点拓展历史住宅肌理的保护与转型，促进居住品质逐步提升。在中央活动区（Central Activity Zone，CAZ）的核心地段适度提供更多新兴的住宅产品，容纳人才增长，满足多元人群的宜居宜业需求，促进职住平衡，提升地区活力。

b. 就业空间优化

在就业方面，规划合理确定商办用地功能，提升复合活力，鼓励功能的混合布局，并鼓励向轨道交通导向型发展地区集聚。在83.8 hm^{2}的规划总建设用地面积中，商业、商办用地不大于22.3 hm^2，规划商业办公及住宅等经营性规模不大于107万m^2。

c. 交通空间优化

在交通方面，黄浦区的道路网络已基本成形。其中，快速路形成“两横一纵”的格局。“两横”分别是延安高架路、内环高架路，“一纵”是南北高架路。地面干道形成“十横八纵”的格局。“十横”指新闸路、北京西路 — 北京东路等10条横向道路。“八纵”指陕西南路、瑞金一路 — 瑞金二路 — 瑞金南路等8条纵向道路。

按照公交优先、慢行保障的原则，黄浦区将重点对道路网络进行局部调整与提升，打通断头路，提高路网整体运行效率，完善路网结构。规划形成以轨道交通为骨干、地面公交为补充的公共交通体系，保留9条轨道交通市区线路和5处综合交通枢纽，并合理安排站点。

（3）其他总体规划

本节从市—区县—街道三个层次的总体规划出发，以上海市、上海市嘉定区和上海市嘉定区安亭镇为例，从居住、产业就业和交通通勤三个方面对各个层次的规划内容进行对比分析（表2-10）。通过对比可以看出，市—区县—街道的总体规划是层层递进的关系。许多指标如中小套型占比、公交占比、路网密度等为达成协调发展都具有一致性，而常住人口规模等指标是按照不同层级递减，其余引导性政策如住房政策、产业政策等则是根据不同规划面积和性质，在满足上位规划的基础上结合各地实际情况制定。

表 2-10　上海市“区县—街道”两个层次总体规划职住协同具体内容对比表

市 / 区 / 镇		嘉定区	安亭镇
规划名称		《上海市嘉定区总体规划暨土地利用总体规划（2017—2035 年）》	《嘉定区安亭镇总体规划暨土地利用总体规划（2017—2035 年）》
居住	常住人口规模 / 万人	160 左右	29
	人口密度 /（人 · km^{-2}）	3 455	3 257
	中小套型占新增住房总套数的比重 /%	70	70 以上
	职住平衡指数	≥ 100	—
	住房政策引导	针对不同群体，确保可负担的住宅承载空间。尤其应增加公共租赁住房占比，支撑创新功能建设；全区形成“公共租赁住房、共有产权保障住房、动迁安置房、旧住房综合改造”的住房保障体系	结合安亭镇发展定位及城镇化发展目标要求，未来应注重供给新需求，在安亭老镇、昌吉路地区可增加具有一定环境品质、由优质开发商建设的商品住宅；加强方泰老镇、黄渡老镇旧区住宅更新，改善住宅环境品质，提升社区配套服务质量
产业就业	产业政策	嘉定区以汽车为主导的产业结构特色鲜明，嘉定应保持发挥既有优势，建设成为以世界级汽车产业中心为引领的智造高地，形成“两集聚、两融合、三类发展空间”的制造业和生产性服务业基本空间格局	规划提出保障制造业空间、增加研发空间、集聚服务空间、预留新产业空间的用地结构调整建议。一方面保障优质制造业空间，增加研发用地，促进产业转型升级；另一方面集聚服务业空间，培育现代服务业
	工业仓储用地占规划建设用地的比重 /%	16.87 左右	17.22 左右
	产业用地布局	规划提出嘉定新城以发展高端生产和生活性服务业、科技文化、医疗研发、“互联网 +”产业为主；安亭组团聚焦科技研发和高端制造，以发展汽车产业、创新研发、医疗产业为主；嘉北组团聚焦科研孵化、高新产业、商务办公和生产服务；南江组团聚焦现代商贸产业和居住生活配套	划分汽车制造板块作为安亭主要的汽车制造基地，建议优化布局，打通南北跨铁路联系通道，缓解大型货运交通压力，更新局部地区用地，推动产业升级，重点引进汽车核心零部件制造企业及高附加值企业，完善设施配套，促进产城融合发展
交通通勤	路网密度 /（km · km^{-2}）	8	骨干路网密度约为 2.69
	公共交通占全方式出行的比重 /%	40 以上	40 以上
	平均通勤时间 /min	不超过 40	—
	公交站点 600 m 范围用地覆盖率 /%	嘉定新城达到 30，中心镇镇区达到 15	—

2.3 理论建构

2.3.1 都市区职住协同演变理论建构

本节将对都市区职住协同演变的规律进行归纳。以往职住协同演变规律的研究主要集中于城区，由于数据较少或分散程度较大的原因，对于郊区或乡村的研究较少重视。本节从城区和郊区两个方面出发构建职住协同演变理论。根据前文分析可知，职住空间结构演化需要重点关注三个方面的内容：第一个是各圈层职住空间的变化是增长还是减弱；第二个是就业中心的变化，即单中心是否向多中心演化；第三个是通勤情况变化。

参考就业多中心理论、职住平衡理论、空间扩散理论中的相关研究成果，特别是区域空间结构演化理论的内容。这些理论显示，区域空间演化会遵循“均衡—非均衡—更高层次均衡”的规律。在经济发展初期，区域空间结构呈现原始的均衡状态，居住空间和就业空间较为均匀地分散，职住相对平衡；进入工业化初期，原始均衡被打破，人口和产业向区域的核心区集中，呈现出核心边缘结构，此时居住空间虽然也在不断地向着中心聚集，但由于地租理论造成的居住成本问题，在中心区达到居住空间饱和后逐渐向四周扩散，职住平衡开始被打破；进入工业化中期，集聚因素作用不断加强，就业空间的非均衡程度不断增强直至最大，此时就业空间与居住空间的不平衡现象也达到最大；进入后工业化阶段，大城市开始出现集聚不经济，这就使其产业不断寻求向外扩散，这时集聚因素的作用逐渐减弱，扩散作用则日益增强，区域内新城镇不断出现，形成城镇密集区，居住空间和就业空间的集聚形成中心区外的次中心，最终区域空间结构走向高层次的均衡（李秀敏等，2007）。结合城镇化率的变化规律，本节将都市区职住空间的演化过程归纳为四个阶段（图2-13），四个阶段在都市区功能圈层发育状态、职住要素分布特征、职住要素关联情况等内容上都有相应的变化。

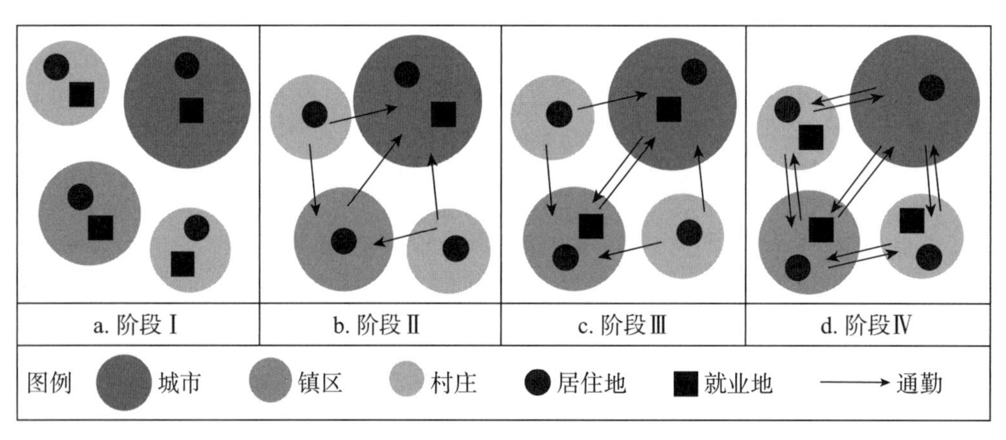

图 2-13　都市区职住协同演变示意图

第一个阶段的城镇化率在 30% 以下，在这个阶段，都市区圈层之间的紧密联系还未形成，各城镇是独立的就业功能组团，并且各组团之间处在独立分散、低级均衡的发展时期。在都市区功能圈层发育状态上，各圈层边界还未明确出来，各要素处于低端均衡状态，圈层内没有形成明显的中心或者次中心，各城镇就业组团之间缺乏联系，非农就业要素增长缓慢；在职住要素分布特征上，居住主要分布在乡村地区，基本处于自给自足的状态，城镇是少数人居住和就业的场所；在职住要素关联情况上，跨区的通勤流量较少，主要集中在各自城镇组团内部。整体而言，城市处于职住平衡的状态之中。

第二个阶段的城镇化率处于 30%—50%，在这个阶段，都市区产生大量的就业需求。此时，传统的就业中心继续集聚大量的就业要素，使得都市区就业空间结构趋向不均衡发展，并且远离城市的开发区开始建设。在都市区功能圈层发育状态上，各圈层皆处于快速城镇化阶段；在职住要素分布特征上，就业要素在中心区和郊区大幅增长，特别是非农就业岗位，此时是城市中心区的就业“单中心”主导的空间不均衡阶段，在郊区开始出现有影响力的就业突出点，多是开发区等专业化集聚的产业区，居住非正规形式较为常见。在职住要素关联情况上，城区圈层与郊区圈层之间的联系开始增强，跨区之间的通勤开始增加，虽然主要就业通勤方向还是从外围向城区的就业中心流动，但是因为开发区的建设，也有少量的城区居民流向开发区就业。

第三个阶段的城镇化率处于 51%—70%，在这个阶段，都市区中心区、城区、近郊区、远郊区等功能空间圈层已经初步形成，并且各个圈层之间的联系在逐步增强。在都市区功能圈层发育状态上，各圈层处于新型城镇化阶段；在职住要素分布特征上，就业要素在郊区的分布总量进一步增长，城区的就业占比在与郊区达到平衡后开始下降，就业单中心主导的局面逐渐弱化，就业多中心的空间格局逐渐形成；在职住要素关联情况上，城郊通勤增加，中心与郊区之间的通勤变得均衡起来，并且郊区与郊区间的通勤开始兴起。

第四个阶段的城镇化率在 70% 以上，在这个阶段，都市区各功能组团之间已经形成均衡的网络体系，各组团之间有发达便利的交通网络进行联系。在都市区功能圈层发育状态上，各圈层已形成稳定的城镇化状态，各要素分布处于密集的均衡状态；在职住要素分布特征上，就业多中心的格局已经形成，主中心与次中心之间的差距逐渐缩小，并且次中心经过整合发展数量适度减少，居住和就业在各圈层之间的分布逐渐均衡，中心区的居住和就业有复兴的特征；在职住要素关联情况上，郊区与中心区、郊区之间的通勤均衡，此时，虽然就业与居住之间的组织演化为职住分离，二者在空间上的距离较前几个阶段增大，但是因为交通便捷程度的上升及交通成本的下降，职住之间的时间距离在缩短。

本章的两个案例——中国上海和美国芝加哥处于职住协同的第四个阶段。2018 年，上海市城镇化率达到 88.1%，已经形成了较为明显的主城中心区，且郊区的次中心也开始逐渐形成并发挥作用，处于第四个阶段的初期；中心区的居住和就业人口开始向着郊区有序疏散，各个组团之间的联系也在逐渐增强，但职住不平衡现象依然存在。芝加哥已经开始向着多中心的城市模式发展，并且有通达的道路交通网络进行支撑，主中心与次中心、次中心与次中心之间形成较为均衡的通勤，职住正向着较高层次的均衡化模式发展。

2.3.2 都市区职住空间干预框架建构

从都市区职住空间的演化规律来看，中国都市区职住空间逐渐进入剧烈变革的成长阶段，职住失衡成为当前国内特大城市都市区化进程中不容忽视的问题。在这一阶段内，因受外部综合环境的影响，都市区日常功能组织效率下降、居民的生活质量下降等问题均已显现，考虑到未来城市化发展的趋势，城市职住空间的组织在大城市及大都市区合理功能体系的架构中仍然担负着重要作用。因此对都市区职住空间的干预对组织大都市区的空间结构有着一定的积极作用，同时也可以预防和疏导现有情况下产生的种种城市病问题。本节在前文上海市案例分析的基础上，依托上海市城市规划的职住空间调控内容，形成“两个层次 + 两个维度 + 三个要素”的都市区职住空间调控框架（图 2-14）。

“两个层次”是指总体规划和单元规划，分别代表空间干预的宏观调控和微观规制两种方式。总体规划是指导与调控城市发展建设的重要手段，其从宏观角度展示城市空间布局，对城市发展做出综合型的战略部署；单元规划是总体规划和详细规划的中间层次，以某一划定单元为主体，更加注重微观上的指导。

“两个维度”是指发展目标和空间结构。发展目标是城市未来发展所要达到的预期，为城市发展指明方向，具有维系城市发展过程中各个方面关系构成和系统组织的作用，包括中心城区发展目标和外围功能组团发展目标；空间结构是城市不同功能区的分布和组合，是城市经济结构和社会结构在空间上的投影，主要阐明的是各部分的数量、位置和点线面的关系等。

“三个要素”是指同职住策略密切相关的要素，包括居住、就业和交通。《雅典宪章》中提出了城市“居住、工作、游憩、交通”四大功能，其中，居住是城市的主体，工作（即就业）为城市发展带来活力，交通则起到串联城市功能、加强城市内外交流的作用，三者之间相互关联、相互影响。

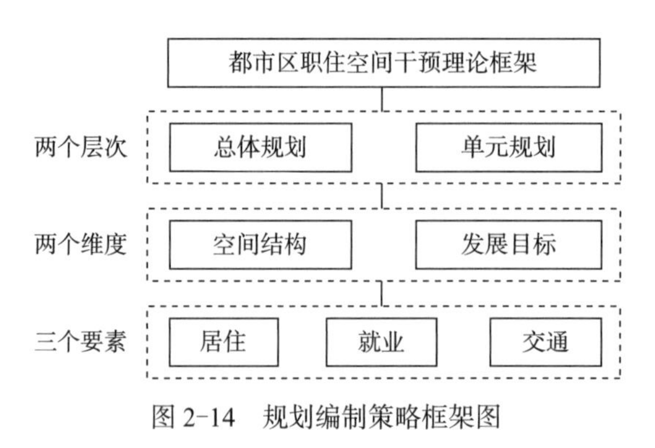

图 2-14　规划编制策略框架图

2.4 本章小结

本章主要进行了三个部分的阐述：首先，选取了九个可供借鉴的职住相关理论，并将其分为四类，分别是职住空间结构理论、职住空间动力理论、职住空间组织理论和职住空间干预理论，对每一种理论的具体内容进行了解释说明。其次，分别以中国上海和美国芝加哥作为中西方都市区职住演变及空间调控的案例，对其各自的基本概况、居住—就业空间演化特征和空间干预策略做出分析。最后，根据相关理论基础和案例分析结果，对都市区职住协同演变理论和都市区职住空间干预框架进行架构。

第 2 章注释

① 本专题对可负担性住房的定义为，地区内低于 80% 的中等收入家庭能购买的住房和地区内低于 60% 的中等收入家庭能租赁的住房。

② 就业次中心可定义为一个企业集聚地，集聚强度足够对区域的人口、就业和土地价格分布起到显著性影响。

③ 跨郊县通勤也被称作郊—郊通勤，是指居民居住在一个郊县，而去另一个郊县工作的通勤情况。

④ 上海职住平衡指数计算公式：各主城片区或城镇圈范围内的就业岗位数 / 各区域家庭数 ×100（家庭数 = 常住人口 / 户均人口数）。

3 济南都市区区域职住环境分析

区域是城市存在的基础，特别是当今随着区域一体化趋势的推进，城市与区域的关系更加紧密。大都市区作为城市与区域发展紧密结合的职住功能一体地域，对其职住空间协同的研究离不开所依托的区域职住环境。从国内外大都市区的发展经验来看，能级较高的区域中心城市通常是区域的就业中心和居住中心，它具有较高的人口集聚度和经济集聚度。由于规模经济和溢出效应的作用，这些城市借助便捷的高铁或者城际铁路等区域快速客运交通方式，能为区域内的其他城市提供就业和居住空间，从而形成了跨城市通勤，也使得都市区化的范围进一步扩大。多个城市同城化的趋势由此而来，如我国广州与佛山、香港与深圳、上海与苏州等典型地区（黄耀福等，2022；汪海，2016；徐海贤，2017）。同时，在区域职住环境分析中，还需要关注中心就业区的职住能级，特别是就业能级，因为它是表现城市能级的重要载体。西方发达国家的都市区一般会有多个就业中心，其中主要的就业中心也被称作中央商务区（CBD），并且在大都市区的郊区还会产生若干个就业次中心。大都市区中央商务区（CBD）的主要就业业态和规模能级均要高于一般城市，它不仅仅是为这个城市的市民服务，而且是为这个区域的市民提供高端生产性服务。因此，大都市区的中心就业区研究也是区域职住特征分析的一个重要组成部分。

本章济南都市区区域职住环境的分析包括两个方面的内容：一个是济南都市区作为一个整体，其职住人口在山东省内的地位和作用；另一个是济南首位就业区（赵虎等，2012），其职住人口在济南及全国城市中的地位和作用。在分析中，本章立足济南市所依托的区域——山东省，依托人口普查和经济普查相关数据，着重分析了自 2000 年以来济南市及其首位就业区——历下区在非农就业人口和常住人口两个方面的变化和态势，从而对济南都市区在区域整体的职住发展水平上有一个较为清晰的认识。

3.1 市级层面的济南职住情况分析

市级层面的分析其实就是区域层面的分析。以济南市所在区域内的地市单元为对象，通过对非农就业人口、常住人口及职住占比等方面数据的比较，从区域视角分析济南市的职住特征，对其就业中心城市等区域职能作用的判定有着巨大的支撑作用。

3.1.1 济南市非农就业特征分析

非农就业在城市的功能组织中发挥着重要的作用，特别是随着区域交通设施一体化建设的推进，就业通勤限定在单个城市范围内的情况逐渐被突破，跨城市通勤的现象频繁出现。区域的就业中心城市往往存在这种现象，因为就业中心城市不仅能满足本城市居民的就业需求，而且能为周边城市提供非农就业岗位。济南市作为山东省的省会城市，是山东省的政治、文化中心，吸引了大量的非农就业人口。据统计，2013年济南市国内生产总值为4 812.68亿元，非农就业人口总数为315.16万人，分别在全省位列第3位和第4位。本节进一步依托2001年（山东省第二次基本单位普查数据）和2013年（《山东经济普查年鉴：2013》）两个年份的数据，对山东省各地市的非农就业数量、类型和产业结构进行比较，分析济南市非农就业的地位和特征。

1）数量分析：省域西部就业中心，总量和密度均呈现上升态势

济南市是省域西部的就业中心，其中省域西部是指省会经济圈，是以省会济南为核心，与泰安、淄博、德州、聊城、滨州、东营周边6市组成的“1+6”都市圈区域（山东省发展和改革委员会，2021）。区内有52个县（市、区），总人口占全省的34.7%，总面积占山东省面积的33.2%。据统计，在这个范围内，2013年济南市的非农就业人口总量和就业密度数值分别是315.16万人和394人/km^2，均排在第1位，西部就业中心的地位较为突出。

同时，从2001年和2013年两个年份经济普查数据的对比分析中可以发现，济南市省域西部就业中心的地位得到强化。据统计，2001年济南市非农就业人口共187.83万人，非农就业密度为234.9人/km^2，到2013年这两个指标值分别上升到了315.16万人和394人/km^2，增长率均为67.79%。这体现了济南市作为省会城市，在进入21世纪以来强劲的非农就业增长态势，同时，也表现出其省域西部就业中心地位的稳定性。

另外，从全省各地市非农就业人口总量和就业密度值的变化情况来看，济南市这两个指标值在全省的排名在下降。据统计，相较于2001年，2013年济南市非农就业人口数量在全省的排名下降了4个名次（图3-1），就业密度在全省的排名下降了2个名次（图3-2）。这是因为，山东省的其他地市，特别是沿海地市的非农就业发展速度要快于济南市，从而造成了济南市虽然非农就业指标在快速增长但排名却下降的现象。

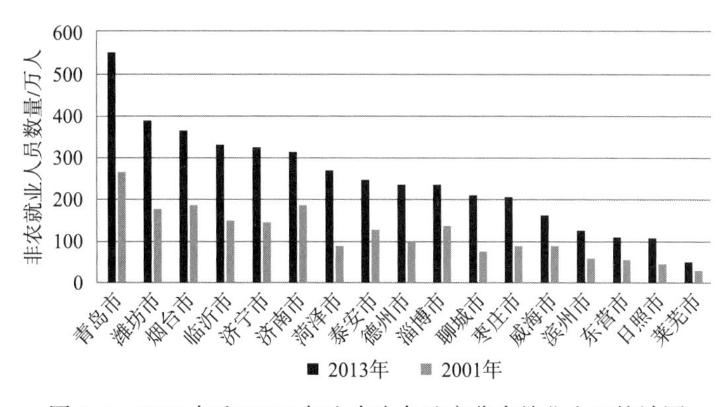

图3-1　2001年和2013年山东省各地市非农就业人口统计图

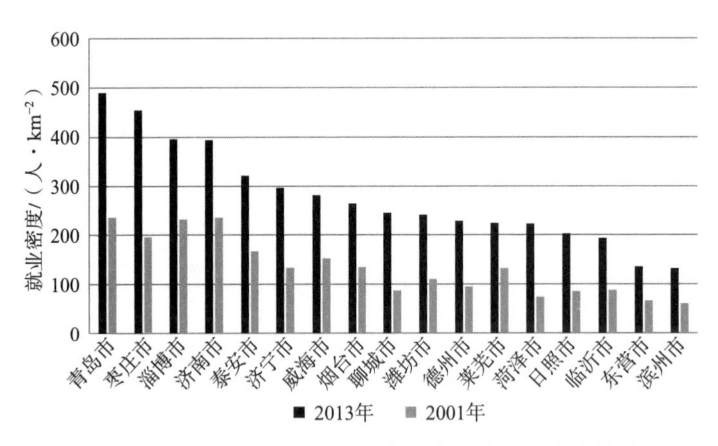

图 3-2　2001 年和 2013 年山东省各地市非农就业密度统计图

2）类型分析：法人单位从业为主，个体从业占比上升

根据经济普查的统计标准可知，非农就业岗位包括两种类型：一种是法人单位从业，另一种是个体工商户从业。所谓法人单位是指有权拥有资产、承担负债，并独立从事社会经济活动的组织，包括企业法人、机关法人、事业法人、社会团体等（国家统计局，2011），二者之间的关系反映了这个城市就业的类型结构。从数据分析的情况来看，济南市非农就业的主体类型是法人单位从业。据统计，2013 年济南市法人单位从业人员共 246.06 万人，个体工商户从业人员共 69.1 万人，二者比例为 78∶22。通过对比山东省整体的法人单位从业比例和个体工商户从业比例可以看出，济南市的法人单位从业人员占比要高于全省整体水平，而个体工商户从业人员占比却低于全省整体水平。这说明济南市的个体工商户从业还有一定的发展潜力可挖。

同时，从 2001 年和 2013 年两个年份经济普查数据的对比分析中可以发现，济南市这两种就业类型的从业人员数量均呈现增长态势，特别是个体工商户从业人员的增速更加突出，占比也相应增加。其中，12 年间，法人单位从业人员数的增长率为 50.06%，个体工商户从业人员数的增长率为 189.61%。二者之间的比例由 2001 年的 87∶13，变为 2013 年的 78∶22，个体工商户从业人员的占比增加了约 9 个百分点（图 3-3、图 3-4）。这说明个体就业这种就业类型越来越得到就业者的认可。

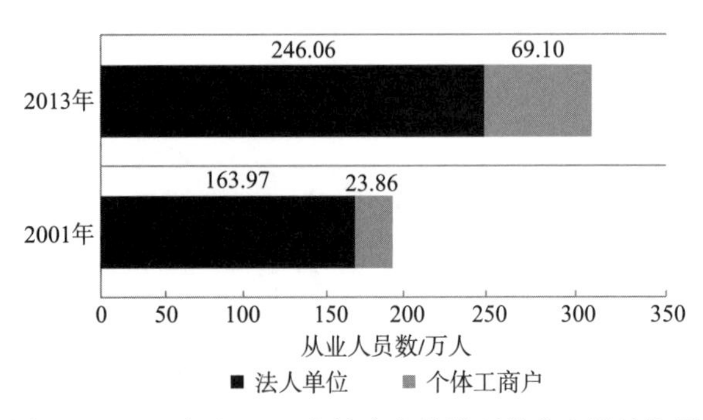

图 3-3　2001 年和 2013 年济南市分类型从业人员结构图

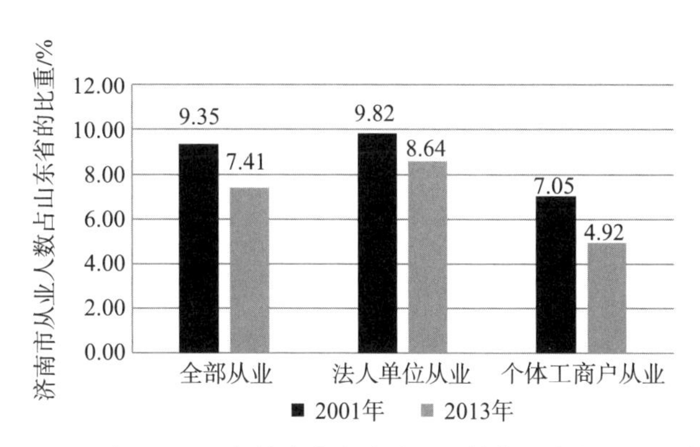

图 3-4　2001 年和 2013 年济南市各类从业人数占山东省的比重统计图

不过，济南市这两种就业类型在全省的排名均呈现下降态势。从 2001 年到 2013 年，法人单位从业人数的全省排名下降了 2 名，即从第 2 名变成了第 4 名；个体工商户从业人员的全省排名下降了 5 名，从第 6 名变成了第 11 名（图 3-5、图 3-6）。

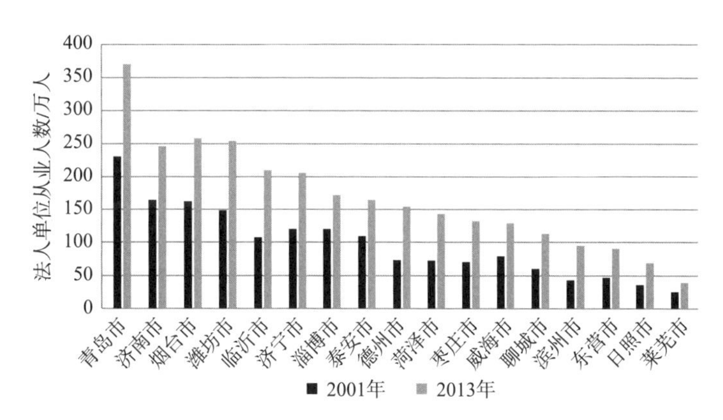

图 3-5　山东省地级市法人单位从业人员变化情况统计图

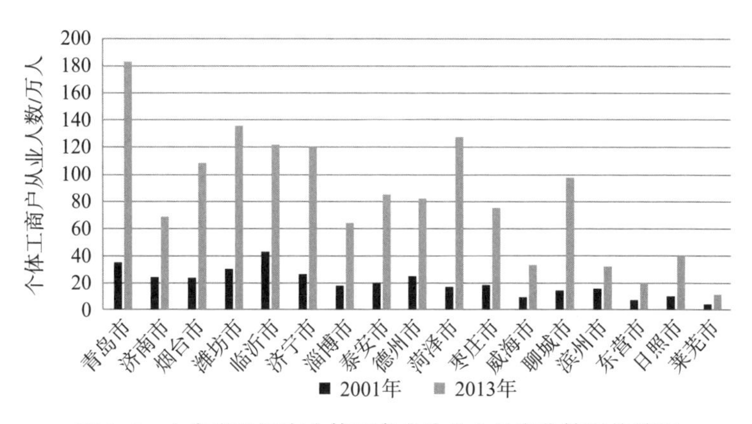

图 3-6　山东省地级市个体工商户从业人员变化情况统计图

3）产业分析：第三产业从业占据主导，高端产业优势显现

产业分析主要包括两个方面的内容：第一个方面是主要就业行业的分析，即对

从业人数占比超过 5% 的行业进行分析；第二个方面是对优势就业行业的分析，即对济南市在山东省范围内区位熵数值较大的行业进行分析。从这两个方面的分析来看，济南市的非农从业逐渐形成第三产业从业占据主导、高端产业的就业在省域内优势明显的格局。

从主要行业类型来看，济南市的第三产业从业开始成为主体就业类型。据两个年份的经济普查数据显示，从 2001 年到 2013 年，济南市的第二、第三产业结构由 55：45 调整为 47：53，第二产业从业人数比例下降，第三产业从业人数比例上升并且超过 50%，成为济南市的主要就业类型。进一步按照行业大类对主要就业行业进行细分可以发现，第二产业中的制造业和建筑业仍然占有较大的比重。据统计，2013 年时，制造业和建筑业从业人员占比达到了 38%，虽然与 2001 年相比降低了 8 个百分点，但在这两个年份主要行业的排名中还是位列前三位。同时，从两个年份第三产业主要就业行业类型的统计中可以发现，传统的服务业类型仍然是济南市非农就业的主要行业。如批发零售、公共管理和教育这三个行业的从业人员占比在两个年份均约为 33%，其中批发零售从业均是这两个年份排名第 1 位的服务业，占比约为 20%。这说明济南市市场经济水平较高，也反映出济南市社会消费市场的兴旺。向后的就业服务业类型依次为公共管理和教育行业。对于公共管理行业而言，这与济南市在山东省的政治中心地位相匹配，省级和市级的行政机关承载了大量的公共管理人员就业。同样，对于教育行业来说，济南市拥有较多的学校，特别是高等院校。据统计，济南市的高等院校数量在全省排名第 1 位，因而拥有了相对较多的教育从业人员。

从区位熵划分的优势行业类型来看，济南市的非农就业呈现出传统服务业与高端服务业兼具、省域聚集态势明显的特征。区位熵是比率的比率，能够表现一个城市的某个行业在区域中的地位。通常认为如果区位熵值大于 1，说明该城市某一行业的就业水平高于区域的平均水平，则可以被认定为优势就业行业；如果区位熵值小于 1，则说明该城市某一行业的就业水平低于区域的平均水平。经过计算，本章可以得到 2001 年和 2013 年两个年份济南市的主要优势就业行业类型（表 3-1、表 3-2）。经过分析发现，2013 年济南市的就业优势行业主要为服务业，在排名前六位的优势就业行业中，有四个行业属于服务业，特别是高端服务行业优势明显。其中，信息传输、计算机服务和软件业排在首位，2013 年该行业的区位熵值为 5.63，远高于全省平均水平。济南市的浪潮集团有限公司为这一行业的代表企业，其位列 2008 年度中国大企业集团竞争力 500 强第 3 位、2008 年中国电子信息百强企业第 10 位、2014 年中国软件业务收入百强企业第 5 位，直接承载了大量的高端就业人口。在 2013 年的优势就业行业中，还有文化、体育和休闲业，租赁和商务服务业这两个优势就业行业，区位熵值均超过 1.60，同属于高端就业行业的范畴，集聚态势日渐突出。

此外，济南的房地产业就业的区域优势得到保持，其在两个年份的区位熵值均为 2.0 左右，位列济南市的第 2 位。这说明济南市作为省域中心城市，在居住上面具有持续的吸引力。但是科学研究和综合技术服务业，交通运输、仓储及邮电通信业，地质勘查业、水利管理业这三个就业行业的优势却逐渐丧失，在 2013 年的排名中跌出前六位。

表 3-1 2013 年济南市各就业行业排名前六位行业统计表

排名	按比重排名（济南市层面）	按区位熵排名（山东省层面）
1	批发和零售业（23.46%）	信息传输、计算机服务和软件业（5.63）
2	制造业（21.97%）	房地产业（1.92）
3	建筑业（16.33%）	文化、体育和休闲业（1.71）
4	公共管理、社会保障和社会组织（5.27%）	租赁和商务服务业（1.66）
5	住宿和餐饮业（4.87%）	建筑业（1.61）
6	教育（4.14%）	电力、燃气及水的生产和供应业（1.38）

注：统计从业人员包括法人单位从业人员数和个体工商户从业人员数。行业数据中缺少金融业从业人员数。

表 3-2 2001 年济南市各行业法人单位就业行业排名前六位行业统计表

排名	按比重排名（济南市层面）	按区位熵排名（山东省层面）
1	制造业（34.30%）	科学研究和综合技术服务业（3.06）
2	批发零售贸易、餐饮业（17.93%）	房地产业（2.06）
3	建筑业（12.64%）	地质勘查业、水利管理业（1.47）
4	国家机关、党政机关和社会团体（7.45%）	社会服务业（1.46）
5	教育、文化艺术及广播电影电视业（5.24%）	交通运输、仓储及邮电通信业（1.44）
6	社会服务业（5.17%）	金融、保险业（1.41）

注：统计从业人员包括法人单位从业人员数和个体工商户从业人员数。

3.1.2 济南市常住人口特征分析

常住人口是城市规模的主要指标值，既体现了城市的经济量级，又体现了城市的吸引力。城市人口规模越大，增速越稳定，则反映出这个城市的发展越具有活力。

1）数量分析：总量不低，密度较高，人口增速领先

人口数量通常与行政面积成正比，即行政面积越大，拥有的常住人口越多。据统计，2010 年济南市的行政面积为 8 177 km^2，在山东省各地市中排名第 11 位，常住人口为 681.40 万人，全省排名第 7 位。可见，与行政面积排名相比，常住人口的数量排名更加靠前，体现了济南市较高的人口密度。经计算，2010 年济南市的常住人口密度约为 833 人 / km^2，在全省排名第 1 位。

同时，通过对 2000—2010 年人口普查数据的分析发现，济南市常住人口排名地位稳定，虽然总量上并不领先，但是人口增速在全省各地市中位居前列。就省内排名来看，2000—2010 年，济南市常住人口数在全省的排名没有变化，排名均是第 7 位。但是就常住人口增速来说，济南市位居全省第 2 名。据统计，2010 年济南市常住人口数量比 2000 年增加了 89.21 万人，增长率为 15.06%，仅次于青岛市，排名第 2 位，体现出较强的人口吸引力（图 3-7）。

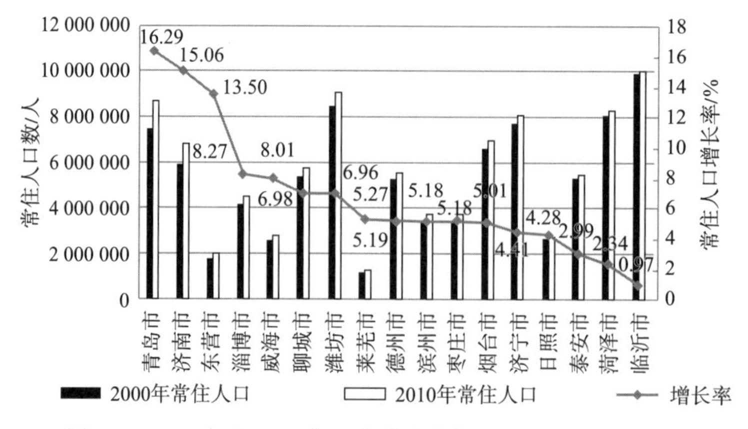

图 3-7　2000 年和 2010 年山东全省常住人口变化情况统计图

2）类型分析：外来人口流入特征突出，性别构成趋向协同

在大都市的人口构成中，外来人口通常会占有较大的比重，这是由于其发达的经济活力带来了大量的就业机会，从而吸引了众多外来人口来此就业和生活（赵虎，2014）。以北京和上海为例，第七次全国人口普查数据显示，在这两个城市的常住人口中，外来人口占比均在 40% 左右，也就是说，每 10 个常住人口中就会有 4 个外来人口。

通过分析 2000 年和 2010 年山东省各地市人口普查数据可以发现，济南市外来人口流入特征较为突出，且在全省地市中排名靠前。本书设置外来人口特征值这一指标，用常住人口 / 户籍人口（图 3-8）来表征。如果这一指标值越大说明外来人口占比越大，反之则说明外来人口占比越小。据计算，2010 年济南市的外来人口特征值为 1.12，在全省排名第 2 位，仅次于青岛市。相比于 2000 年而言，这一特征值由 1.06 上升到 1.12，全省排名由第 4 位上升到第 2 位。相关数据显示，2014 年济南市外来人口的占比超过 20%，且有逐年递增的趋势（济南市统计局，2021）。由此可见，外来人口在济南市的常住人口中占有较为重要的地位，同时也说明济南市人口流入特征明显，作为区域中心城市吸引外来人口的能力突出。

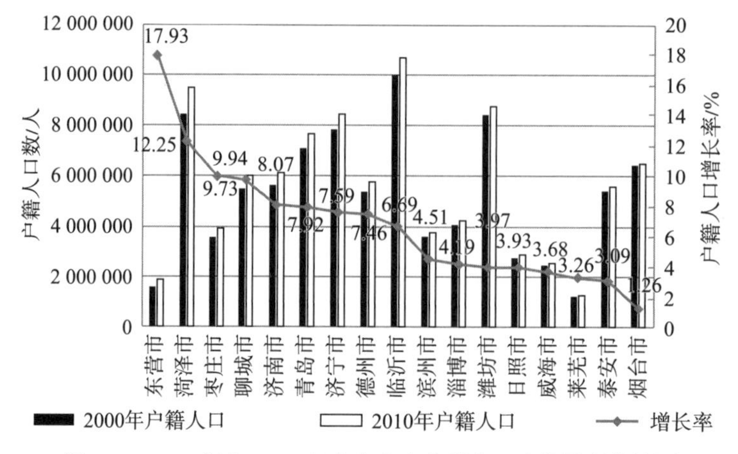

图 3-8　2000 年和 2010 年山东全省户籍人口变化情况统计图

另外，济南市的男女性别比值趋向协同。据统计，2010 年济南市男女性别比为 101.00，男性数量略多于女性，但是整体仍处在相对平衡的水平。与 2000 年的数据相比，济南市男女性别比数值下降，由 102.82 变为 101.00。在 10 年之间，女性人口相较于男性人口增长更多，男女性别比例趋向平衡（图 3-9）。

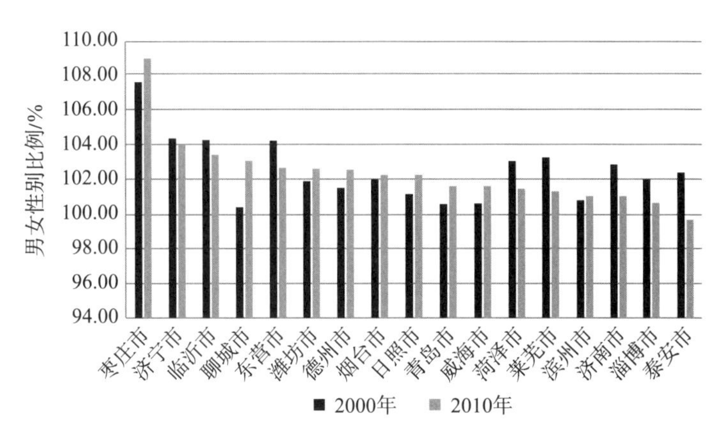

图 3-9　2000 年和 2010 年山东省各地市性别比变化情况统计图

3）城镇化分析：城镇化率水平较高，但增速趋缓

城镇化率是城镇人口在全市的百分比。城镇化率越高说明该市的城镇规模越大，人口集聚的程度越高，城镇化经济发展的程度越高，同时也隐含了更高的非农就业人口规模。总之，城镇化水平和非农就业水平之间存在较为密切的关联。

通过 2000 年和 2010 年两个年份山东省各地市城镇化率（城镇人口占常住人口的比值）的对比分析可以发现，济南市的城镇化水平较高，处于全省第 2 名的位置，但是城镇化率的增长速度却在变慢。据统计，2010 年济南市的城镇化率为 64.47%，城镇化率远高于全省平均水平（49.71%），排名第 2 位，仅次于青岛市，这说明济南市的城镇化率在全省排在前列（图 3-10）。但就增幅而言，10 年间，济南市城镇化率提高了 8.16%，增幅在全省排名仅在第 15 位，远低于全省平均增速，可见增速并不领先。归其原因在于，济南市的城镇化基础较好，城镇化率基数较大，增长速率相应会变缓。

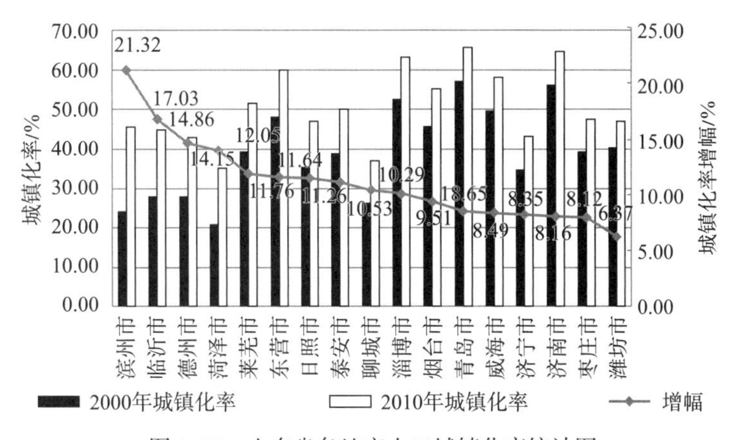

图 3-10　山东省各地市人口城镇化率统计图

3.1.3 济南市职住协同水平分析

为了测度济南市的区域职住协同水平，本章引入职住偏离指数指标来表征这一测度（孙斌栋等，2010）。该指标的设计参考了区位熵的计算原理，即比率的比率，第一个比率为某城市就业人口与居住人口的比率，第二个比率为该城市所在区域的就业人口与居住人口的比率。落实在本节的应用上，这两个比率分别是济南市就业人口与居住人口的比率、山东省就业人口与居住人口的比率。从原理上解释，就是分析一下济南市的职住协同状态在全省的相对水平。同时，这里也隐含着一个前置的条件，即假设山东省内就业的非农就业人口均居住在山东省内，如果某个城市与全省的整体水平相同，则该城市的职住偏离指数值等于 1，或者偏离 1 越小，则说明该城市的职住协同水平较高，跨市就业或者居住的比率比较低。如果某城市的职住偏离指数值大于 1，则说明该城市的非农就业职能要强于居住职能，且偏离 1 越多，则跨市居住的比率越高；反之，如果某个城市的职住偏离指数值小于 1，则说明该城市的非农就业职能要弱于居住职能，且偏离 1 越多，则外出就业的比率越高。

根据山东省第三次经济普查数据和第六次人口普查数据、第二次基本单位普查数据和第五次人口普查数据中各市非农就业人数和常住人口的统计，计算得到 2000 年和 2010 年两个年份山东省各地市职住偏离指数数值。

据计算，2000 年济南市的职住偏离指数值为 1.42，在山东省排第 4 位，偏离 1 较多（表 3-3）。可见，2000 年济南市自身的职住协同性较差，该市非农就业职能要强于居住职能，也就是说济南市为周边提供了相对较多的非农就业岗位，但是这些人口并没有成为济南常住人口。到了 2010 年，济南市的职住偏离指数变为 1.04，相比 2000 年数值明显下降。这说明，该市的职住协同性得到了提升，非农就业与居住职能的协同水平得到了优化。可以解释为，经过 10 年的发展，济南市的居住环境得到了改善，大量非农就业人口在济南市就业的同时也实现了就地居住。

表 3-3 山东省各地市职住偏离指数统计表

地市	2010 年	2000 年
青岛市	1.43	1.59
威海市	1.31	1.53
枣庄市	1.25	1.13
东营市	1.23	1.35
烟台市	1.18	1.26
淄博市	1.17	1.47
济南市	1.04	1.42
泰安市	1.02	1.08

续表 3-3

地市	2010 年	2000 年
潍坊市	0.96	0.94
德州市	0.96	0.83
济宁市	0.91	0.85
莱芜市	0.87	1.08
日照市	0.87	0.76
聊城市	0.82	0.62
滨州市	0.77	0.73
临沂市	0.74	0.68
菏泽市	0.74	0.50

3.2 首位就业区层面的济南市职住情况分析

在西方的研究中，就业中心通常是城市的中央商务区（CBD）(丁成日，2009)，但是由于中国在数据统计上与行政区划的组织是紧密相连的，因此与作为功能区域的中央商务区（CBD）在范围上较难保持一致性。为了实现对这一高端就业功能区的研究，笔者在 2012 年就提出了"首位就业区"的概念（赵虎等，2012），将其界定为一个城市中就业数量和就业密度最高的行政区划单位，并对长三角多个中心城市的"首位就业区"进行了研究。2010 年济南市拥有历下、市中、槐荫、天桥、历城、长清、章丘、济阳、平阴、商河 10 个区县，而历下区则是济南市的首位就业区。

3.2.1 历下区非农就业情况分析

1）数量分析：济南市的首位就业区，就业增速遥遥领先

首位就业区是就业总量和就业密度均排在首位的城市就业集中区域，而历下区就拥有这样的特征。经济普查数据显示，2013 年济南市历下区的非农就业人员（含法人单位就业和个体工商户就业）为 71.39 万人，占全市非农从业人员总数的 22.75%，排在 10 个区县的首位，比排名第 2 位的章丘市高出 28.15 万人。就就业密度而言，2013 年历下区的就业密度为 7 068 人 / km^2，为全市平均就业密度 394 人 / km^2 的近 18 倍，排在 10 个区县的首位，遥遥领先第 2 名的槐荫区（1 969 人 / km^2）。由此可见历下区是济南市首位就业区的地位明显。同时，与 2001 年的情况相比，12 年间，历下区的就业总量和就业密度的增速达到 114.93%，从业人员翻了一倍，排在 10 个区县的首位，见图 3-11 至图 3-16。

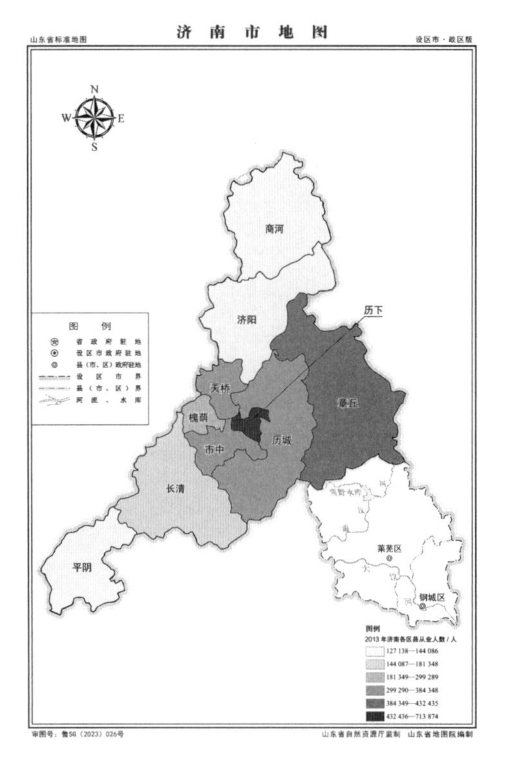

图 3-11　2013 年济南市各区县从业人数分布图

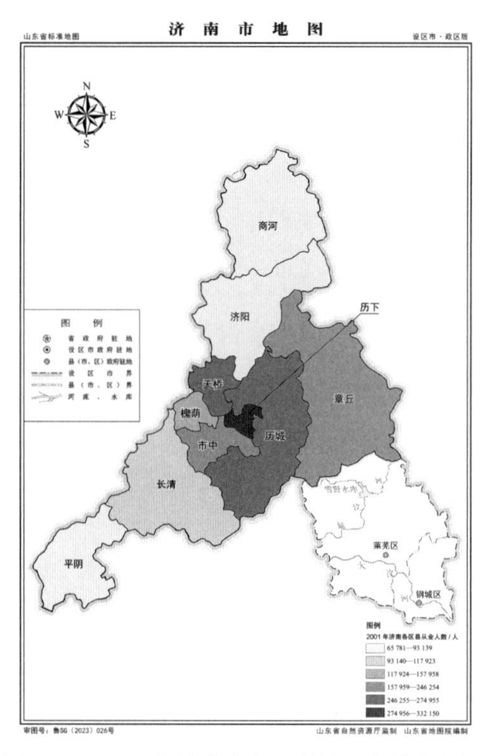

图 3-12　2001 年济南市各区县从业人数分布图

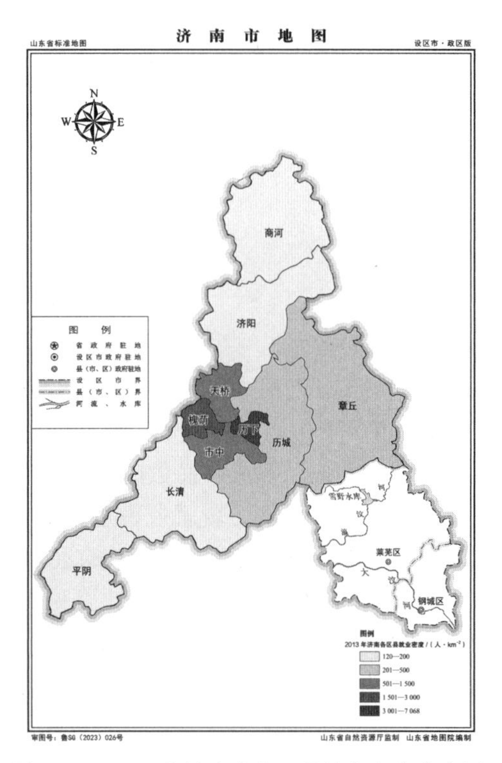

图 3-13　2013 年济南市各区县就业密度分布图

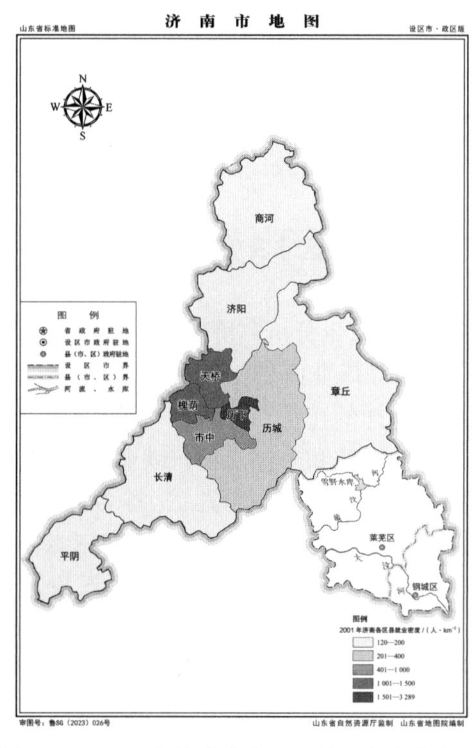

图 3-14　2001 年济南市各区县就业密度分布图

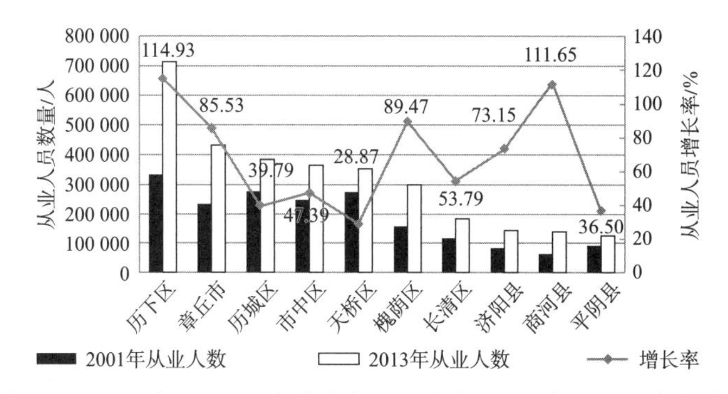

图 3-15　2001 年和 2013 年济南各区县非农从业人数及增长率统计图

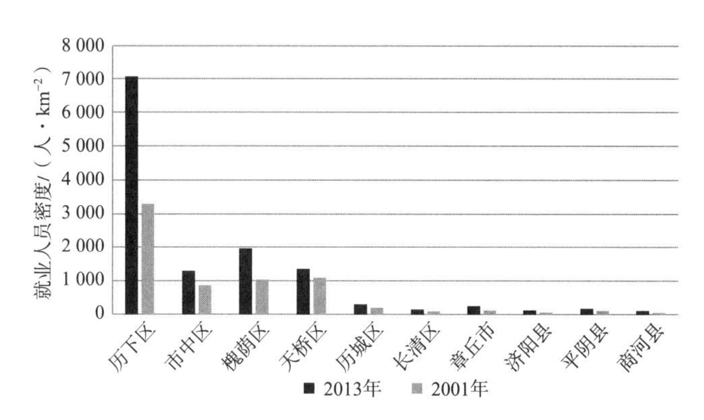

图 3-16　2001 年和 2013 年济南市各区县就业密度统计图

2）类型分析：法人单位从业是主要类型，个体工商户从业不占优势

在历下区的非农就业人口中，法人单位从业是主要就业类型。据统计，2013 年济南市历下区的法人单位从业人数为 60.86 万人，排在 10 个区县的第 1 位，而个体工商户从业人数为 5.66 万人，仅排在 10 个区县的第 7 位。法人单位从业人数与个体工商户从业人数之比为 43∶4。由此可见，在历下区的非农就业中，法人单位从业还是主要的就业类型，而个体工商户从业只是其中较少的一部分。

2001 年历下区两种就业类型的从业人员占比基本与 2013 年保持一致，均是 91∶9。与其他 9 个区县做比较可以发现，历下区是济南市各区县中法人单位从业人员占比最大的一个区，也是个体工商户从业人员占比最小的一个区，见图 3-17 至图 3-23。

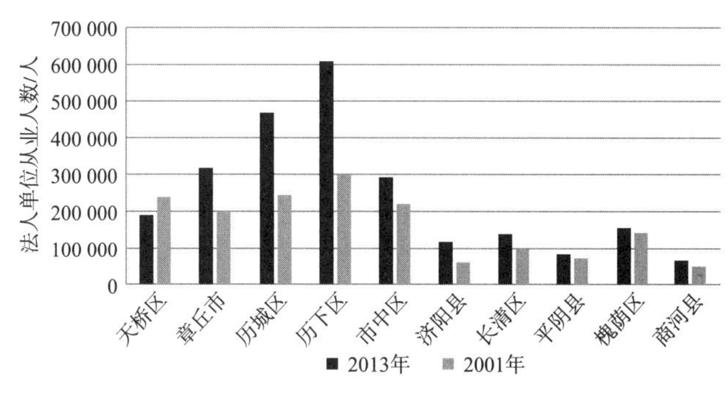

图 3-17　济南市各区县法人单位从业人数变化情况统计图

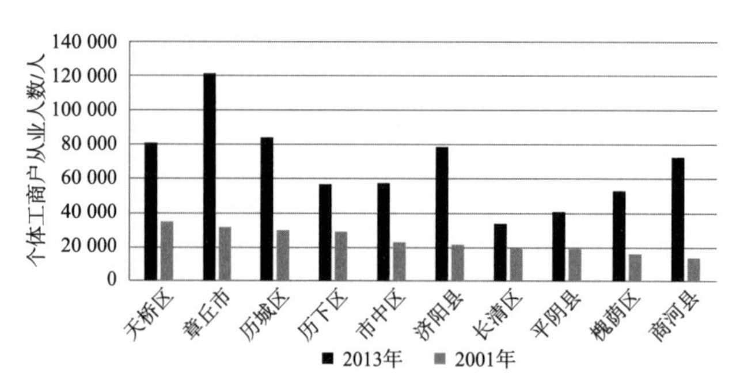

图 3-18 济南市各区县个体工商户从业人数变化情况统计图

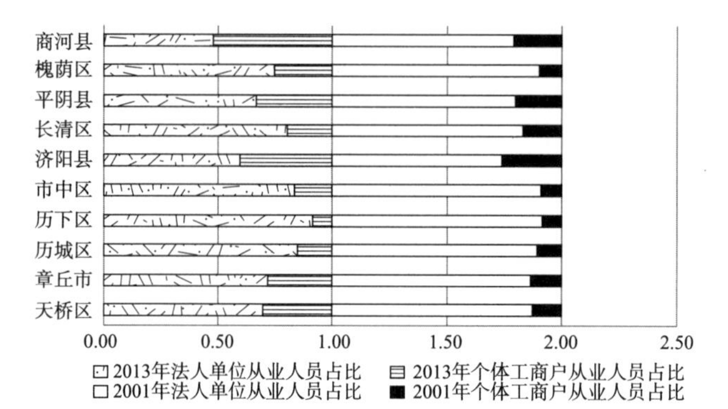

图 3-19 2001 年和 2013 年济南市各区县就业结构分析图

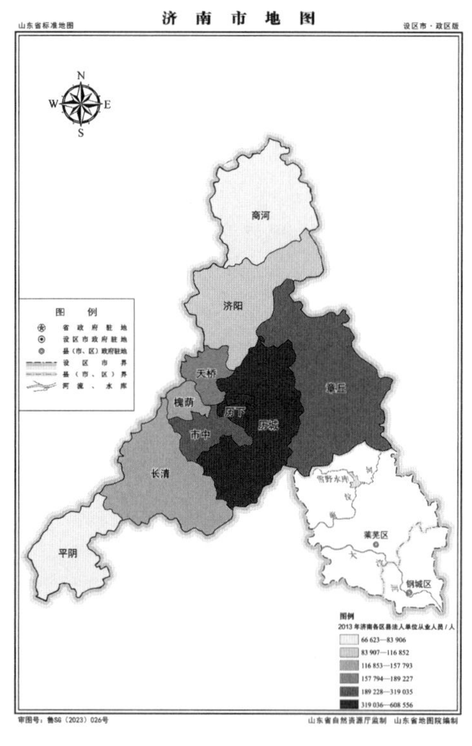

图 3-20 2013 年济南市各区县法人单位从业人员分布图

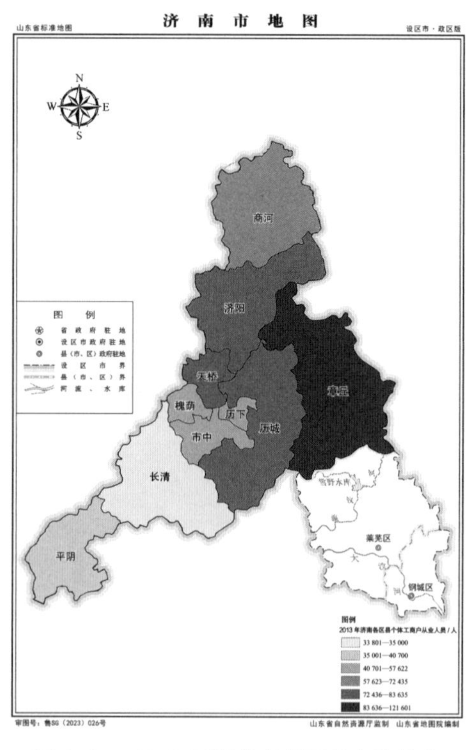

图 3-21 2013 年济南市各区县个体从业人员分布图

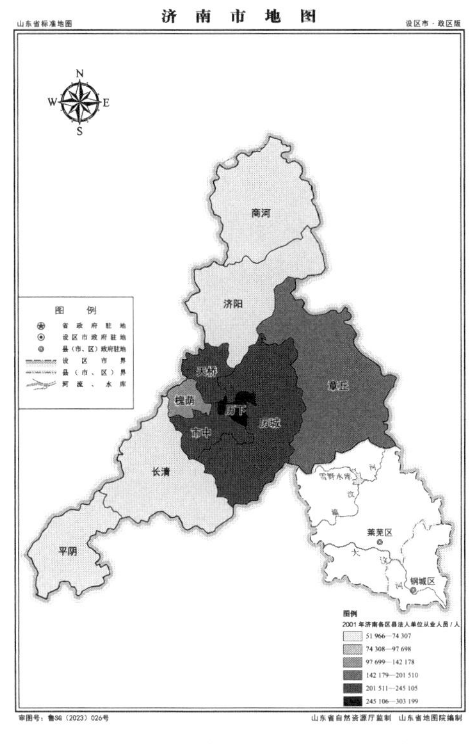

图 3-22 2001 年济南市各区县法人单位从业人员分布图

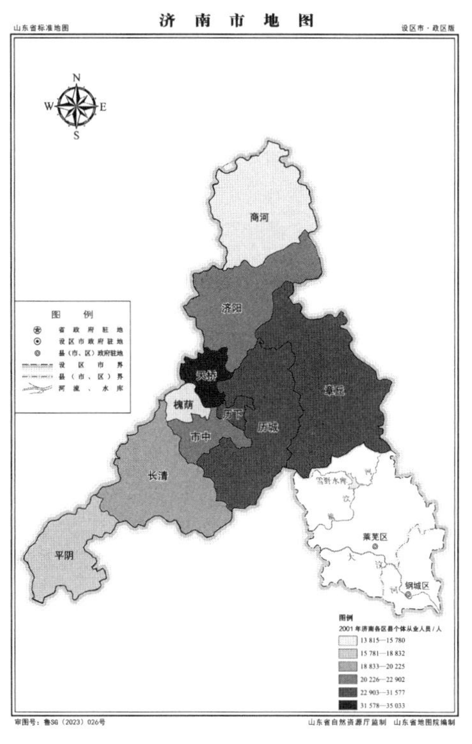

图 3-23 2001 年济南市各区县个体从业人员分布图

3）产业分析

本章节首先从 2013 年各区县法人单位从业人员的主要行业和优势行业方面入手，通过比较分析的方式对济南市历下区的就业结构进行分析。

从 2001 年到 2013 年，济南市第二、第三产业的就业结构由 55：45 调整为 47：53，第三产业从业超越第二产业从业，成为主要就业类型。同时，从各个区县第二、第三产业的就业结构变化中也能发现历下区的就业中心性，这就使历下区在 2001 年已经形成以服务业为主体的就业结构。当时第二、第三产业的就业结构比例为 39：61，到 2013 年这一结构调整为 33：67，服务业的就业占比进一步增大。也就是说，历下区的就业总量和就业密度不仅在济南市各区县占据首位，而且从业人员中大多数都是服务业从业人员。并且，这些服务业从业人员的服务范围并不局限在历下区，而是整个济南市（表 3-4）。

表 3-4 济南市各区县第二、第三产业法人单位从业人员比例变化表

年份	历下区	市中区	槐荫区	天桥区	历城区	长清区	章丘市	济阳县	商河县	平阴县
2001	39：61	35：65	56：44	54：46	64：36	68：32	75：25	57：43	60：40	71：29
2013	33：67	25：75	35：65	43：57	42：58	66：34	70：30	59：41	44：56	60：40

（1）主要行业分析：虽然建筑业占比第一，但是服务业成为主力

2013 年，历下区非农从业人员的主要就业类型为建筑业（28.98%），批发和

零售业（19.38%），公共管理、社会保障和社会组织（7.65%），租赁和商务服务业（7.41%），交通运输业、仓储和邮政业（5.29%）。其中，就业占比最大的为建筑业，这说明历下区正处在一个巨大的建设进程中，需要大量的建筑业从业人员在地工作。同时，制造业的占比已经低于 5%，这说明在历下区制造业已经不是主要的就业行业类型了。此外，从服务业的类型和占比来看，服务业占比超过 60%，已经成为历下区的重要就业类型。其中，批发和零售业，租赁和商务服务业，交通运输业、仓储和邮政业是历下区的主要就业行业，为保障区内的就业发挥了重要作用。

通过对 2013 年济南市各区县发展阶段的初步分析，可将济南市划为四个圈层：核心区（历下区）—主城区（市中区、槐荫区、天桥区、历城区）—郊区（长清区、章丘市、济阳县）—外围区（商河县和平阴县）。通过对四个圈层主要就业行业的分析可知，服务业已经成为历下区的就业主力。同时，制造业的从业人数占比已经低于 5%，这与外围三个圈层的情况有所不同。第二个圈层中制造业就业占比超过 14%，郊区和外围区的占比均约为 40%。此外，各个圈层之间也存在一定的共性。如建筑业，批发和零售业，公共管理、社会保障和社会组织这三个行业均是各个圈层就业的主要行业（表 3-5）。

另外，与 2001 年各区县的数据分析相比可知，12 年间历下区的就业结构经历了巨大的变革，尤其是制造业从业占比下降。据统计，2001 年，历下区制造业从业人员占比为 24.98%，到 2013 年降为 5% 以下。与此同时，建筑业从业人员占比上升明显，由 12.01% 上升到 2013 年的 28.98%。从四个圈层比较的角度上来看，12 年来，建筑业、批发和零售业两个行业始终是四个圈层的主要就业行业之一。而制造业是外围三个圈层的主要就业行业，但是在第二个圈层中的占比也在下降，由 2001 年的 35.15% 下降到 2013 年的 14.56%，降幅约为 20 个百分点（表 3-5、表 3-6）。

表 3-5 2013 年济南市各区县中法人单位就业份额在 5% 以上的行业统计表

单位：%

排序	核心区	主城区	郊区	外围区
1	建筑业（28.98）	建筑业（20.26）	制造业（40.96）	制造业（39.07）
2	批发和零售业（19.38）	批发和零售业（19.03）	建筑业（22.23）	公共管理、社会保障和社会组织（15.09）
3	公共管理、社会保障和社会组织（7.65）	制造业（14.56）	批发和零售业（7.94）	建筑业（10.66）
4	租赁和商务服务业（7.41）	信息传输、软件和信息技术服务业（7.26）	公共管理、社会保障和社会组织（7.25）	教育（7.22）
5	交通运输业、仓储和邮政业（5.29）	公共管理、社会保障和社会组织（6.78）	教育（5.78）	科学研究和技术服务业（6.78）
6	—	教育（6.27）	—	批发和零售业（5.87）

表 3-6　2001 年济南市各区县中法人单位就业份额在 5% 以上的行业统计表

单位：%

排序	核心区	主城区	郊区	外围区
1	制造业（24.98）	制造业（35.15）	制造业（42.50）	制造业（46.95）
2	批发零售贸易、餐饮业（18.33）	批发零售贸易、餐饮业（13.99）	建筑业（17.11）	国家机关、党政机关和社会团体（16.19）
3	建筑业（12.01）	建筑业（13.76）	国家机关、党政机关和社会团体（10.13）	建筑业（14.64）
4	社会服务业（10.29）	国家机关、党政机关和社会团体（7.41）	采掘业（8.70）	批发零售贸易、餐饮业（5.21）
5	教育、文化艺术及广播电影电视业（8.49）	交通运输业、仓储和邮政业（6.82）	批发零售贸易、餐饮业（5.57）	—
6	国家机关、党政机关和社会团体（6.83）	教育、文化艺术及广播电影电视业（5.61）	教育、文化艺术及广播电影电视业（5.37）	—

（2）优势行业分析：服务业就业优势明显，多元增长态势突出

就业优势行业是指区位熵大于 1 的就业行业。通过对历下区等济南 10 个区县行业区位熵的计算可以发现，历下区在服务业上面，特别是在体现城市高等级的现代服务业上面区位优势明显。

据统计，2013 年历下区区位熵大于 1.1 的行业有 12 个，除了建筑业为第二产业外，其余 11 个行业均属于服务业的范畴，并且其中的文化、体育和娱乐业（2.58），租赁和商务服务业（1.65），交通运输业、仓储和邮政业（1.62），科学研究和技术服务业（1.37）等通常被列为现代服务业的内容。与 2001 年的优势行业比较来看，12 年来，历下区的优势就业行业以服务业为主的结构没有发生变化，但是其中行业的类型应该是由生活性服务业向生产性服务业转变，到 2013 年历下区的优势服务业行业数量和种类均呈现增长态势（表 3-7、表 3-8，图 3-24）。

表 3-7　2013 年济南市各区县从业人数优势行业（区位熵大于 1.1）统计表

排序	核心区	主城区	郊区	边缘区
1	文化、体育和娱乐业（2.58）	居民服务、修理和其他服务业（1.54）	采矿业（3.61）	科学研究和技术服务业（2.25）
2	住宿和餐饮业（2.14）	房地产业（1.47）	制造业（1.63）	公共管理、社会保障和社会组织（2.23）
3	租赁和商务服务业（1.65）	水利、环境和公共设施管理业（1.44）	电力、热力、燃气及水的生产和供应业（1.15）	制造业（1.55）
4	交通运输业、仓储和邮政业（1.62）	信息传输、软件和信息技术服务业（1.41）	教育（1.13）	电力、热力、燃气及水的生产和供应业（1.51）

续表 3-7

排序	核心区	主城区	郊区	边缘区
5	建筑业（1.45）	批发和零售业（1.33）	建筑业（1.12）	教育（1.41）
6	科学研究和技术服务业（1.37）	卫生和社会工作（1.32）	—	水利、环境和公共设施管理业（1.30）
7	批发和零售业（1.36）	教育（1.22）	—	卫生和社会工作（1.21）
8	居民服务、修理和其他服务业（1.36）	住宿和餐饮业（1.13）	—	—
9	卫生和社会工作（1.26）	租赁和商务服务业（1.10）	—	—
10	房地产业（1.21）	—	—	—
11	水利、环境和公共设施管理业（1.13）	—	—	—
12	公共管理、社会保障和社会组织（1.13）	—	—	—

表 3-8　2001 年济南市各区县从业人数优势行业（区位熵大于 1.1）统计表

排序	核心区	主城区	郊区	边缘区
1	地质勘查业、水利管理业（2.68）	交通运输业、仓储和邮政业（1.64）	采掘业（3.56）	国家机关、党政机关和社会团体（1.90）
2	其他行业（2.40）	电力、煤气及水的生产和供应业（1.33）	建筑业（1.21）	制造业（1.30）
3	社会服务业（2.19）	房地产业（1.23）	国家机关、党政机关和社会团体（1.19）	电力、煤气及水的生产和供应业（1.12）
4	科学研究和综合技术服务业（2.16）	金融、保险业（1.22）	制造业（1.17）	—
5	批发零售贸易、餐饮业（1.50）	批发零售贸易、餐饮业（1.15）	卫生、体育和社会福利业（1.16）	—
6	教育、文化艺术及广播电影电视业（1.42）	—	—	—
7	卫生、体育和社会福利业（1.40）	—	—	—
8	房地产业（1.23）	—	—	—
9	金融、保险业（1.11）	—	—	—

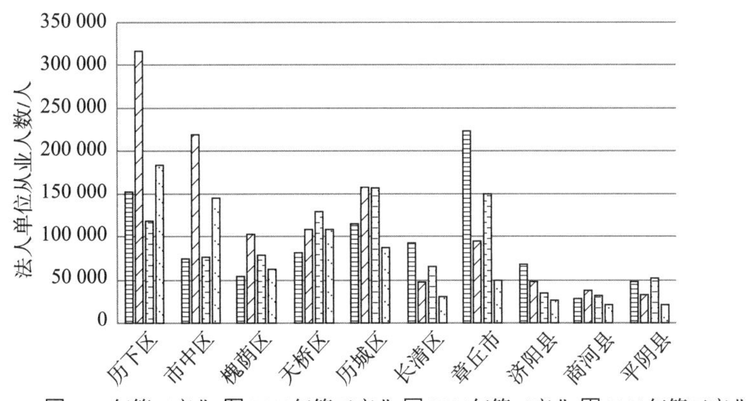

图 3-24　济南市各区县第二、第三产业法人单位从业人员统计图

3.2.2　历下区居住人口情况分析

1）数量分析：总量靠前，密度第一，增速首位

通过两次人口普查数据的比较分析可以发现，历下区常住人口总量靠前，密度第一，增速首位。

就常住人口总数而言，2010 年，历下区常住人口为 75.41 万人，占全市常住人口总数的 11.07%，在各区县中排名第 3 位；就居住密度而言，2010 年历下区常住人口密度为 7 467 人 / km^2，在全市排名第 1 位，约为全市常住人口密度 833 人 / km^2 的 9.0 倍（图 3-25、图 3-26）。与 2000 年历下区常住人口 58.25 万人相比较，10 年间，历下区常住人口增加了 17.16 万人，增长率为 29.46%，增长速度在各区县中排名第 1 位。

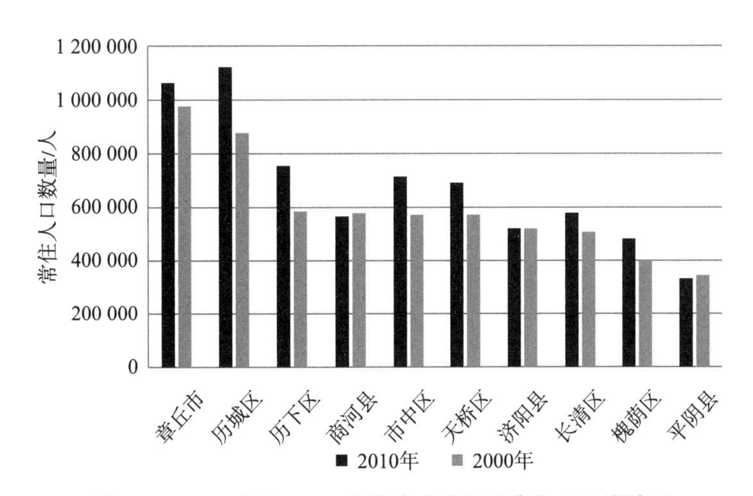

图 3-25　2000 年和 2010 年济南市各区县常住人口统计图

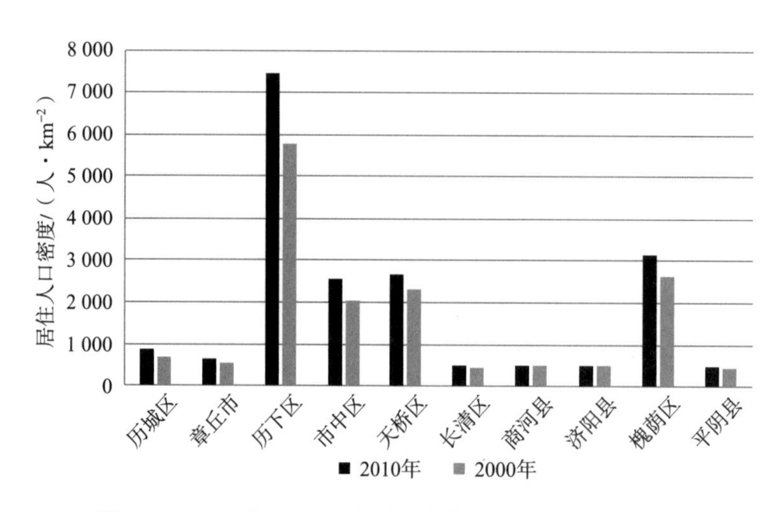

图 3-26　2000 年和 2010 年济南市各区县居住密度统计图

2）类型分析：户籍人口数量较少，性别比逐渐协同

与全市人口构成类型分析相似，本书设置外来人口特征值这一指标对历下区的常住人口构成类型进行分析，用常住人口 / 户籍人口来表示。

经分析，2010 年历下区户籍人口为 54.31 万人，外来人口特征值为 1.39，比值在全市排名第 1 位，高于全市 1.12 的平均水平。这说明在历下区的常住人口中，存有大量的外来人口。从外来人口特征值的数值大小来看，历下区的外来人口占比估计会超过 30%。与 2000 年的情况相比，外来人口与本地人口在历下区的结构性特征变化不大，这也说明历下区对外来人口具有强大的吸引力。据统计，2000 年历下区户籍人口为 41.86 万人，外来人口特征值同为 1.39，比全市平均水平 1.06 高出 0.33，在全市排名第 1 位。

同时，就户籍人口来说，2000—2010 年，历下区户籍人口增加了 12.45 万人，增长率为 29.74%，全市排名第 1 位（图 3-27）。这说明历下区户籍人口增速较快，也从侧面体现了历下区的户籍吸引力。因为，作为济南市经济发展水平最高的区县，其户籍后面绑定了大量的社会福利，如幼儿园上学补贴、高水平的教育医疗资源等，加上落户政策的简化，使得历下区的户籍人口数增长明显，但是增长幅度还是低于常住人口的增量。

另外，从常住人口的性别构成上来看，2010 年历下区男女性别比为 104.9，男女比例基本均衡，与 2000 年的 108.27 相比，男女比例得到进一步优化，趋向平衡（图 3-28）。

3）城镇化分析：城镇化水平较高，中心城区特征明显

通过对比分析 2000 年（第五次全国人口普查）和 2010 年（第六次全国人口普查）两个年份济南市各区县城镇化率（城镇人口占常住人口比例）可以发现，历下区城镇化水平较高，大都市中心城区特征明显。

据统计，2000 年和 2010 年历下区的城镇化率都是 100%，城镇化水平较高。中心城区人口城镇化率已经达到了较高的水平，郊区和边缘区的区县城镇人口也在增

加，其中长清区、平阴县和章丘市人口城镇化增速较快（图 3-29）。

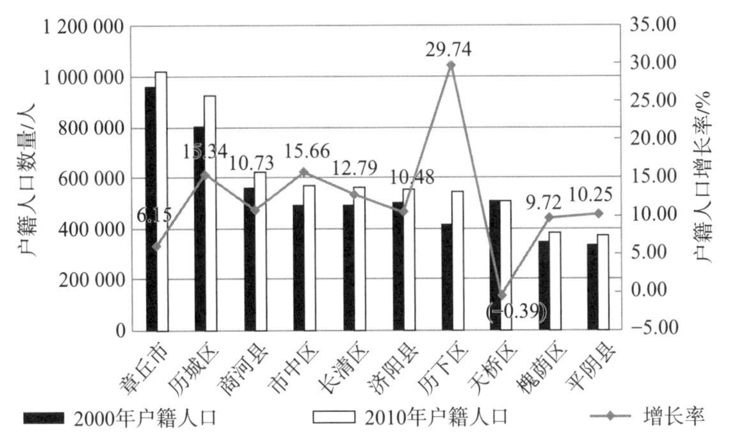

图 3-27　2000 年和 2010 年济南市各区县户籍人口统计图

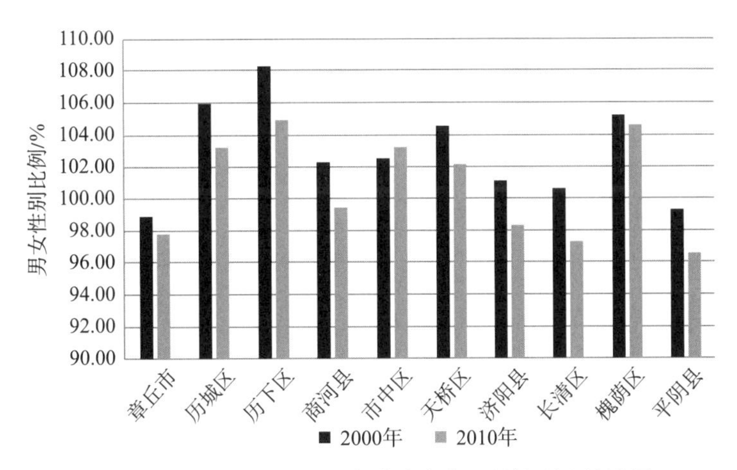

图 3-28　2000 年和 2010 年济南市各区县性别比统计图

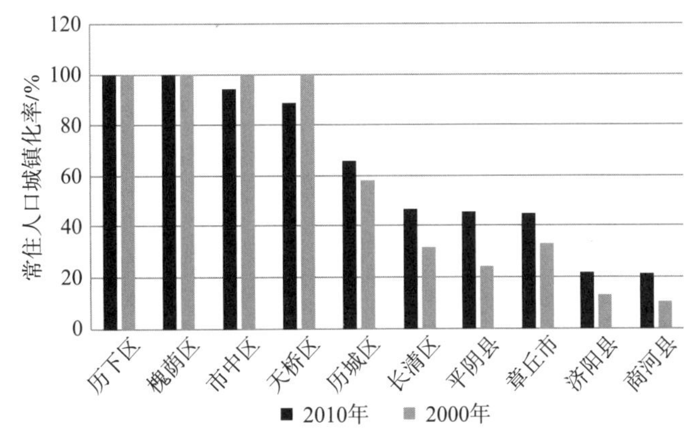

图 3-29　2000 年和 2010 年济南市各区县城镇化率统计图

3.2.3 历下区职住协同情况分析

本节在进行历下区职住比和职住偏离指数计算的基础上，对历下区的职住协同水平进行分析。前文对职住偏离指数已经做过相应解释，其值大小反映的是一个相对水平，即假设济南市自身的职住偏离指数为 1。如果某区县的职住偏离指数值大于 1，则说明就业功能强于 1，这就意味着该区县不仅为本区县内的居民提供就业岗位，而且为其他区县提供就业岗位；如果某区县的职住偏离指数值小于 1，则说明就业功能弱于居住功能，这就意味着该区县的居民需要到其他区县寻求就业岗位。经过对济南市各区县职住偏离指数值的计算可以发现，历下区的职住偏离指数在 2010 年时为 2.06，处在济南市各区县的首位，可见其职住偏离较大，非农就业功能远远超出居住功能；其不仅为本区的常住人口提供就业岗位，而且为其他区县的人口提供就业岗位，这也反映出历下区自身就业首位区的特征。同时，对 2000 年的职住偏离指数进行测算，得到该值为 1.80，也是处在各区县首位。因此，从这两个年份的职住偏离指数来看，历下区始终是济南市职住偏离度最高的区县，也是非农就业岗位密集的区域，是济南市的首位就业区。并且随着年份的增加，该区的职住偏离指数在升高。这说明历下区首位就业区的地位在这 10 年中得到强化，尤其是非农就业功能在不断加强，导致对周边区县的就业影响力和辐射力持续增强。

另外，本节还对各区县的职住比进行了计算，相对客观地反映出历下区的职住协同水平。职住比是用各区县的非农就业岗位数比居住家庭户数，其中家庭户数由常住人口数除以家庭平均人口数计算而来（刘维奇等，2014；孟晓晨等，2009）。通常而言，一个核心家庭按 3 人计算，包括 2 个大人和 1 个小孩，如果 2 个大人都工作，则职住比数值为 2，如果 1 个大人参加工作则职住比数值为 1，平均下来职住比为 1.5 左右时，该区域的职住协同性较好（王雅娟等，2018）。经计算，历下区职住比远高于 1.5，且数值到 2010 年变为 3.63，处在全市各区县的首位，说明其职住协同性严重不平衡，就业功能远远突出，这与职住偏离指数的计算结果具有较强的一致性（表 3-9）。历下区 2000 年的职住比数值为 2.28，10 年间上升了 1.35，反映出历下区就业集聚不断强化的特征，也表现出其职住功能失衡加剧的突出性（表 3-10）。

表 3-9　2010 年济南市各区县职住数据统计表

类别	全市	历下区	市中区	槐荫区	天桥区	历城区	长清区	章丘市	济阳县	平阴县	商河县
职住比	1.56	3.63	1.61	1.94	1.56	1.23	1.14	1.36	0.96	1.15	0.87
职住偏离指数	1.00	2.06	1.10	1.36	1.11	0.74	0.68	0.88	0.60	0.83	0.54

表 3-10　2000 年济南市各区县职住数据统计表

类别	全市	历下区	市中区	槐荫区	天桥区	历城区	章丘市	长清区	济阳县	平阴县	商河县
职住比	1.11	2.28	1.44	1.36	1.59	1.09	0.81	0.78	0.60	0.91	0.44
职住偏离指数	1.00	1.80	1.36	1.25	1.51	0.99	0.75	0.73	0.51	0.85	0.36

3.2.4 历下区与高级别案例的比较

为了从更加全面的视角进行分析，本节选取了全国典型性城市上海和南京的首位就业区与济南历下区进行比较分析。为什么选择这两个城市，主要是与城市的级别相对应，济南作为一个三线城市，与一线城市上海和二线城市南京进行比较，不仅能体现出济南与高等级城市的职住特征差异，而且能为未来的济南发展提供导向。考虑到与济南市历下区行政面积的对等性，南京市选择了鼓楼区 + 秦淮区作为一个首位就业区对待，上海市选择了黄浦区 + 静安区 + 徐汇区 + 闸北区作为一个首位就业区对待。

1）就业数量分析：对应城市能级，就业规模和密度均不占优势

通过对三个城市首位就业区法人单位从业人员的总量和密度的计算可以发现，济南市首位就业区的就业数量能级与一二线城市相差较大（表 3-11）。据计算，2013 年济南市首位就业区的法人单位从业人数总量为 60.86 万人，而南京市和上海市分别是 115.23 万人和 244.90 万人。计算下来，济南市约为南京市的 1/2，约为上海市的 1/4。从就业密度上分析，济南市的法人单位从业人员就业密度为 6 026 人 / km^2，而南京市约为 1.11 万人 / km^2，上海市则约为 2.18 万人 / km^2。可以说，济南市首位就业区的就业能级与目前国内的一二线城市差距还较大。

表 3-11　2013 年济南市、上海市、南京市首位就业区就业指标一览表

比较城市	首位就业区	辖区面积 /km^2	法人单位从业人员数 / 万人	就业密度 /（人 · km^{-2}）
济南市	历下区	101.00	60.86	6 026
上海市	黄浦区 + 静安区 + 徐汇区 + 闸北区	112.10	244.90	21 847
南京市	鼓楼区 + 秦淮区	103.30	115.23	11 155

注：各城市各区面积均为 2013 年的行政区划面积。

2）产业分析：服务业占据优势，高新技术服务业欠缺

从 2013 年第二、第三产业就业结构的情况来看，三个城市的首位就业区都呈现出第三产业占优的格局（表 3-12），服务业就业占比均超过 65%，特别是上海市已达到 88%，体现出一线城市以服务业就业为主的特点。

表 3-12　2013 年济南市、上海市、南京市就业中心区第二、第三产业法人单位从业人员比例一览表

各城市就业中心区	济南市	南京市		上海市			
	历下区	秦淮区	鼓楼区	黄浦区	徐汇区	静安区	闸北区
各区	33 : 67	18 : 82	42 : 58	11 : 89	14 : 86	6 : 94	15 : 85
整体	33 : 67	34 : 66		12 : 88			

同时，对 2013 年三个城市首位就业区的主要就业行业和优势就业行业进行分析与比较。

从对主要行业（就业占比超过 5% 的行业）的分析来看，济南市和南京市各为 5 项，而上海市为 8 项，说明一线城市的主要就业行业构成更加多元化（表 3-13）。同时，从主要行业的产业构成来看，第二、第三产业兼备，第二产业以建筑业为代表，第三产业为生活性和生产性复合。每个城市的优势就业行业中均有一项为第二产业行业，且都是建筑业。这说明这些城市的首位就业区仍然有大量的建筑业从业人员，这与其当时所面临的巨大城市建设工作量是相对应的。特别是济南市和南京市的建筑业从业人员占比超过 25%，均是该市排在第一位的就业行业。而上海市排在第一位的就业行业则是批发和零售业，占比超过 20%，这个行业在济南市和南京市均排在第二位，占比约为 20%，也体现了其对当地就业的强大支撑和带动性。租赁和商务服务业是三个城市共有的第三个主要就业行业，其在三个城市的占比均超过 7%，其中在上海市的占比达到 13.70%，排在该市的第二位，领先优势明显。

表 3-13　2013 年济南市、上海市、南京市就业中心区从业人数占比在 5% 以上的行业一览表

单位：%

序号	济南市（历下区）	上海市（黄浦区 + 静安区 + 徐汇区 + 闸北区）	南京市（鼓楼区 + 秦淮区）
1	建筑业（28.98）	批发和零售业（20.07）	建筑业（25.06）
2	批发和零售业（19.38）	租赁和商务服务业（13.70）	批发和零售业（18.53）
3	公共管理、社会保障和社会组织（7.65）	交通运输业、仓储和邮政业（12.70）	信息传输、软件和信息技术服务业（7.98）
4	租赁和商务服务业（7.41）	建筑业（8.33）	租赁和商务服务业（7.01）
5	交通运输业、仓储和邮政业（5.29）	住宿和餐饮业（8.25）	住宿和餐饮业（5.48）
6	—	房地产业（5.60）	—
7	—	信息传输、软件和信息技术服务业（5.03）	—
8	—	科学研究和技术服务业（5.00）	—

对区位熵大于 1.2 的行业进行统计发现，上海市的首位就业区优势行业最多，有 12 个行业，南京市次之，有 11 个行业，济南市最少，有 10 个行业（表 3-14）。在三个城市首位就业区的优势就业行业中，绝大多数为服务业，但也有第二产业的类型，恰好每个城市有 1 个。其中，上海市是采矿业，南京市是电力、热力、燃气及水的生产和供应业，济南市是建筑业。另外，在服务业的构成中，呈现出生活性服务业和生产性服务业兼具的特征。其中，文化、体育和娱乐业，住宿和餐饮业，租赁和商务服务业，科学研究和技术服务业，批发和零售业，卫生和社会工作，房地产业 7 个行业是三个城市具有就业优势的行业，区位熵均大于 1.2。从这些行业的类型中可以发现，其中既有生活性服务业，如住宿和餐饮业，也有生产性服务业，如租赁和商务服务业、科学研究和技术服务业等行业。另外，相对于上海市和南京市而言，济南市历下区在高新技术服务行业上的就业优势不够明显，相关行业的区位

熵值没有达到 1.2 的底线。

表 3-14　2013 年济南市、上海市、南京市首位就业区从业人数优势行业（区位熵大于 1.2）列表

序号	济南市（历下区）	上海市（黄浦区 + 静安区 + 徐汇区 + 闸北区）	南京市（鼓楼区 + 秦淮区）
1	文化、体育和娱乐业（2.58）	住宿和餐饮业（2.16）	电力、热力、燃气及水的生产和供应业（2.67）
2	住宿和餐饮业（2.14）	采矿业（1.97）	住宿和餐饮业（1.99）
3	租赁和商务服务业（1.65）	文化、体育和娱乐业（1.95）	卫生和社会工作（1.68）
4	交通运输业、仓储和邮政业（1.62）	交通运输业、仓储和邮政业（1.77）	居民服务、修理和其他服务业（1.56）
5	建筑业（1.45）	金融业（1.61）	批发和零售业（1.53）
6	科学研究和技术服务业（1.37）	租赁和商务服务业（1.49）	文化、体育和娱乐业（1.48）
7	批发和零售业（1.36）	卫生和社会工作（1.46）	房地产业（1.44）
8	居民服务、修理和其他服务业（1.36）	房地产业（1.42）	租赁和商务服务业（1.39）
9	卫生和社会工作（1.26）	科学研究和技术服务业（1.42）	信息传输、软件和信息技术服务业（1.34）
10	房地产业（1.21）	信息传输、软件和信息技术服务业（1.38）	公共管理、社会保障和社会组织（1.29）
11	—	批发和零售业（1.26）	科学研究和技术服务业（1.24）
12	—	公共管理、社会保障和社会组织（1.21）	—

注：未能获取 2013 年济南市和南京市就业中心区金融业的法人单位从业人员数。

3）职住比分析

在对三个城市首位就业区进行职住偏离指数和职住比两个指标计算的基础上进一步分析可以发现，三个城市首位就业区的职住协同都处在失衡的状态，均表现出就业功能强于居住功能的特征（表 3-15）。但是在数值大小的比较上，两个指标却呈现出相反的特性，即济南市历下区的职住比数值为 2.17，小于上海市和南京市，这说明历下区就业集聚的绝对程度还是小于上海市和南京市的首位就业区；不过，历下区的职住偏离指数却高于上海市和南京市，这说明历下区与济南市其他区域之间的就业集聚程度差异水平高于南京市和上海市。因为这是一个相对程度数值，表明在各自市域范围内，首位就业区就业功能的集聚程度，也反映出首位就业区与其他区县之间的差异程度。

表 3-15　2013 年济南市、上海市、南京市首位就业区职住协同指标值列表

比较城市	就业中心区	常住人口数	职住偏离指数	职住比
济南市	历下区	754 136	2.25	2.17
上海市	黄浦区 + 静安区 + 徐汇区 + 闸北区	2 592 285	1.78	2.42

续表 3-15

比较城市	就业中心区	常住人口数	职住偏离指数	职住比
南京市	鼓楼区+秦淮区	1 231 965	1.92	2.56

3.3 本章小结

本章从区域和首位就业区两个层面实现了对济南都市区整体的就业与居住能级和地位的分析，济南市的职住空间在山东省的城市中具有典型代表性，特别是符合区域中心城市的特性，呈现出一种较为旺盛的发育状态，应该说具备了对其进行都市区职住空间协同和规划干预的研究基础。

第一，从区域层面来看，济南市的职住能级位于山东省前列，是山东省中西部的职住中心，在职住发育状态上具备了都市区职住空间协同和规划干预研究的前提。据分析，济南市虽然在山东省的排名并不是首屈一指，但是在山东省的西部区域，特别是现在划定的省会经济圈范围内，无论是常住人口数量，还是非农就业人口数量，都是毋庸置疑的首位城市，从而具备了对其进行都市区职住空间协同和规划干预研究的基础。因为只有城市的人口规模达到一定的门槛值，才能实现城市经济总量和城市建设体量的状态跃迁。在通常情况下，这种规模值对应两种人口类型：一类是居住人口，一类是非农就业人口。通过两类人口职住比状态的变化分析，得出 10 年间济南都市区职住协同状态的变化特征，即由职住协同向不协同转变，再由不协同向协同转变。

第二，从首位就业区层面来看，虽然济南市的首位就业区——历下区在职住规模和类型上面都在济南市处在领先地位，但是就全国层面而言，其规模层级和高端从业属性并不是非常突出。经数据分析发现，济南市首位就业区的就业规模约为南京市的 1/2、上海市的 1/4。可以说，济南市首位就业区的就业能级与目前国内一二线城市的差距还较大。同时，虽然在从业类型上面，历下区呈现出与上海市和南京市首位就业区类似的特征，即服务业成为其就业主要类型，但是历下区高新技术服务业的从业优势不够明显，特别是信息传输、软件和信息技术服务业的优势不够突出，落后于所比较的城市。

4　济南都市区城区职住空间协同与干预研究

城区既是大都市区空间的主体，也是传统职住协同研究的主要空间载体。因为城区是大都市人口的密集区，无论是居住人口还是就业人口，都会在这里形成空间集聚，从而带来与郊区或乡村不一样的风貌景观和经济业态。传统的职住协同研究聚焦于城区人口居住和就业之间关联的特征，这是假定人口的居住和就业都在城区范围之内实现。虽然当前职住关联的尺度已经超越了城区，在城郊和城乡之间也形成了较为密切的关联，但是城区的职住协同仍然是大都市区职住协同研究的重要组成部分。对于城区尺度的研究通常可以分为整体和典型功能区两种类型。其中，整体性研究侧重的是将城区作为一个整体，对其职住要素分布的状态和职住关联的效率进行整体性分析。针对城区整体性职住协同研究的结论是制定城市规划和交通优化策略的重要依据，特别是近年来随着大数据技术的广泛应用，国内一些重要城市城区部分的职住协同特征得到年度监测（赵鹏军等，2018；程鹏等，2017）。另一种是典型功能区的职住协同研究。这个层面的研究侧重的是不同功能区之间的差异性，比如中心城区内部的职住协同研究，以及与郊区新城职住协同特征的比较（胡娟等，2013；王兴平等，2014）。同时，对于中心城区内部而言，又可以分为旧区和新区两种不同类型空间的职住协同研究，包括在新区研究中，对于产业园区这一种特殊空间的职住协同研究（马亮，2017；贺传皎等，2017）。近年来，随着城市快速公共交通模式的兴起，对轨道交通和快速公交系统（BRT）沿线地区职住协同研究的关注开始增加（赵虎等，2015；申犁帆等，2019）。

本章以街镇为分析基本单元，依托统计数据（经济普查和人口普查数据）和问卷数据对济南市城区的职住协同特征进行研究。研究内容主要从城区整体、中心城区与郊区新城、旧区和新区三个维度展开，并对两种数据呈现出的职住协同空间结构模式进行归纳。在此基础上，运用合适的回归模型，从个体属性和环境属性两个角度出发建构因变量指标体系，分别选取行政、距离和时间协同度三个自变量进行回归分析，得到相关的影响因素，并提出对济南市城区具有针对性的空间干预策略（图 4-1）。

4.1　研究对象和数据来源

4.1.1　研究范围与对象

1）研究范围

本章的主要研究范围是济南城区，包括中心城区和三个外围新城，见表 4-1 和

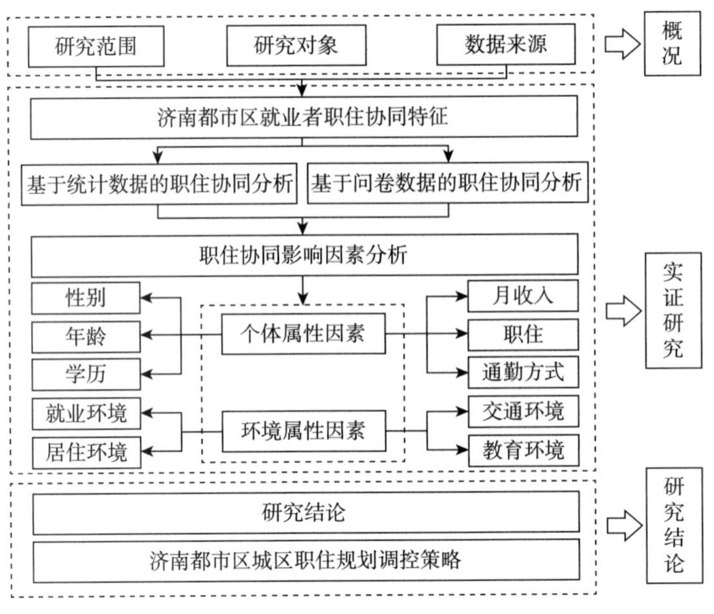

图 4-1　本章分析框架示意图

图 4-2。

中心城区范围为玉符河以东、巨野河以西、黄河与南部山体之间的地区，南至南部双尖山、兴隆山一带山体及济莱高速公路，北至黄河及济青高速公路（济南市自然资源和规划局，2016），可分为旧区和新区两个部分。其中，旧区为二环路以内和二环南路以北部分地区，而旧区的外围区域即为新区。

外围新城位于济南城郊，包括长清新城、章丘新城和济阳新城。其中，本章根据现有建成情况界定长清新城包括文昌、平安和崮云湖三个街道的行政范围；章丘新城包括明水、双山、枣园、埠村和圣井五个街镇的行政范围；济阳新城包括济阳、济北、回河和崔寨四个街镇的行政范围。

表 4-1　济南都市区城区划分（街镇层面）一览表

研究范围	涉及区县	所含街镇	行政面积（2010 年）/ km^2	常住人口（2010 年）/万人	非农就业人口（2013 年）/万人	街道个数/个
中心城区	历下区	解放路、千佛山、趵突泉、泉城路、大明湖、东关、文东、建筑新村、甸柳、燕山、姚家、龙洞、智远、舜华路	100.89	75.41	71.39	14
	市中区	大观园、杆石桥、四里村、魏家庄、二七新村、七里山、六里山、舜玉路、泺源、王官庄、舜耕、白马山、七贤、十六里河、兴隆、党家、陡沟	280.00	71.36	36.29	17
	槐荫区	振兴街、中大槐树、道德街、西市场、五里沟、营市街、青年公园、南辛庄、段店北路、张庄路、匡山、美里湖、吴家堡、段店北路	151.61	47.68	29.92	14

续表 4-1

研究范围	涉及区县	所含街镇	行政面积（2010 年）/km²	常住人口（2010 年）/万人	非农就业人口（2013 年）/万人	街道个数/个
中心城区	天桥区	无影山、天桥东街、工人新村北村、工人新村南村、堤口路、北坦、制锦市、宝华街、官扎营、纬北路、药山、北园、泺口	83.26	60.61	28.41	13
	历城区	山大路、洪家楼、东风、全福、孙村、巨野河、华山、王舍人、鲍山、郭店、唐冶、港沟、董家、彩石	547.57	79.29	31.33	14
郊区新城	章丘市	明水、双山、枣园、埠村、圣井	288.30	39.33	24.65	5
	长清区	文昌、崮云湖、平安	272.00	28.69	12.17	3
	济阳县	济阳、济北、回河、崔寨	299.00	19.40	7.22	4
郊区村镇	天桥区	桑梓店、大桥	175.74	8.24	6.87	2
	历城区	荷花路、遥墙、临港、仲宫、柳埠、唐王、西营	751.00	33.14	7.11	7
	章丘市	龙山、普集、绣惠、相公庄、垛庄、水寨、文祖、刁镇、曹范、白云湖、高官寨、宁家埠、官庄、辛寨、黄河	1 430.70	67.09	18.59	15
	长清区	五峰山、归德、孝里、万德、张夏、马山、双泉	937.00	29.18	5.97	7
	济阳县	垛石、孙耿、曲堤、仁风、太平、新市	777.00	32.40	7.19	6

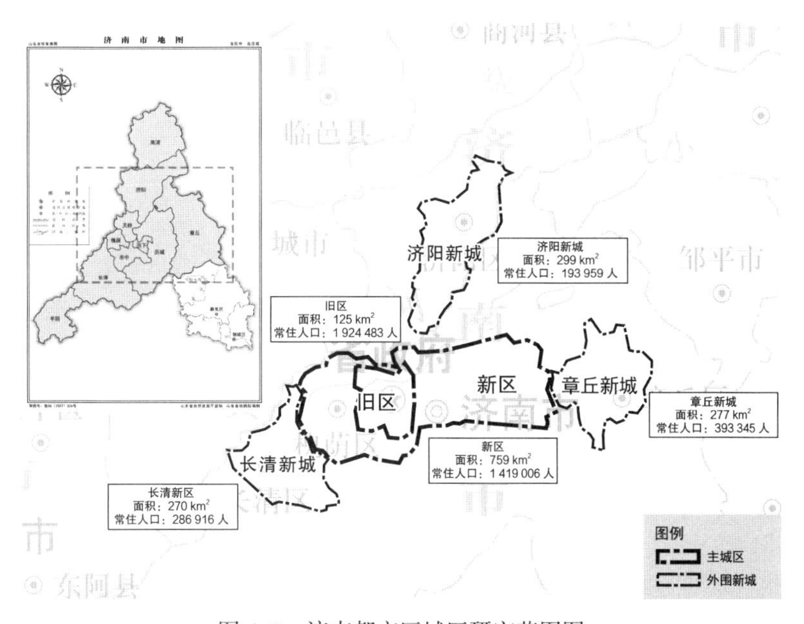

图 4-2　济南都市区城区研究范围图

2）研究对象

本次研究中的研究对象为济南城区的非农就业者，即在旧区、新区、长清新城、章丘新城和济阳新城范围内从事非农产业的就业者（表 4-2），其中包括不同性别、年龄、学历、月收入和职业，但不涉及学生和离退休群体，且不考虑其居住地是否在指定区域内。

表 4-2　就业者的属性特征分类表

个体属性		具体分类
自然特征	性别	男；女
	年龄 / 岁	≤ 22；23—30；31—40；41—50；＞ 50
社会特征	学历	本科及以上；大专、高职；高中、中专、技校；初中及以下
	月收入 / 元	2 000 及以内；2 001—3 500；3 501—5 000；5 001—10 000；10 000 以上
	职业	机关、事业单位；企业管理人员；专业技术人员；普通白领、文职人员；文教、体育、卫生工作者；工人、营业员及其他社会服务人员；个体经商者；其他

4.1.2　研究方法与数据来源

1）研究方法

对于济南城区就业者的职住协同情况，本章采用了就业—适业比、职住偏离指数、距离测度、时间测度和行政测度五种不同的测度方法，其适用于不同的数据，也各自有不同的测度标准。

在此对就业—适业比的方法进行介绍，其他方法前文已有所介绍，此处不再赘述。就业—适业比是指在特定的地域范围内，就业岗位数量与适业常住人口的比值，其公式如下：

$$Z_{ij} = \frac{E_{ij}}{R_{ij} \times P_i} \tag{4-1}$$

其中，Z_{ij} 是指第 i 年特定地域范围 j 的就业—适业比；E_{ij} 为第 i 年特定地域范围 j 所能提供的就业岗位数；R_{ij} 为第 i 年特定地域范围 j 内满足就业者年龄要求的适龄常住人口数；P_i 是第 i 年我国适龄常住人口的就业比，其公式如下：

$$P_i = \frac{e_i}{r_i} \tag{4-2}$$

其中，e_i 是我国第 i 年就业者数量；r_i 是我国第 i 年满足就业者年龄要求的适龄常住人口数。

若就业—适业比为 1，则表示该地域范围内的就业岗位与适业常住人口匹配，即职住平衡；若就业—适业比大于或小于 1，则表示该地域范围内的就业岗位与适业常住人口不匹配。就业—适业比大于 1 即表示该地域范围内的就业吸引力强，且就业岗位充足；小于 1 即表示居住功能突出，而就业吸引力弱。本章认为，当就业—适业比的数值在 0.5 至 1.5 之间时，即可视为职住相对平衡。

在式（4-1）中，“第 i 年特定地域范围 j 所能提供的就业岗位数”用就业者数量替代，而“第 i 年特定地域范围 j 内满足就业者年龄要求的适龄常住人口数”则是对男性和女性分别统计后的加和。对男性适龄常住人口的要求是在 20 周岁至 59 周岁之间，对女性适龄常住人口的要求是在 20 周岁至 49 周岁之间。其上限均是依据国家法定退休年龄分别划定的，而国家规定的就业者年龄下限为 16 岁。通常来说，一个人在高中毕业时才正好 18 周岁，但如今每年约有 800 万人会进入高校继续自己的学业，并没有直接就业，且毕业时即已 22 周岁，所以笔者为了将这部分人群的特殊性考虑在内，选择折中设定了适业常住人口的年龄下限为 20 周岁。

2）数据来源

本章在研究中采用了多种类型的数据，包括统计数据、调研数据以及相关网站公布的数据等，但还是以统计数据和调研数据为主。

（1）统计数据

本次研究采用了人口普查数据、经济普查数据和统计年鉴等相关统计数据，具体数据来源见表 4-3。在对职住协同特征的分析中，济南城区各街镇的非农就业者数量，常住人口数，分年龄、性别常住人口数和家庭户数等分别来自 2013 年济南市第三次经济普查数据、2010 年济南市第六次人口普查数据；在对影响因素的分析中，所涉及的行政面积及相关经济指标则是来源于山东省、济南市以及各区县的统计年鉴。

表 4-3　主要统计数据的获取一览表

数据来源	获取数据
2010 年济南市第六次人口普查	常住人口数
	家庭户数
	分年龄、性别常住人口数
2013 年济南市第三次经济普查	非农就业者数量
2013 年济南市统计年鉴、历下区统计年鉴、市中区统计年鉴、槐荫区统计年鉴、天桥区统计年鉴、历城区统计年鉴、长清区统计年鉴、章丘市统计年鉴、济阳县统计年鉴、平阴县统计年鉴、商河县统计年鉴	行政面积
2018 年山东省统计年鉴、济南市统计年鉴、历下区统计年鉴、市中区统计年鉴、槐荫区统计年鉴、天桥区统计年鉴、历城区统计年鉴、长清区统计年鉴、章丘区统计年鉴、济阳县统计年鉴、平阴县统计年鉴、商河县统计年鉴	其他相关经济指标

（2）调研数据

本次研究也采用了国家自然科学基金项目（51308325）课题组、《济南市城市发展战略规划》公众参与项目组的相关调研问卷数据。问卷内容涉及包括居住地、就业地、通勤时间、通勤距离、通勤方式在内的通勤情况，以及包括性别、年龄、学历、月收入和职业等在内的个人基本情况。

① 问卷数据情况：课题组先后一共发放了 6 400 份问卷，问卷有效率为 81.94%。2016 年，课题组在中心城区和外围新城分别发放问卷 400 份、450 份；2017 年对中心城区进行了补充调研，再次发放问卷 300 份；2018 年，在旧区、新区、长清新城、章丘新城和济阳新城均发放了问卷，共 5 250 份，具体发放及回收情况如图 4-3 所示。

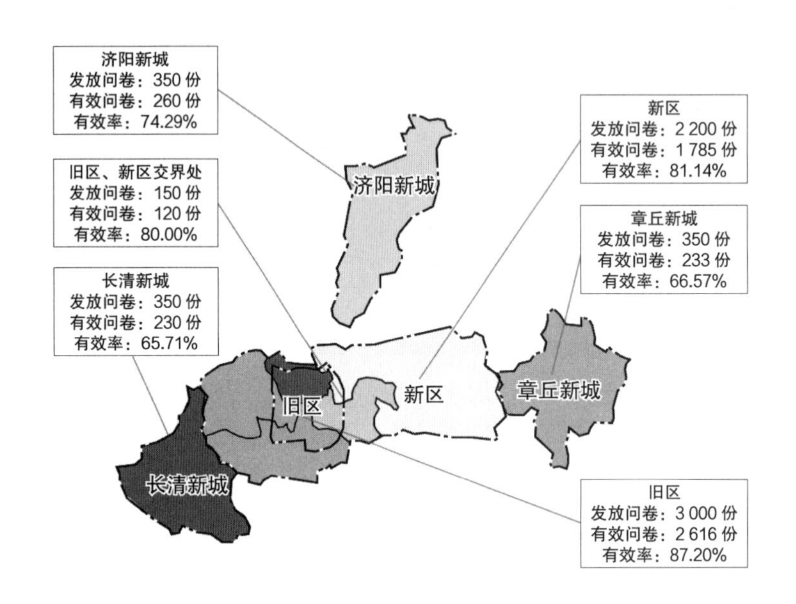

图 4-3　问卷具体发放分布图

在济南市第六次人口普查中，调研范围内的常住人口为 422 万人，本次研究中合计回收有效问卷量为 5 244 份，占常住人口的 1.24‰，如表 4-4 所示。从各研究区域的情况来看，抽样比也都始终大于万分之一，具有很好的统计意义。

表 4-4　不同研究区域问卷抽样比一览表

研究区域		常住人口数 / 人	有效问卷量 / 份	抽样比 /‰
中心城区		3 343 489	4 521	1.35
郊区新城	长清新城	286 916	230	0.80
	章丘新城	393 345	233	0.59
	济阳新城	193 959	260	1.34
	合计	874 220	723	0.83
共计		4 217 709	5 244	1.24

② 调研样本情况：在调研样本中，男性就业者有 2 853 人，女性就业者有 2 391 人，占比均在 50% 左右；年龄在 31—40 岁的样本量最大，有 2 044 人；学历主要是本科及以上；整体月收入不高，3 501—5 000 元收入段的最多，且 10 000 元以上的不多；调研样本中以机关、事业单位的就业者和工人、营业员及其他社会服

务人员为主。具体的调研样本情况见表 4-5。

表 4-5　不同属性就业者问卷发放情况一览表

类别	具体分类	样本情况 / 人	占比 /%
性别	男	2 853	54.4
	女	2 391	45.6
年龄 / 岁	≤ 22	89	1.7
	23—30	853	16.3
	31—40	2 044	39.0
	41—50	1 454	27.7
	＞ 50	804	15.3
学历	本科及以上	2 747	52.4
	大专、高职	1 370	26.1
	高中、中专、技校	815	15.6
	初中及以下	312	5.9
月收入 / 元	2 000 及以内	379	7.2
	2 001—3 500	1 414	27.0
	3 501—5 000	1 910	36.4
	5 001—10 000	1 155	22.0
	10 000 以上	386	7.4
职业	机关、事业单位	1 539	29.4
	企业管理人员	495	9.4
	专业技术人员	431	8.2
	普通白领、文职人员	477	9.1
	文教、体育、卫生工作者	177	3.4
	工人、营业员及其他社会服务人员	1 222	23.3
	个体经商者	440	8.4
	其他	463	8.8

4.2　济南都市区就业者职住协同特征

4.2.1　基于统计数据的职住协同分析

1）数量层面特征

从城区整体情况来看，济南市的职住协同性不高，表现了较强的就业功能。济南城区的就业—适业比和职住偏离指数值分别为 1.55 和 1.24，均高于济南市的平均水平（表 4-6）。同时，对研究区域内各街镇的就业—适业比、职住偏离指数进行了对比分析，列出了一个职住相对协同的数值区间，即 0.5—1.5。据统计，该区间内的街镇数量占比并不多。其中，就业—适业比数值在“0.5—1.5”这个区间内的有35个街镇，占比为41.67%；职住偏离指数在“0.5—1.5”这个区间内的有47个街镇，占比为55.95%。从以上数据可以得出，济南城区达到职住相对协同的街镇所占比重不高，特别是在就业—适业比的方法下占比不到一半[①]。

从中心城区和郊区新城的对比来看，中心城区职住协同性低于郊区新城，但两者均为就业主导型区域。中心城区的就业—适业比和职住偏离指数分别为1.57和1.28，郊区新城的就业—适业比和职住偏离指数分别为1.44和1.09，数值均大于1，说明其就业功能突出，但是中心城区的数值更高，职住协同性更差。值得注意的是，郊区新城中章丘新城的职住协同性低于中心城区，说明章丘新城所含街镇的就业中心性较强，提供了更多的就业岗位，同时就业环境优于其他区域，吸引了更多的就业人员。

从中心城区内旧区和新区的对比来看，新区的职住协同性优于旧区，但两者均为就业主导型区域。旧区的就业—适业比和职住偏离指数分别为1.61和1.31，新区的就业—适业比和职住偏离指数分别为1.53和1.24，说明旧区职住不协同程度更高。作为济南市老城区的范围，旧区有着雄厚的经济基础，可提供多种就业机会，就业吸引力较强。

表4-6　济南市就业—适业比、职住偏离指数对比一览表

区域范围		就业者数量/万人	适业常住人口/万人	常住人口/万人	就业—适业比	职住偏离指数
济南市		313.75	201.26	681.40	1.32	1.00
济南城区		241.39	122.26	421.76	1.55	1.24
中心城区	旧区	118.53	73.77	196.78	1.61	1.31
	新区	78.82	51.60	137.56	1.53	1.24
	合计	197.35	125.37	334.34	1.57	1.28
郊区新城	长清新城	12.17	10.73	28.69	1.13	0.92
	章丘新城	24.65	13.52	39.33	1.82	1.36
	济阳新城	7.22	6.37	19.40	1.13	0.81
	合计	44.04	30.62	87.42	1.44	1.09

注：就业—适业比的方法是从就业供应是否满足就业需求的角度切入，直接统计区域内满足就业者年龄要求的常住人口数量，并用我国适龄常住人口就业比对其进行修正，最终得出有就业需求的适业常住人口数。

2）空间层面特征

就空间分布特征来看，以旧区、新区、郊区新城（长清新城、章丘新城和济阳新城）三个不同的城市功能空间为研究区域，以各范围内所涉及的街镇为基本单元进行研究，通过计算职住偏离指数值可以发现，济南都市区城区部分就业者的职住协同度呈现出圈层式的结构（图4-4），由里至外三个圈层分别为旧区、新区、外围新城，越向外围就业者的职住协同度越高。旧区和新区分别围绕魏家庄街道、舜华路街道形成了两个就业中心，而郊区新城中的济北街道、明水街道和平安街道也表现出了很强的就业吸引力。

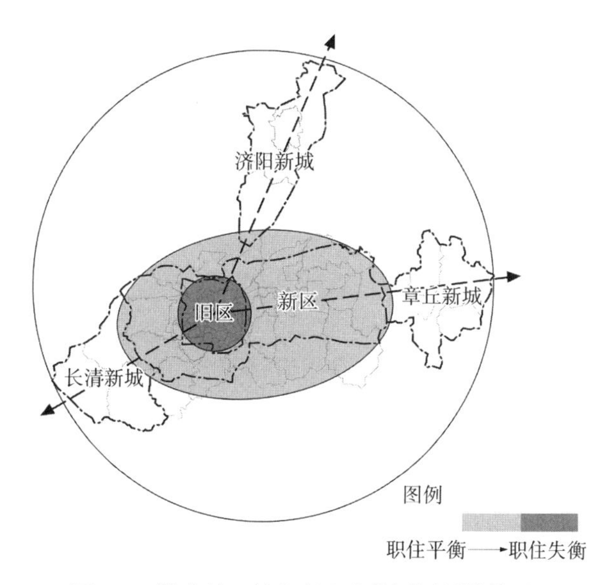

图 4-4　济南城区就业者职住协同圈层结构图

从旧区到新区再到郊区新城，职住协同的街镇占比越来越高（图 4-5），呈现圈层式特点。对比旧区和新区，新区的职住协同度相对更高，旧区在就业—适业比法、职住偏离指数法下分别有 25 个和 18 个街镇大于 1.5，占比分别为 61.70% 和 51.06%，表现出很强的就业功能，居住功能的匹配却相对较差。在就业—适业比的方法下，外围新城没有表现出明显的优势，但是在职住偏离指数的方法下，符合从旧区到新区再到郊区新城，职住协同的街镇占比逐渐提高的特征。

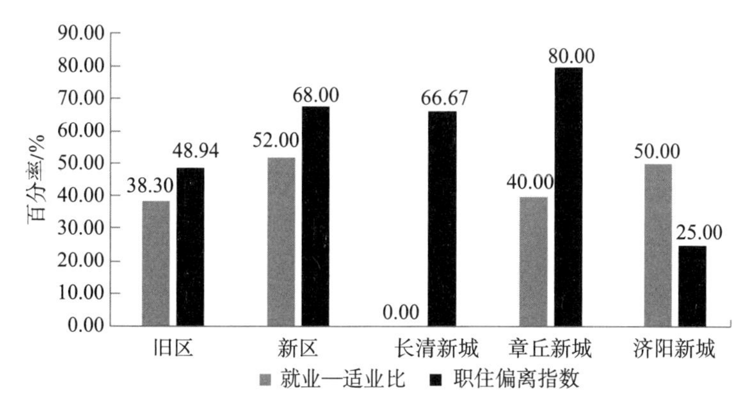

图 4-5　就业—适业比法、职住偏离指数法下职住协同街镇占比图

同时，根据各街镇就业—适业比值和职住偏离指数值对比图（图 4-6）可知，颜色的深浅对应数值的大小，颜色较深的街镇表示就业功能更加突出，即在空间上由内向外就业者的职住协同性越来越高。由图 4-6 可知，旧区和新区显现出较为明显的就业中心，而郊区等新城也开始出现就业较为突出的点。其中魏家庄、大观园、西市场和五里沟等街镇均位于旧区，且连成一片，在该范围内分布有万达广场、振华商厦、山东省政务服务中心和济南市政务服务中心等多处商场、办公楼、政府办公用地，提

供了多种类型的就业岗位；舜华路街道位于新区，该街道邻近济南市政府，且有三个大的商业广场——高新万达广场、丁豪广场和雨滴广场，同时还有银荷大厦、铭盛大厦、舜泰广场、龙翔商务大厦和中铁财智中心等多个商务写字楼具有很强的就业吸引力。此外，如表 4-7、表 4-8 所示，济阳新城济北街道和章丘新城明水街道的就业—适业比值和职住偏离指数值都大于 1.5，长清新城平安街道的职住偏离指数值也仅略小于 1.5。也就是说，这三个街道虽然距离中心城区很远，但也都表现出了一定的就业吸引力。

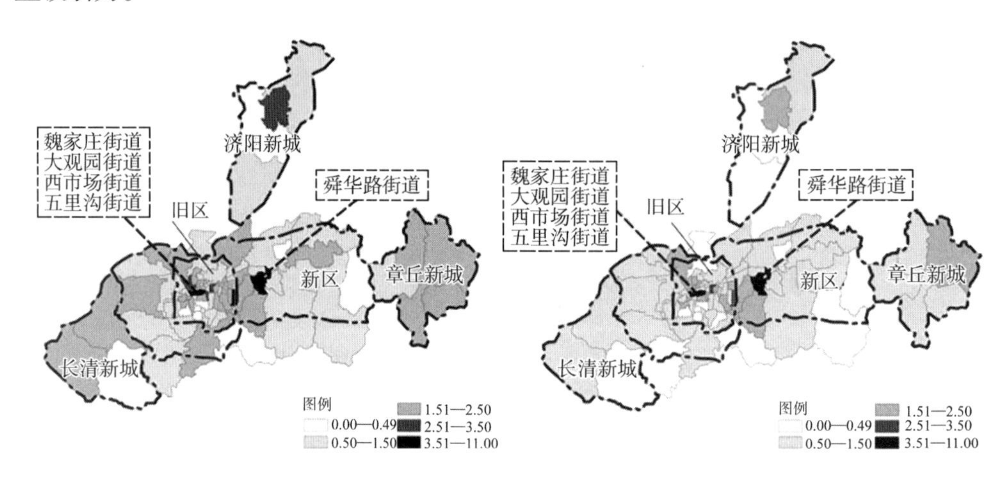

图 4-6 分街镇就业—适业比值、职住偏离指数值情况图

表 4-7 就业—适业比值、职住偏离指数值最高街道情况一览表

研究区域	街道名	就业—适业比值	职住偏离指数值
旧区	魏家庄街道	10.99	10.14
新区	舜华路街道	10.35	9.44
旧区	大观园街道	6.03	4.66
旧区	西市场街道	5.53	4.16
旧区	五里沟街道	4.51	3.58

表 4-8 外围新城就业—适业比值、职住偏离指数值情况一览表

外围新城	街道名	就业—适业比值	职住偏离指数值
济阳新城	济北街道	2.51	1.81
章丘新城	明水街道	2.04	1.54
长清新城	平安街道	1.95	1.46
章丘新城	埠村街道	1.84	1.27
章丘新城	双山街道	1.75	1.35
长清新城	文昌街道	1.59	1.15
章丘新城	枣园街道	1.50	1.03

续表 4-8

外围新城	街道名	就业—适业比值	职住偏离指数值
章丘新城	圣井街道	1.40	1.01
济阳新城	济阳街道	1.29	0.89
济阳新城	崔寨街道	0.66	0.49
济阳新城	回河街道	0.37	0.26
长清新城	崮云湖街道	0.36	0.34

4.2.2 基于问卷数据的职住协同分析

根据调查数据，再结合行政、距离和时间三种测度分析方法，从济南市都市区整体分析、中心城区与郊区新城对比分析、中心城区内部分析以及空间分布特征分析四个尺度对济南都市区不同区域的就业者职住协同水平进行研究。

就城区整体情况来看，济南城区就业者的职住协同性一般。在行政测度下，济南城区中有 58.56% 的就业者在就业地街镇内居住，较好地实现了职住协同；在距离测度下，济南城区中有 33.29% 的就业者的通勤距离在 5 km 范围内，说明绝大多数就业者有着较长的通勤距离；在时间测度下，济南城区中有 58.37% 的就业者的通勤时间在 0.5 h 内（图 4-7）。

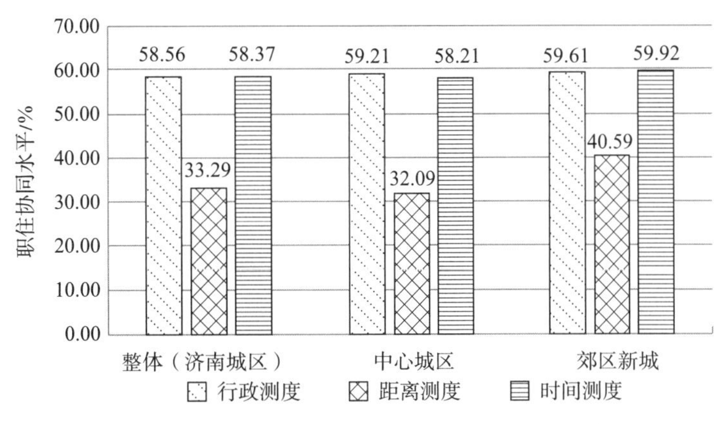

图 4-7　三种测度下济南都市区职住协同水平统计图

同时，本书从中心城区与郊区新城、中心城区内旧区和新区对比的视角，认识城区内部不同功能片区的职住协同状态。

1）中心城区与郊区新城

就中心城区与郊区新城的对比分析来看，郊区新城就业者的职住协同度要优于中心城区。在行政测度下，外围章丘新城、济阳新城和长清新城就业者的职住协同度更高，有 59.61% 的就业者在行政区内通勤，而中心城区历下区等五区职住协同的就业者只占 59.21%；在距离测度下，外围章丘新城、济阳新城和长清新城就业者的职住协同度更高，有 40.59% 的就业者在 5 km 范围内通勤，而中心城区历下区等五区职住协同的就业者只占 32.09%；在时间测度下，外围章丘新城、济阳新城和长清新城就业者的职住协同度更高，有 59.92% 的就业者的通勤时间在 0.5 h 内，而中心城区历下区等五区职住协同的就业者占 58.21%。由上可见，在三种测度下，郊区新城就业者中职住协同度较好的人占比更多。

2）中心城区内旧区和新区

就中心城区内部分析来看，新区就业者的职住协同度要优于旧区。在行政测度下，旧区职住协同的就业者占 59.04%，新区占 59.38%，说明新区就业者的职住协同度更高；在距离测度下，旧区就业者的职住协同度更高，有 33.51% 的就业者在 5 km 范围内通勤，而新区职住协同的就业者只占 26.99%，说明在中心城区的就业者中长距离通勤较为普遍，但新区就业者的这一特征更加显著，在时间测度下，新区就业者比旧区就业者的职住协同度更高，旧区就业者通勤时间在 0.5 h 内的人占 57.84%，而新区占 60.28%。

从就业者空间分布特征来看，根据对就业者通勤轨迹的分析可知，济南城区就业者的职住协同度不高，跨行政区通勤的占比很高。图 4-8 是济南城区就业者的通勤起讫点（Origin Destination，OD）图，其中，每条线表示就业者的就业地街镇与居住地街镇的连线，线条粗细表示两地间通勤的就业者占比，每个街镇的颜色深浅表示在就业地街镇居住的就业者占比。在济南城区的就业者中，居住在就业地街镇的占比为 58.56%，有超过四成的就业者进行跨行政区的通勤，整体的职住协同度并不高。其中，旧区内跨区通勤的情况最为突出。

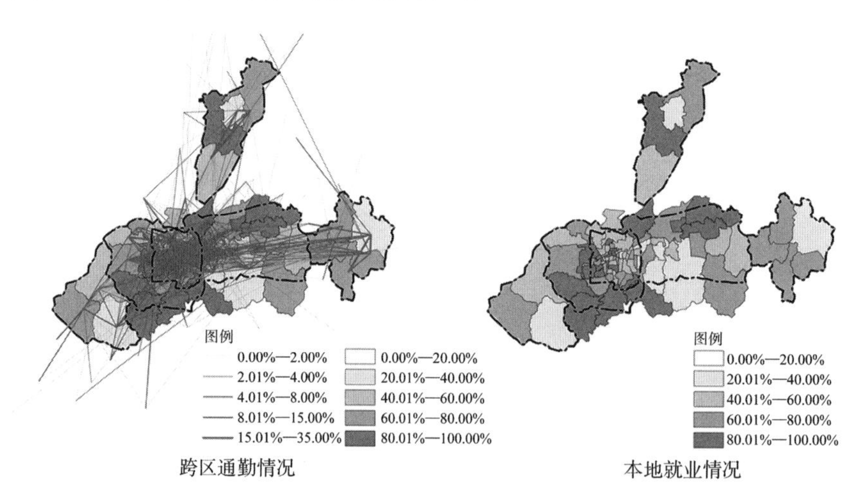

图 4-8　济南城区就业者通勤起讫点（OD）示意图

此外，基于不同城市就业功能空间的就业者通勤轨迹的分析可以发现，旧区就业者的职住协同度最低，外围新城就业者的职住协同度最高，但外围新城也表现出了较强的就业吸引力。图 4-9 是济南城区（包括旧区、新区和外围新城三个不同城市）就业功能空间就业者的通勤起讫点（OD）图。经统计发现，旧区、新区和外围新城的就业者在就业地街镇居住的占比分别为 59.04%、59.38% 和 59.61%。相比之下，越往外围就业者的职住协同度越高，即旧区是最低的，而外围新城是最高的，其中章丘新城的这一占比值达到了 67.81%。从图 4-9 中可以很清晰地看出，虽然旧区的面积最小，但是跨区通勤的就业者数量却很多。同时，虽然外围新城就业者的职住协同度更高，但也有很多居住在其他区域的就业者在进行长距离通勤。

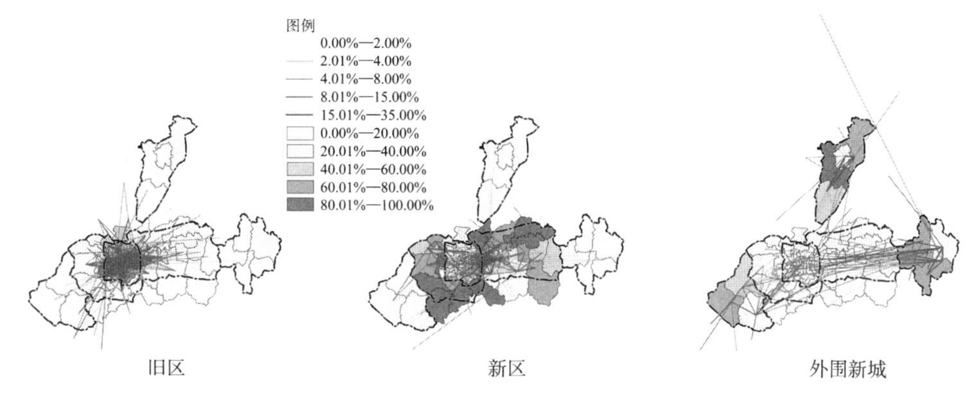

图 4-9　不同城市就业功能空间就业者通勤起讫点（OD）示意图

4.3　职住协同影响因素分析

4.3.1　个体和环境因素的选取

为研究济南城区职住协同特征的影响因素，本章引入了多元回归分析法，将通勤者职住是否协同作为因变量，将职住不协同作为参考变量。另外，从个体属性和环境属性两个大类展开，共选取了 10 个影响因子的指标作为自变量。其中，个体属性中除了前文所提及的性别、年龄、学历、月收入和职业外，还选取了通勤方式这一指标，这 6 个指标均有问卷调查数据，是就业者的个体属性情况。环境属性则是每个通勤者就业地街镇的具体情况，涵盖了就业环境、居住环境、交通环境和教育环境四个方面：就业环境用就业者密度表示，即每平方千米的就业者数量；居住环境用居住人口密度表示，即每平方千米的居住人口数；交通环境用公交站点密度表示，即每平方千米的公交站点数量；教育环境用基础教育设施密度表示，即每平方千米幼儿园、小学和初中数量的总和。三级指标体系见表 4-9。

表 4-9　三级指标体系一览表

一级指标	二级指标	三级指标（解释）	数据来源或计算公式
个体属性	性别	男 / 女	问卷调查数据
	年龄 / 岁	≤ 22/23—30/31—40/41—50/ ＞ 50	问卷调查数据
	学历	本科及以上 / 大专、高职 / 高中、中专、技校 / 初中及以下	问卷调查数据
	月收入 / 元	2 000 及以内 /2 001—3 500/3 501—5 000/5 001—10 000/10 000 以上	问卷调查数据

续表 4-9

一级指标	二级指标	三级指标（解释）	数据来源或计算公式
个体属性	职业	机关、事业单位 / 企业管理人员 / 专业技术人员 / 普通白领、文职人员 / 文教、体育、卫生工作者 / 工人、营业员及其他社会服务人员 / 个体经商者 / 其他	问卷调查数据
	通勤方式	步行 / 自行车 / 电动车、摩托车 / 公交车 / 小汽车 / 其他	问卷调查数据
环境属性	就业者密度	就业人口分布的强度	就业人口总量 / 行政区划面积
	居住人口密度	居住人口分布的强度	居住人口总量 / 行政区划面积
	公交站点密度	公交站点密集程度	公交站点数量 / 行政区划面积
	基础教育设施密度	基础教育设施密集程度	基础教育设施数量 / 行政区划面积

本章对 10 个影响因子均进行了详细分类，其在 5 244 个样本中的具体分布情况和占比情况如表 4-10 所示。而这 10 个自变量所对应的多元回归模型如下：

$$\text{logit}P_i = \ln\frac{P_i}{1-P_i} = \beta_0+\beta_1X_1+\beta_2X_2+\dots+\beta_nX_n \tag{4-3}$$

其中，P_i 为职住协同的概率；$1-P_i$ 为职住不协同的概率；X_n 为自变量；β_n 为常数项。β_n 为 X_n 的偏回归系数。

本章在对济南城区职住协同特征的分析中采用了距离测度法、时间测度法和行政测度法，其分析结果表现出了一定的差异性。所以在影响因素分析的这一部分，也根据这三种测度方法建立了三个回归分析模型，将不同测度方法下的通勤者职住是否协同作为因变量，对影响因素进行比较分析。

表 4-10　各影响因子的分布和占比情况一览表

一级指标	二级指标	三级指标	分布数 / 人	占比 /%
个体属性	性别	男	2 853	54.4
		女	2 391	45.6
	年龄 / 岁	≤ 22	89	1.7
		23—30	853	16.3
		31—40	2 044	39.0
		41—50	1 454	27.7
		＞ 50	804	15.3
	学历	本科及以上	2 747	52.4
		大专、高职	1 370	26.1
		高中、中专、技校	815	15.6
		初中及以下	312	5.9
	月收入 / 元	2 000 及以内	379	7.2
		2 001—3 500	1 414	27.0

续表 4-10

一级指标	二级指标	三级指标	分布数 / 人	占比 /%
个体属性	月收入 / 元	3 501—5 000	1 910	36.4
		5 001—10 000	1 155	22.0
		10 000 以上	386	7.4
	职业	机关、事业单位	1 539	29.4
		企业管理人员	495	9.4
		专业技术人员	431	8.2
		普通白领、文职人员	477	9.1
		文教、体育、卫生工作者	177	3.4
		工人、营业员及其他社会服务人员	1 222	23.3
		个体经商者	440	8.4
		其他	463	8.8
	通勤方式	步行	363	6.9
		自行车	291	5.5
		电动车、摩托车	1 304	24.9
		公交车	1 294	24.7
		小汽车	1 805	34.4
		其他	187	3.6
环境属性	就业者密度 /（人・km^{-2}）	0.00—331.00	563	10.7
		331.01—1 290.00	1 341	25.6
		1 290.01—6 451.00	919	17.5
		6 451.01—1 4995.00	1 080	20.6
		＞ 1 4995.00	1 341	25.6
	居住人口密度 /（人・km^{-2}）	0.00—922.00	897	17.1
		922.01—3 197.00	1 077	20.5
		3 197.01—13 319.00	934	17.8
		13 319.01—21 594.00	1 131	21.6
		＞ 21 594.00	1 205	23.0
	公交站点密度 /（个・km^{-2}）	0.00—2.00	700	13.4
		2.01—7.00	1 223	23.3
		7.01—32.00	1 217	23.2
		32.01—69.00	998	19.0
		＞ 69.00	1 106	21.1
	基础教育设施密度 /（个・km^{-2}）	0.00—1.00	1 718	32.8
		1.01—2.00	750	14.3
		2.01—3.00	555	10.6
		3.01—5.00	1 377	26.2
		＞ 5.00	844	16.1
有效			5 244	100.0
缺失			0	0.0
总计			5 244	100.0

4.3.2 距离测度下的影响因素分析

首先，本章根据距离测度法，将距离测度下的就业者职住是否协同作为因变量，将个体属性和环境属性两个大类的 10 个影响因子作为自变量，建立了第一个多元回归模型，其具体分析结果如表 4-11 所示。

表 4-11　距离测度下影响因素的多元回归分析一览表

类别		截距	回归系数	标准误差	显著性	优势比
			-3.167***	0.412	0.000	—
个体属性	性别	男	-0.097	0.075	0.196	0.907
	年龄 / 岁	≤ 22	0.608**	0.281	0.031	1.836
		23—30	0.676***	0.132	0.000	1.965
		31—40	0.088	0.115	0.441	1.093
		41—50	0.102	0.117	0.383	1.107
	学历	本科及以上	-0.410**	0.173	0.018	0.663
		大专、高职	-0.107	0.167	0.524	0.899
		高中、中专、技校	0.084	0.167	0.617	1.087
	月收入 / 元	2 000 及以内	0.262	0.237	0.267	1.300
		2 001—3 500	0.377*	0.207	0.068	1.458
		3 501—5 000	0.435**	0.198	0.028	1.545
		5 001—10 000	0.285	0.201	0.157	1.330
	职业	机关、事业单位	0.298**	0.136	0.029	1.347
		企业管理人员	-0.027	0.179	0.879	0.973
		专业技术人员	-0.298	0.189	0.115	0.743
		普通白领、文职人员	-0.136	0.166	0.413	0.873
		文教、体育、卫生工作者	0.208	0.228	0.360	1.232
		工人、营业员及其他社会服务人员	0.025	0.136	0.855	1.025
		个体经商者	0.114	0.167	0.493	1.121
	通勤方式	步行	5.131***	0.347	0.000	169.156
		自行车	3.655***	0.315	0.000	38.676
		电动车、摩托车	2.638***	0.290	0.000	13.987
		公交车	1.414***	0.291	0.000	4.111
		小汽车	0.615**	0.292	0.035	1.849
环境属性	就业者密度 / （人 · km^{-2}）	0.00—331.00	0.681**	0.302	0.024	1.975
		331.01—1 290.00	0.560**	0.256	0.029	1.751
		1 290.01—6 451.00	0.483***	0.171	0.005	1.621
		6 451.01—14 995.00	0.265*	0.137	0.052	1.304

续表 4-11

类别		截距	回归系数	标准误差	显著性	优势比
			-3.167***	0.412	0.000	—
环境属性	居住人口密度 /（人·km^{-2}）	0.00—922.00	-1.015***	0.354	0.004	0.362
		922.01—3 197.00	-0.615**	0.297	0.038	0.541
		3 197.01—13 319.00	-0.333**	0.164	0.042	0.716
		13 319.01—21 594.00	0.102	0.150	0.498	1.107
	公交站点密度 /（个·km^{-2}）	0.00—2.00	1.130***	0.312	0.000	3.095
		2.01—7.00	0.501*	0.274	0.068	1.650
		7.01—32.00	0.127	0.191	0.507	1.135
		32.01—69.00	0.084	0.164	0.609	1.087
	基础教育设施密度 /（个·km^{-2}）	0.00—1.00	-0.179	0.288	0.534	0.836
		1.01—2.00	-0.500**	0.169	0.003	0.607
		2.01—3.00	-0.144	0.161	0.370	0.866
		3.01—5.00	0.029	0.119	0.808	1.029

注：*** 表示显著程度 $P < 0.01$；** 表示显著程度 $P < 0.05$；* 表示显著程度 $P < 0.1$。

1）个体属性影响因素的分析

在对个体属性的分析中，除性别变量并没有达到显著性要求外，其余五个变量均对职住是否协同有一定的影响。

对于年龄变量而言，“23—30 岁”这一类型达到了 0.01 的显著性要求，“≤ 22 岁”的显著性也较为明显，优势比分别为 1.965 和 1.836，表示在该年龄段的通勤者与职住不协同相比后职住协同的可能性的优势比；相对于年龄大于 50 岁的那部分通勤者，其职住协同的可能性分别为职住不协同可能性的 1.965 倍、1.836 倍，即年龄较小的就业者其职住协同水平较高。在前人的研究中，得出的结论多为中老年通勤者的职住距离相对较短（柴彦威等，2011），主要是因为随着年龄增长，人们的通勤能力会有所下降，而年轻人有更多的精力，他们所能够忍受的通勤距离也会相对较长。本章的研究结论却正好相反，年轻就业者的通勤距离更短，其实在这一年龄阶段的就业者中有很大一部分是刚刚从学校毕业的，他们的工作年限较短，还没有买房或者支付房贷的经济能力，同时工作也还没有完全稳定，所以购买自己的住宅不会是他们的第一选择，而是主要在就业地的附近租房，这样他们的通勤距离更短，上下班也更加方便。

对于学历变量而言，“本科及以上”的显著性水平较高，但其回归系数为 -0.41，是负数，这意味着这部分学历在本科及以上的就业者相比于学历水平不高的通勤者，他们职住不协同的可能性反而更大。“本科及以上”的优势比为 0.663，即通勤者职住协同的可能性为职住不协同可能性的 0.663 倍，也就是说通勤者职住不协同的可能性为职住协同可能性的 1.51 倍。一般来说，学历高的就业者其收入水平也会相对高一些。从图 4-10 可以看出初中及以下学历的就业者其月收入主要集中在“2 000

元及以内”和“2 001—3 500 元”这两个月收入水平等级，占比分别达到 29.80% 和 43.9%，而本科及以上学历的就业者在“5 001—10 000 元”和“10 000 元以上”这两个月收入水平等级依旧占有较高的比重，分别为 30.80% 和 12.00%，远超低学历的就业者，所以高学历的就业者会有更好的经济条件，从而改善他们的住房和通勤情况（赵鹏军等，2016a，2016b）。首先，他们有足够的能力来购买地段更好的房子，并且会追求更好的居住环境和更大的住房面积，所以这样的居住地就会离就业地更远一些，甚至是位于城市的郊区。其次，他们中的很多人为了更舒适地通勤也会购买小汽车。从图 4-11 可以看到本科及以上学历的就业者采用小汽车通勤的占比为 41.20%，而该值也会随着学历水平的下降而下降，这种情况下高学历的通勤者在上下班途中花费的精力更少，且能在更短的时间内到达更远的地方，所以他们愿意住得远一些，因为即使住在郊区也不会过分拉长他们的通勤时间。

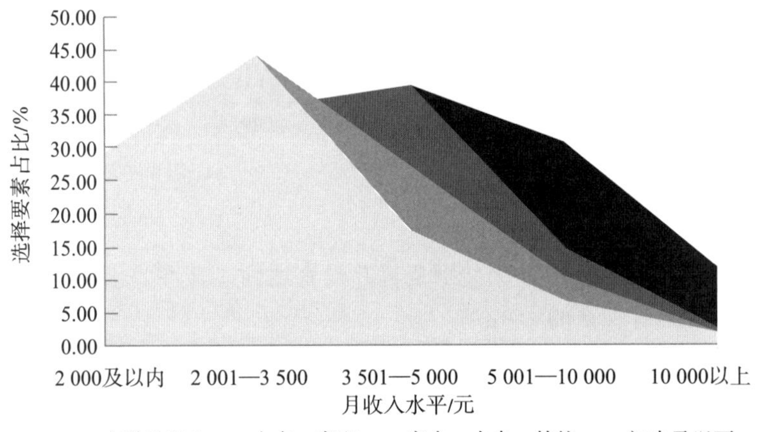

图 4-10　不同学历就业者的月收入水平统计图

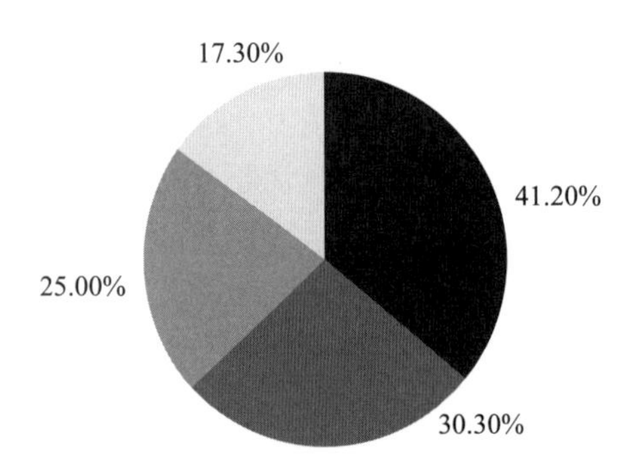

图 4-11　不同学历就业者采用小汽车通勤的占比交叉分析图

对于月收入变量而言，只有处于中低收入水平的“2 001—3 500 元”和“3 501—5 000 元”两种类型达到了显著性要求，就业者通勤距离在 5 km 范围以内的可能性较高，而高收入水平的通勤者其职住协同水平并没有表现出明显的规律。从图

4-12 可以很明显地看出不同收入水平就业者间的差异。在“步行”“自行车”“电动车、摩托车”这三类通勤方式的分析中，中低收入就业者各自所占的比重始终大于高收入就业者，并且收入越低者所占比重越高；在“小汽车”这类机动化通勤方式的分析中，特征也很明显，但结果却正好相反，收入越高的样本所占比重也越高。“步行”“自行车”“电动车、摩托车”的通勤方式样本其出行速度会相对较慢，整体的出行能力也弱很多；而作为机动化通勤方式的小汽车，其出行速度快且出行能力强。所以在进行远距离通勤时，为保证出行更为舒适便捷，通勤者多会选择小汽车这种方式；在进行短距离通勤时，仅需“步行”“自行车”“电动车、摩托车”的通勤方式就已足够，同时上下班也会更加方便，但这种通勤方式也只适合短距离出行。从图 4-12 可以看出，高收入的就业者多选择小汽车通勤，所以通勤距离相对较远；中低收入的就业者多选择“步行”“自行车”“电动车、摩托车”的方式通勤，通勤距离自然也比较短，职住协同的可能性更高。

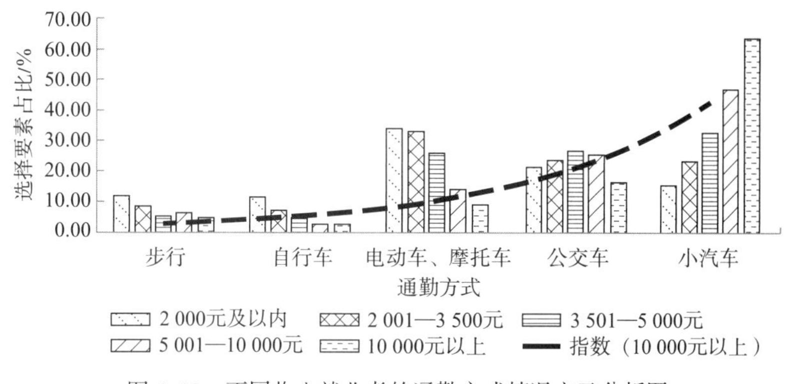

图 4-12　不同收入就业者的通勤方式情况交叉分析图

对于职业变量而言，“机关、事业单位”这一类型对就业者职住协同水平的影响较为明显。该职业通勤者职住协同的可能性是职住不协同可能性的 1.347 倍。虽然优势比不高，但其他职业的通勤者却并未表现出明显的特征。如图 4-13 所示，机关、事业单位就业者的月收入主要集中在“3 501—5 000 元”，占比达到 41.00%。在前文的分析中已经指出，该收入水平的就业者职住协同的可能性较高。同时，在我国的传统文化观念中，在机关、事业单位工作意味着有一份地位高且稳定的工作，该类就业者几乎不会轻易地更换工作，且单位也不会随意地变动地址。在这种情况下，多数就业者会选择在距就业地较近的地方租购住房。另外，在机关、事业单位工作的部分就业者仍然享受着福利分房和低价购房的政策，还有部分就业者也会住在单位安排的职工宿舍中，单位也多是把此类住房安置于就业地附近，以方便员工上下班。

对于通勤方式变量而言，“步行”“自行车”“电动车、摩托车”“公交车”“小汽车”不同通勤方式下的分析结果都符合显著性要求，优势比分别为 169.156、38.676、13.987、4.111 和 1.849，即职住协同的可能性分别为职住不协同的可能性的 169.156 倍、38.676 倍、13.987 倍、4.111 倍和 1.849 倍。其中，最为突出

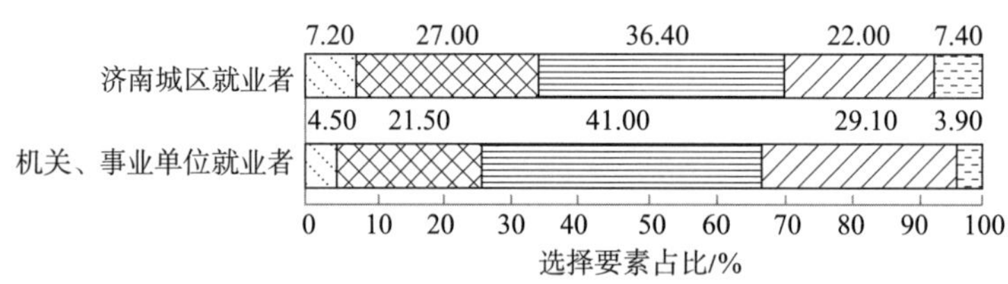

图 4-13　机关、事业单位就业者的收入情况交叉分析图

的是步行，选择该通勤方式的就业者和居住者其职住协同的可能性最高，采用"自行车"和"电动车、摩托车"的通勤者其职住协同可能性也较高。也就是说，虽然采用"步行""自行车""电动车、摩托车"通勤方式的速度相对较慢，但是采用该方式的通勤者其职住协同水平反而更好。这其实是受多方面因素的影响，首先采用此类出行方式更具灵活性，不需要考虑公交线路及站点少、道路拥堵、停车难等多种问题。另外，采用此类出行的通行能力弱，一定时间内所能到达的距离有限，所以只有当通勤者的居住地位于就业地附近时才会采用这种通勤方式，他们职住协同的可能性才会比较高。

2）环境属性影响因素的分析

在对环境属性的分析中，就业者密度变量和居住人口密度变量对职住协同水平的影响较大，而公交站点密度变量和基础教育设施密度变量多数分类的显著性都不明显。

对于就业者密度变量而言，四个不同的密度分类等级均达到了显著性要求，密度分类等级从低到高排列，但是其职住协同的优势比分别为 1.975、1.751、1.621 和 1.304，呈逐渐降低的态势；在低就业者密度街镇就业的通勤者，他们职住协同的可能性反而更高，通勤距离更短。此处的就业者密度表示的是就业环境，就业者密度高的街镇可以理解为就业环境较好、就业机会较多的地方。就业者密度低的街镇则正好相反，在这类街镇内的就业岗位种类相对单一，且满足就业者需求、符合就业者技能水平的就业岗位少，就业者不会为了一个不适宜的岗位而长距离通勤到此类街镇就业，所以在这类街镇内就业者职住协同的可能性不高。

对于居住人口密度变量而言，除了"13 319.01—21 594.00 人 /km^2"这一密度分类等级外，其余三个等级都表现出了对职住协同较大的影响，从低密度到高密度分类等级的优势比分别为 0.362、0.541 和 0.716，但是其回归系数均为负值，也就是说通勤者职住不协同的可能性为职住协同可能性的 2.76 倍、1.85 倍和 1.40 倍，所以在居住人口密度越低的街镇，就业者职住协同的可能性也越低。此处的居住人口密度表示的是居住环境，居住人口密度高的街镇可假设为居住环境较好、居住小区较多的地方，此类街镇的就业者对于自己的居住地有更多的选择。居住人口密度低的街镇则正好相反，就业者在此地找到一份稳定的工作并确定居住地点的时候，则很有可能因为附近没有充足的房源或者无法找到自己满意的住房，而只能到距离就业地较远的地方租房或购房，所以职住协同的可能性也会降低。

对于公交站点密度变量而言，密度分类等级"0.00—2.00 个 /km^2"达到了 0.01

的显著性水平，密度分类等级“2.01—7.00 个 /km^2”也达到了 0.1 的显著性水平，其优势比分别为 3.095 和 1.650。相对于高密度分类等级的街镇，在公交站点密度较小的街镇就业的通勤者职住协同的可能性反而较大。公交站点密度表示的是街镇的交通环境，公交站点密度小即交通环境较差，但同样也可反映出该街镇对交通的需求较少，这些街镇也主要分布于外围新城或新区外围；而公交站点密度大可反映出该街镇对交通的需求较多，每天的客流量大，这些街镇主要分布于中心城区。表 4-12 正好验证了上面描述的内容，从表中可以看出，“0.00—2.00 个 /km^2”和“2.01—7.00 个 /km^2”两类公交站点密度分类等级的就业者在外围新城的长清新城、章丘新城和济阳新城大都占有一定的比重，而“7.01—32.00 个 /km^2”“32.01—69.00 个 /km^2”“＞ 69.00 个 /km^2”这三类公交站点密度分类等级的就业者几乎没有分布在外围新城的。前文的分析已经指出，外围新城的职住协同水平要优于中心城区，中心城区由于拥有更多且更合适的就业机会，总能不断吸引就业者进行长距离的通勤，所以公交站点密度较低的街镇也同样仅能提供有限的就业岗位，除当地的居民外，很少有长距离通勤的就业者。

表 4-12　不同公交站点密度街镇的就业者在各研究区域所占比重一览表　　单位：%

公交站点密度 /（个 · km^{-2}）	旧区	新旧区交界处	新区	长清新城	章丘新城	济阳新城
0.00—2.00	0.3	0.0	38.3	10.1	30.6	20.7
2.01—7.00	16.4	0.0	61.2	13.0	0.0	9.4
7.01—32.00	67.3	2.5	28.6	0.0	1.6	0.0
32.01—69.00	62.4	3.9	33.7	0.0	0.0	0.0
＞ 69.00	95.5	4.5	0.0	0.0	0.0	0.0
合计	51.5	2.3	32.4	4.4	4.4	5.0

基础教育设施密度变量对就业者职住协同的影响并不明显。经分析，仅“1.01—2.00 个 /km^2”这一密度分类等级符合显著性要求，职住协同的优势比为 0.607，但是系数值为 -0.5，所以职住不协同的可能性为职住协同可能性的 1.65 倍，在此等级范围内的街镇，基础教育设施密度很低，同时就业者的通勤距离也相对较长。如图 4-14 所示，在“1.01—2.00 个 /km^2”这一密度分类等级街镇的就业者职住协同的占比仅为 27.70%，是所有分类等级中最低的。这一结论很好地证明了孩子对作为就业者的父母职住协同水平的影响，这也是受我国教育环境的影响——父母特别重视孩子的基础教育。每个学校都会有自己学区的划分，作为父母的就业者为了让孩子接受更好的教育、享受更优质的教育资源，他们会在重点学校的学区内购买住宅。多数情况下，在该学区内的住宅往往距离他们的就业地很远，有些就业者甚至为了孩子能够接受更好的教育卖掉原先距离就业地较近的住宅而向远处搬迁到重点学校的学区内，付出了自己上下班的时间和精力。

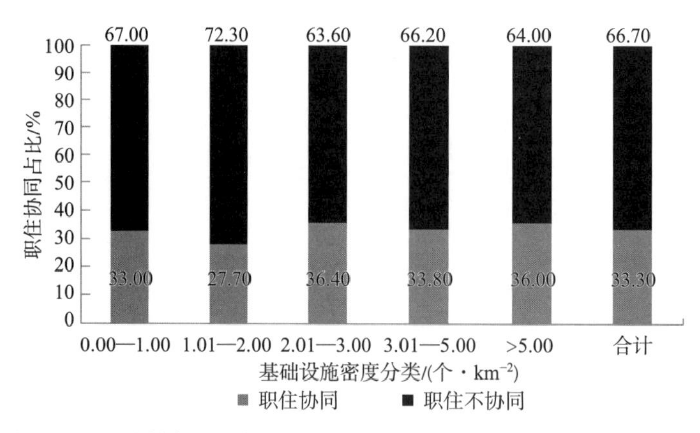

图 4-14　基础教育设施密度与距离测度下的职住协同水平交叉分析图

4.3.3　时间测度下的影响因素分析

本章根据时间测度法，将时间测度下的就业者职住是否协同作为因变量，将个体属性和环境属性两个大类的 10 个影响因子作为自变量，建立了第二个多元回归模型，其具体分析结果如表 4-13 所示。

表 4-13　时间测度下影响因素的多元回归分析一览表

类别		截距	回归系数	标准误差	显著性	优势比
			−0.855***	0.302	0.005	—
个体属性	性别	男	−0.111*	0.067	0.096	0.895
	年龄 / 岁	≤ 22	0.135	0.267	0.612	1.145
		23—30	0.444***	0.123	0.000	1.559
		31—40	−0.104	0.101	0.305	0.902
		41—50	−0.116	0.104	0.265	0.891
	学历	本科及以上	−0.617***	0.179	0.001	0.540
		大专、高职	−0.382**	0.178	0.032	0.683
		高中、中专、技校	−0.057	0.182	0.754	0.945
	月收入 / 元	2 000 及以内	0.565***	0.191	0.003	1.760
		2 001—3 500	0.390***	0.146	0.008	1.477
		3 501—5 000	0.284**	0.134	0.034	1.329
		5 001—10 000	0.192	0.132	0.148	1.211
	职业	机关、事业单位	0.466***	0.125	0.000	1.593
		企业管理人员	−0.137	0.149	0.359	0.872
		专业技术人员	−0.185	0.156	0.234	0.831
		普通白领、文职人员	−0.167	0.146	0.252	0.846
		文教、体育、卫生工作者	0.345*	0.198	0.081	1.412

续表 4-13

类别		截距	回归系数	标准误差	显著性	优势比
			−0.855***	0.302	0.005	—
个体属性	职业	工人、营业员及其他社会服务人员	0.160	0.128	0.212	1.174
		个体经商者	0.317**	0.155	0.041	1.374
	通勤方式	步行	3.001***	0.258	0.000	20.098
		自行车	1.814***	0.219	0.000	6.136
		电动车、摩托车	1.700***	0.174	0.000	5.473
		公交车	0.310*	0.169	0.067	1.363
		小汽车	0.950***	0.166	0.000	2.585
环境属性	就业者密度 /（人·km^{-2}）	0.00—331.00	0.409	0.268	0.127	1.505
		331.01—1 290.00	0.656***	0.222	0.003	1.927
		1 290.01—6 451.00	0.463***	0.148	0.002	1.589
		6 451.01—14 995.00	0.235**	0.115	0.041	1.265
	居住人口密度 /（人·km^{-2}）	0.00—922.00	−0.445	0.305	0.145	0.641
		922.01—3 197.00	−0.741***	0.248	0.003	0.477
		3 197.01—13 319.00	0.044	0.144	0.757	1.045
		13 319.01—21 594.00	0.205	0.134	0.126	1.228
	公交站点密度 /（个·km^{-2}）	0.00—2.00	0.642**	0.262	0.014	1.900
		2.01—7.00	0.313	0.227	0.167	1.368
		7.01—32.00	0.013	0.167	0.936	1.014
		32.01—69.00	−0.150	0.143	0.295	0.861
	基础教育设施密度 /（个·km^{-2}）	0.00—1.00	0.170	0.240	0.479	1.185
		1.01—2.00	−0.045	0.142	0.751	0.956
		2.01—3.00	−0.111	0.145	0.442	0.895
		3.01—5.00	0.057	0.106	0.588	1.059

注：*** 表示显著程度 $P < 0.01$；** 表示显著程度 $P < 0.05$；* 表示显著程度 $P < 0.1$。

1）个体属性影响因素的分析

在对个体属性的分析中，六个变量均对就业者的职住协同水平有一定的影响，其中通勤方式变量最为明显。

对于性别变量而言，“男”的显著程度 P 值小于 0.1，符合显著性要求，职住协同的优势比为 0.895，但是它的系数值为 -0.111，是负值，所以男性就业者职住不协同的可能性为职住协同可能性的 1.117 倍，也就是说，女性就业者的通勤时间相对较短。通常情况下，男性就业者需要承受更大程度的职住不协同（赵鹏军等，2018），因为女性就业者终究没有男性就业者那样充沛的精力，她们的自主出行能力会小一些。同时，女性就业者还需要花费更多的精力和时间在自己的家庭生活中，比如她们需要照顾老人和小孩，甚至还要承担洗衣服、做饭等很多的家庭劳务。所以一个家庭在确定居住地的时候，男性会更多地迁就女性，选择靠近女性就业地的附近。另外，女性为照顾家庭也更愿意在居住地附近就业，从而节省更多的通勤时间。

对于年龄变量而言，“23—30 岁”年龄段达到了 0.01 的显著性水平，优势比为 1.559，即在该年龄段的就业者其职住协同的可能性为职住不协同可能性的 1.559 倍。与距离测度下的多元回归模型分析结果相似，低年龄段的就业者表现出了较好的职住协同水平，23—30 岁的就业者的通勤时间短。这部分刚刚踏入社会的年轻就业者缺少一定的经济基础，几乎没有能力去购房，而只能选择在就业地附近租房，这样也能节省大量的通勤时间。据统计，年轻就业者的加班频率要高于中老年就业者，他们也不得不控制自己的职住成本，留出更多的时间和精力来休息和放松，而且他们中大多数的经济水平也不支持他们选择小汽车通勤。如图 4-15 所示，这部分人选择小汽车通勤的占比仅为 25.00%，是各年龄段中最少的。

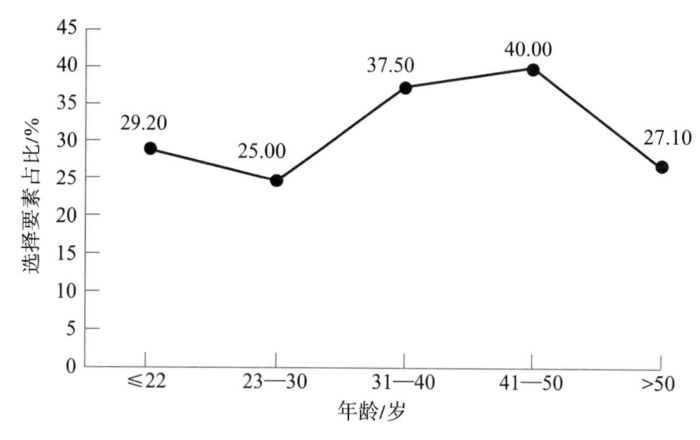

图 4-15　不同年龄段选择小汽车通勤的占比情况交叉分析图

对于学历变量而言，“本科及以上”和“大专、高职”都符合显著性要求，这两个学历分类等级的就业者职住协同的优势比分别为 0.540 和 0.683，它们的系数值分别为 -0.617 和 -0.382，均为负数，所以这两类就业者职住不协同的可能性为职住协同可能性的 1.852 倍和 1.567 倍。同时，通过这两个学历分类等级的就业者对比也可以发现，学历水平更高的就业者其通勤时间可能会更长，学历水平低的就业者反而能将通勤时间控制在 0.5 h 以内。经分析发现，高学历也基本意味着高收入，此类就业者追求更好住房和更舒适通勤的能力更高。环境更好、面积更大的住房多位于城市郊区，距离就业地较远；而小汽车的使用也促使他们不断拉大自己的通勤距离，但本身上下班时间的车流量就很大，再加上济南一直以来的拥堵问题，所以通勤时间还是会被拉长至非理想的范围。

对于月收入变量而言，“2 000 元及以内”“2 001—3 500 元”“3 501—5 000 元”三个分类等级均表现出了对就业者职住协同水平较大的影响，三者的优势比分别为 1.760、1.477 和 1.329，呈现出逐渐降低的趋势，距离测度下的多元回归分析模型结果也是收入水平越低的就业者其职住协同的可能性反而更高。收入高的就业者多会选用小汽车通勤，收入低的就业者则多选用非机动化的方式，出行方式的使用本身就影响了各自的通勤能力，再加上前文提到的高收入群体对居住环境的追求，所以收入高的就业者通勤时间也相对长一些。

对于职业变量而言，“机关、事业单位”达到了0.01的显著性水平，“文教、体育、卫生工作者”也符合显著性要求。这两类职业的就业者职住协同的优势比分别为1.593和1.412，即就业者能将通勤时间控制在0.5 h以内的可能性分别为职住不协同可能性的1.593倍和1.412倍。其实文教、体育、卫生工作者的工作性质和机关、事业单位的差不多，也是稳定的收入水平和固定的上下班时间，是我国大部分就业者心中最稳定的职业。所以有了稳定的工作、岗位和工作地点，就业者便会考虑在附近租购住房；而同时，他们中的一部分也会被提供单位附近的职工宿舍，就业地与居住地间的距离短，通勤时间自然也就会控制在较小的范围内，职住协同的情况更好。

通勤方式变量在时间测度下的模型中对就业者的职住协同水平有很大的影响，除“公交车”仅达到0.1的显著性水平外，其余四类通勤方式均达到了0.01的显著性水平，以公交车为通勤方式的就业者其职住协同的可能性为职住不协同可能性的1.363倍，而采用另外四类通勤方式时，职住协同的优势比分别为20.098、6.136、5.473和2.585。一般来说，“步行”“自行车”“电动车、摩托车”“公交车”“小汽车”这五类通勤方式的正常通勤速度分别为5 km/ h、10 km/ h、12 km/ h、15 km/ h、30 km/ h，但是速度越快的通勤方式表现出的就业者职住协同的可能性反而较低。不同通勤距离的就业者采用通勤方式的情况如图4-16所示，从图中可以很清晰地得出“0.00—1.00 km”距离段的就业者主要采用步行和自行车的通勤方式，“3.01—5.00 km”距离段的就业者主要采用电动车、摩托车和公交车的通勤方式，“> 10.00 km”距离段的就业者主要采用公交车和小汽车的通勤方式，各通勤距离段的就业者都有自己的出行特点。前文已提出非机动化通勤方式的出行能力较弱，所以通勤距离较短，通勤时间相应也不会太长；而作为机动化通勤方式的小汽车，虽然出行能力较强，但是在城市拥堵较为严重的济南，出行速度会大打折扣，所以面对较长的通勤距离，特别是早晚出行高峰时段的就业者，并不能将通勤时间控制在一个理想的范围内。

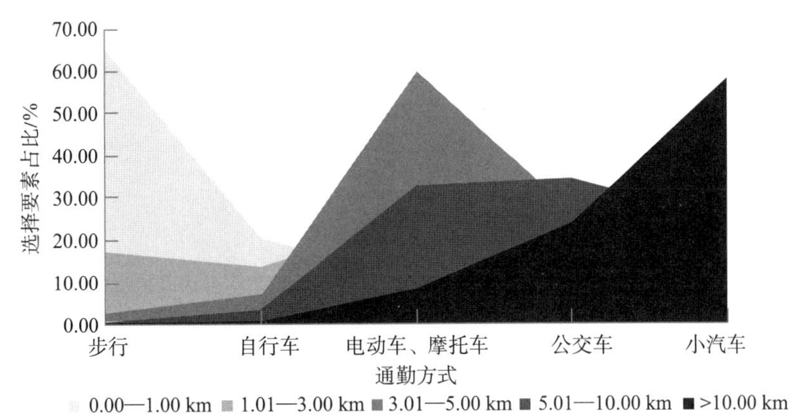

图4-16　不同通勤距离的就业者的通勤方式情况交叉分析图

2）环境属性影响因素的分析

在对环境属性的分析中，除就业者密度变量外，各变量的影响并没有在距离测度下多元回归分析模型中表现得那么明显，其中基础教育设施密度变量没有一个分类等级满足显著性的要求。

对于就业者密度变量而言，“331.01—1 290.00 人 /km^2” 和 “1 290.01—6 451.00 人 /km^2” 密度分类等级达到了 0.01 的显著性水平，同时 “6 451.01—14 995.00 人/km^2” 这一密度分类等级也达到了 0.05 的显著性水平，在这三类密度范围内街镇就业者职住协同的优势比分别为 1.927、1.585 和 1.265，密度越大，优势比反而越低。如图 4-17 所示，随着就业者密度的增加，该街镇就业者的职住协同水平反而变差，这也正好验证了多元回归分析模型中的结论。就业者密度较大的街镇表示其就业环境更好，就业岗位多，对就业者的吸引力强，所以很多就业者会为了寻求一个符合自己期望的工作而愿意花费更多的通勤时间来此就业，从而他们的职住协同水平也不会很好。

对于居住人口密度变量而言，“922.01—3 197.00 人 /km^2” 的显著程度 P 值小于 0.01，仅这一密度分类等级对就业者的职住协同水平有显著的影响，并且呈现出的是负相关的关系，优势比为 0.477，回归系数为 -0.741，在这一密度范围内的就业者职住不协同的可能性是职住协同可能性的 2.09 倍。这一范围已经属于较低的居住人口密度范围，这样的街镇居住环境较差，可提供的居住地选择有限，所以很多就业者在其就业地附近无法找到适合的住宅，只能付出更多的时间在更远的地方租购能够让自己满意的住房。

对于公交站点密度变量而言，只有 “0.00—2.00 个 /km^2” 这一密度分类等级符合显著性要求，在这一密度范围内街镇就业者的职住协同可能性是职住不协同可能性的 1.90 倍。图 4-18 也显示 “0.00—2.00 个 /km^2” 这一密度等级最小的数值最大。通常来说，公交站点密度大的街镇基本位于交通出行需求较大的城市中心区域，其中长距离、长时间通勤的就业者占比更高，且济南道路拥堵，这对就业者的通勤时间也会是一个比较大的负面因素。相反的是，公交站点密度小的街镇多位于城市外围，街镇的就业者也主要是本地的居民，职住不协同的现象并不明显。

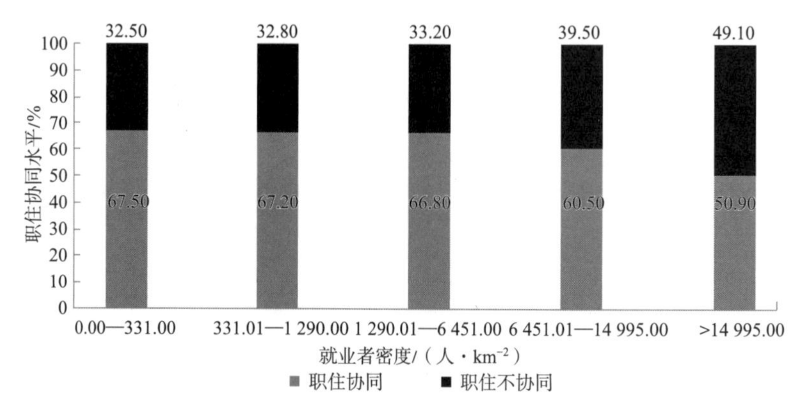

图 4-17　就业者密度与时间测度下的职住协同水平交叉分析图

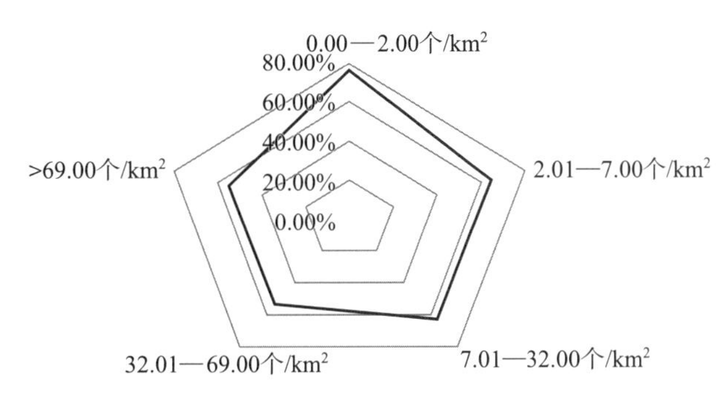

图 4-18 时间测度下不同公交站点密度街镇就业的就业者职住协同占比统计图

4.3.4 行政测度下的影响因素分析

本章根据行政测度法，将行政测度下的就业者职住是否协同作为因变量，将个体属性和环境属性两个大类的 10 个影响因子作为自变量，建立了第三个多元回归模型，其具体分析结果见表 4-14。

表 4-14 行政测度下影响因素的多元回归分析一览表

类别		截距	回归系数	标准误差	显著性	优势比
			−0.992***	0.297	0.001	—
个体属性	性别	男	−0.446***	0.066	0.000	0.640
	年龄 / 岁	≤ 22	−1.249***	0.249	0.000	0.287
		23—30	−1.015***	0.120	0.000	0.362
		31—40	−0.595***	0.103	0.000	0.552
		41—50	−0.388***	0.107	0.000	0.678
	学历	本科及以上	0.524***	0.160	0.001	1.690
		大专、高职	0.718***	0.158	0.000	2.050
		高中、中专、技校	0.685***	0.161	0.000	1.984
	月收入 / 元	2 000 及以内	1.632***	0.197	0.000	5.112
		2 001—3 500	1.197***	0.151	0.000	3.311
		3 501—5 000	0.955***	0.139	0.000	2.599
		5 001—10 000	0.343**	0.138	0.013	1.410
	职业	机关、事业单位	0.211*	0.128	0.099	1.235
		企业管理人员	−0.333**	0.154	0.030	0.716
		专业技术人员	−0.452***	0.161	0.005	0.636
		普通白领、文职人员	−0.265*	0.150	0.077	0.767
		文教、体育、卫生工作者	0.011	0.203	0.957	1.011

续表 4-14

类别		截距	回归系数	标准误差	显著性	优势比
			−0.992***	0.297	0.001	—
个体属性	职业	工人、营业员及其他社会服务人员	−0.154	0.131	0.239	0.857
		个体经商者	0.191	0.158	0.225	1.211
	通勤方式	步行	1.431***	0.212	0.000	4.182
		自行车	0.752***	0.214	0.000	2.121
		电动车、摩托车	0.590***	0.175	0.001	1.803
		公交车	0.152	0.172	0.378	1.164
		小汽车	0.162	0.169	0.337	1.176
环境属性	就业者密度 /（人・km^{-2}）	0.00—331.00	2.129***	0.277	0.000	8.404
		331.01—1 290.00	1.354***	0.233	0.000	3.872
		1 290.01—6 451.00	1.286***	0.153	0.000	3.617
		6 451.01—14 995.00	0.426***	0.114	0.000	1.531
	居住人口密度 /（人・km^{-2}）	0.00—922.00	−2.249***	0.321	0.000	0.106
		922.01—3 197.00	−0.920***	0.259	0.000	0.399
		3 197.01—13 319.00	0.257*	0.147	0.079	1.293
		13 319.01—21 594.00	−0.227*	0.133	0.088	0.797
	公交站点密度 /（个・km^{-2}）	0.00—2.00	1.559***	0.274	0.000	4.756
		2.01—7.00	0.369	0.236	0.118	1.446
		7.01—32.00	−0.562***	0.168	0.001	0.570
		32.01— 69.00	−0.173	0.144	0.229	0.842
	基础教育设施密度 /（个・km^{-2}）	0.00—1.00	−0.106	0.244	0.664	0.899
		1.01—2.00	−0.067	0.143	0.639	0.935
		2.01—3.00	−0.044	0.144	0.761	0.957
		3.01—5.00	0.139	0.105	0.187	1.149

注：*** 表示显著程度 $P < 0.01$；** 表示显著程度 $P < 0.05$；* 表示显著程度 $P < 0.1$。

1）个体属性影响因素的分析

在对个体属性的分析中，六个影响因子均表现出了对就业者职住协同水平较为显著的影响。

对于性别变量而言，男性就业者职住协同的可能性在很大程度上低于女性就业者，两者相比，男性就业者职住协同的优势比仅为 0.640，即男性就业者跨行政区通勤的可能性更高。男性就业者的通勤能力强，女性就业者也受照顾家庭等因素的牵制，从而造成了这种男性与女性之间职住协同的显著差异。

对于年龄变量而言，从低到高四个分类等级都达到了 0.01 的显著性水平，但回归系数值也均为负数，与就业者的职住协同水平呈负相关的关系，职住不协同的可能性分别为职住协同可能性的 3.484 倍、2.762 倍、1.812 倍和 1.475 倍。虽然年轻就业者的通勤距离和通勤时间相对较短，但是在此模型中，年龄较大的就业者职住协同的可能性较大，而这部分年轻就业者跨区通勤的情况反而较为明显，与前两个模型中的分析结果正好相反。

对于学历变量而言，“本科及以上”“大专、高职”“高中、中专、技校”都达到了 0.01 的显著性水平，学历水平直接影响着就业者是否跨行政区通勤的情况。在此模型中，就业者的职住协同可能性最大的是大专、高职学历的，其优势比为 2.050，与前两个模型的分析结果稍有不同，但就业者职住协同可能性最小的依旧是本科及以上学历的。高学历的人在就业上的选择会相对更多，他们为了更合适的工作岗位通常会选择花费更多的时间跨区通勤，去就业机会更多更好的街镇，所以职住协同的占比也就会变小。

对于月收入变量而言，四个分类等级都达到了较高的显著性水平，从低到高四类月收入水平的就业者职住协同的优势比分别为 5.112、3.311、2.599 和 1.410，所以月收入对就业者的职住协同水平也有很明显的影响，且月收入水平越高，职住协同的情况反而越差。不同的收入水平也对应着不同的出行方式，这也意味着不同的出行能力，从而影响了就业者的职住协同水平。

对于职业变量而言，“机关、事业单位”“企业管理人员”“专业技术人员”“普通白领、文职人员”这四种职业均对就业者的职住协同水平有一定的影响，但是“机关、事业单位”呈现出的是正相关，而其他三个职业呈现出的是负相关，其各自职业的就业者职住协同的可能性分别是职住不协同可能性的 1.235 倍、0.716 倍、0.636 倍和 0.767 倍。当就业者在机关、事业单位就业时，除前文提到的工作稳定、享受租购房福利等因素外，还有其工作性质的原因，就业者是在为政府和当地居民提供服务，为了更好地完成自己的工作内容，他们也需要住在就业地街镇，这样能更熟悉当地的工作。

对于通勤方式变量而言，“步行”“自行车”“电动车、摩托车”方式对就业者的职住协同水平呈现出很明显的正相关，优势比分别为 4.182、2.121 和 1.803，采用这三种方式通勤时，就业者的职住协同水平较高。其中，步行上下班的就业者职住协同可能性是不协同可能性的 4.182 倍。通过这些出行能力较弱的通勤方式，就业者也无法进行长距离的跨行政区通勤，所以采用这种基础方式即意味着跨行政区通勤的可能性变小。

2）环境属性影响因素的分析

在对环境属性的分析中，除基础教育设施密度变量外，另外三个变量均表现出对就业者职住协同明显的影响。

对于就业者密度变量而言，其对职住协同的影响十分显著，四个密度分类等级均达到了 0.01 的显著性水平。从低到高的四个就业者密度分类等级，各自的职住协同优势比为 8.404、3.872、3.617 和 1.531。低就业密度地区，即较差的就业环境，对应的却是更好的职住协同水平。作为就业者，他们更希望能去经济水平高、发展前景较好的街镇，薪资水平、福利待遇和上升空间也都是就业选择中的基本部分，所以很大一部分就业者会选择跨区至就业者密度较高的街镇，这样才能找到符合他们自身的技能水平，且满足他们多方面要求的工作岗位。所以就业密度高的街镇，对其他街道甚至是其他区县和其他城市的就业者吸引力很大，跨区通勤的占比自然会比较高。

对于居住人口密度变量而言，其四个分类等级都满足显著性要求。其中，“0.00—922.00 人 /km^2” 和 “922.01—3 197.00 人 /km^2” 属于密度较低的两个等级，这个范围内的就业者职住协同的优势比分别为 0.106、0.399，即与职住协同为负相关关系；“3 197.01—13 319.00 人 /km^2” 这个范围内的就业者职住协同的可能性是职住不协同可能性的 1.293 倍。这与前两个模型中所表现出的特征是相同的，居住人口密度高对应的是居住环境好，而在这一区域内的就业者职住协同程度也比较高。“13 319.01—21 594.00 人 /km^2” 是属于密度更大的分类等级，但是其回归系数仍然是负数，该范围内的就业者职住不协同的可能性更大。其实，这与各街镇不同的面积大小有关。图 4-19 是这一密度分类等级与研究区域的交叉分析，从研究样本整体来看，这一等级的街镇主要位于旧区，而旧区各街镇的平均行政面积仅为 3.46 km^2，要远远小于济南城区街镇的平均行政面积（23.61 km^2），所以就业者即使进行跨行政区的通勤，其通勤距离和通勤时间也可能会控制在较小的范围内。

对于公交站点密度变量而言，“0.00—2.00 个 /km^2” 和 “7.01—32.00 个 /km^2” 两个密度分类等级与行政测度下的就业者职住协同水平有显著的相关性。其中 “0.00—2.00 个 /km^2” 的优势比为 4.756，即这一公交站点密度分类等级的街镇就业者其职住协同的可能性是职住不协同可能性的 4.756 倍；“7.01—32.00 个 /km^2” 属于中高密度等级，它的优势比为 0.570，回归系数也为负值，影响效果与低密度等级正好相反，这类街镇就业者职住协同的优势比为 0.570，即职住不协同的可能性为职住协同可能性的 1.75 倍。这和前两个模型中的分析结果是相似的，低密度街镇的就业者职住协同可能性更高，跨行政区通勤的占比较小。如图 4-20 所示，随着公交站点密度的不断增加，同一行政区内通勤的占比却不断下降。低密度的街镇多位于新区边缘和外围新城，而这些街镇的就业者本地居住的占比就比较高，所以对交通的出行需求也比较小。

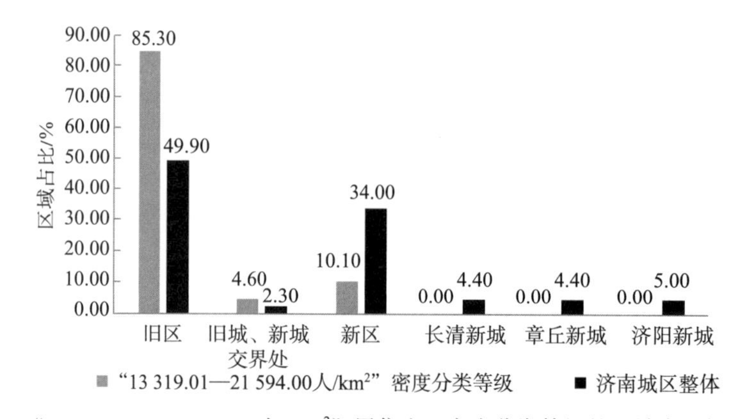

图 4-19 “13 319.01—21 594.00 人 /km^2” 居住人口密度分类等级的区域占比情况统计图

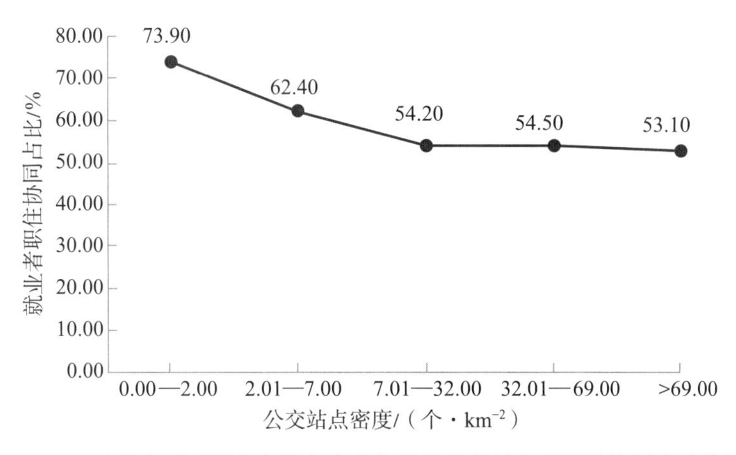

图 4-20 行政测度下不同公交站点密度街镇就业的就业者职住协同占比统计图

4.3.5 三种测度下职住协同影响因素分析

采用距离测度法、时间测度法和行政测度法，把就业者职住是否协同作为因变量，将个体和环境两大属性 10 个影响因子分别作为自变量，根据不同测度下就业者的职住协同水平建立三个多元回归模型，分别获得多元回归分析结果。根据显著性检验得到显著程度 P 值（一般以 $P<0.05$ 为显著，$P<0.01$ 为高度显著），显著程度 P 值如果呈现出显著性，则说明自变量对因变量有显著影响关系。同时通过优势比的大小来判断哪个因素影响较大，哪个因素影响较小。

对三种测度下职住协同影响因子进行整合，发现个体属性下各因子都对就业者的职住协同水平有明显的影响：（1）通勤方式影响最大，步行、自行车及电动车、摩托车对职住协同性影响显著，更适合短距离出行，因此选择此类交通工具的人职住协同度更高；（2）年龄因素对职住协同性也有较大影响，在距离和时间测度中“23—30 岁”的就业者职住协同性更好，在行政测度中年龄较大的就业者职住协同的可能性更大；（3）月收入因素中收入在“2 001—3 500 元”“3 501—5 000 元”区间的就业者职住协同的可能性更高。环境属性中除教育环境因子影响较小外，其他三个因子也都表现出了一定的显著性：（1）就业者密度因素中随着数值的增大，就业者的职住协同水平反而变差；（2）居住人口密度较低的区域其职住协同的可能性也更小；（3）公交站点密度低的区域其职住协同的可能性更高。

4.4 济南都市区城区职住干预策略

本章所描述的职住协同并非否定就业者向城市迁移的现象，这是社会发展的必然规律。经济发展好的区域理应创造更多且更好的就业岗位，不断吸引外来人口。但是与此同时，为了就业者拥有更好的生活质量和通勤感受，必须不断提高就业者的职住协同度，这也是社会发展的必然要求。所以本章从“职住功能干预”“职住需求干预”“职住配套干预”这三个方面分别提出了相关的对策与建议，以期能改善城区的职住协同水平。

4.4.1 职住功能干预策略

济南城区的职住协同水平相对理想，但不同城市片区的就业与居住功能的匹配存在很大差异。如旧区的居住功能不能很好地匹配就业功能，而外围新城的就业功能也没有完全匹配其居住功能，所以需要对旧区、新区和外围新城分别提出相应的对策与建议（图 4-21）。

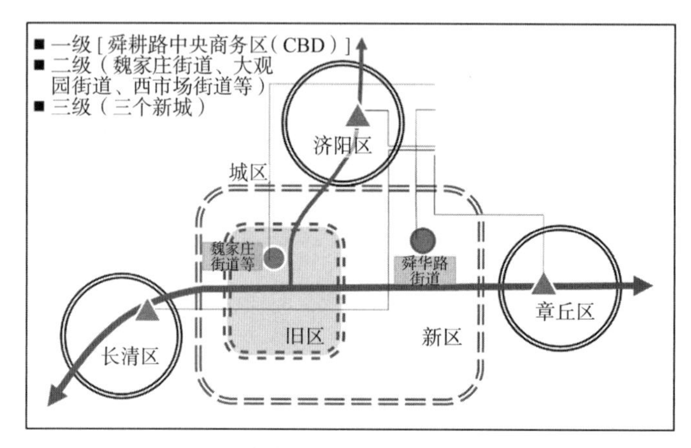

图 4-21 济南城区就业中心结构规划图

1）旧区首先要优化居住环境

旧区是济南城区就业吸引力最强的区域，吸引了大量的就业者，但是其配套的居住空间却相对较少，且房价过高，很多就业者无法承受高昂的房价而选择长距离的通勤，所以旧区首先得改善其居住环境，继续控制房价并推出相应的廉租房和经济适用房等，以解决居住与就业匹配的问题。

然后继续充分发挥旧区就业主中心的功能，创造更多更好的就业岗位，预防出现新区和外围新城的兴起导致就业主中心衰退的现象。魏家庄街道、大观园街道、西市场街道和五里沟街道等作为未来的二级就业中心，首先要全面优化产业结构，除传统的服务业外，还要引进一些新兴产业，并将那些相对落后且不符合中心城区发展需求的产业向外围转移；其次要不断改善就业环境，新建或更新相关的配套设施。

2）新区应补充完善相应的配套设施

新区位于旧区和外围新城的中间，应该充分结合东部城区副中心的建设，补充完善相应的配套设施，留住有意向去旧区就业的人，同时满足来自外围其他区域的就业者的需求。首先，最主要的还是创造更多的就业岗位，同时保证就业岗位类型的多样化，从而能够满足不同类型就业者的需求；其次，必须补充相应的配套，因为开发建设时间相对晚，在居住和公共交通等方面还不够完善；再次，在分街镇的就业者职住协同特征分析中，舜华路街镇表现出了很强的就业功能，作为新区未来的就业主中心，是中央商务区（CBD）所在之处，是高端就业聚集地，所以今后的发展更应该积极融入东部城区副中心的建设，共享资源，也分担就业等方面的压力；最后，除了完善就业与居住的配套外，还要对道路交通进行梳理，以缓解上下班时间拥堵的情况，减少就业者的通勤时间。

3）外围新城建设形成新的就业节点

在前文的分析中，外围新城的就业者职住协同水平最好，且也表现出了一定的就业吸引力。所以除了保持这种好的职住协同状态之外，还需要建设发展成新的就业节点，继续创造更多的就业岗位。

首先，在现行的济南总体规划中，长清被列为济南的西部新城，已有很好的发展基础，应该继续发展其产业，并对相关产业进行优化升级，留住本地就业者并吸引外来就业者；充分利用长清大学城的高校资源，建设产业园区和产业孵化基地，为高校学生提供更好的就业、创业空间。

其次，在外围新城中章丘新城的就业功能最为突出，应继续建设发展并使其成为新的就业中心；虽然其职住协同水平是最好的，但也必须改善居住环境，提供更多的居住空间，以满足不断增加的就业者的居住需求。

最后，济阳新城虽是发展基础相对较差的一个，但是随着济南“携河”发展策略的提出，济阳新城将迎来很好的发展机遇，应该抓住这一政策优势，积极融入济南新旧动能转换区的建设，带动当地产业的转化升级；同时也应该控制好房价，以应对经济和产业的发展所带来的房价上涨。

4.4.2 职住需求干预策略

不同属性就业者的职住协同特征并不一样，在空间上表现出的特征也不一样，应该结合不同群体的属性特征提出针对性的建议。

1）构建就业多中心的结构，增加就业者的多向选择

应该构建城市就业多中心的结构，加强不同城市就业功能空间产业的发展。除了旧区和新区之外，外围新城也应该积极调整产业结构，创造数量更多且类型多样的就业岗位。首先，旧区和新区作为就业吸引力最强的区域，吸引着大量居住在外围新城的就业者，但整体的职住协同水平较差。随着外围新城的发展，很多外围新城的居民逐渐在本地找到合适的工作，这也有助于改善旧区和新区的整体职住协同水平。同时，不同城市片区就业岗位数量的增长，不仅能够吸引更多的当地就业者，特别是出行能力较弱的女性就业者和高年龄段就业者，而且能够提高他们的职住协同度。此外，一部分就业者选择长距离通勤的原因是，在居住地附近无法找到符合自己技能水平的就业岗位，而只能进行长距离的通勤；但当居住地附近的就业岗位多样性大幅提升之后，在本地实现就业和居住的可能性大大增加，有助于改善其职住协同水平。

2）完善保障性住房配套政策，实现更多就业者的就近居住

对于很多不同学历和不同职业的就业者而言，其收入水平不同，他们在租购房

的能力上也会有所差异，所以必须完善相应的租购房政策，让更多的就业者能够在就业地附近居住。尤其是旧区的就业者，由于较高的房价，部分就业者难以承担这一费用，只能选择长距离的通勤，在更远的地方租购房。应该继续完善租购房政策，调节房价，让更多的中低收入就业者能在就业地附近实现居住。此外，济南市政府已经推出了针对在济南就业的硕士和博士研究生的租房补贴政策，应该加快推进这一政策对本科毕业生的适用性，让刚走出校园且收入不高的本科毕业生也能享受这一优惠，从而减少他们因为房价较高而被迫增加的通勤成本。

3）鼓励就业者选择公交出行，建设安全的非机动化出行环境

公共交通依然是居民最主要的出行方式之一，济南需要不断完善公共交通网络，增加其覆盖面，并优化线路及站点的安排设置，让无车一族更方便地乘车。同时，必须改善济南公共交通的车辆环境和站点环境，提高舒适度，吸引更多的年轻就业者。对于低收入者可采取一定的票价优惠政策，然而对于高收入者应该鼓励其改变以小汽车为主的出行方式，更多地采用公共交通的方式，环保出行。采用步行、自行车等非机动出行方式的就业者多数是能够实现职住协同的，其通勤距离和通勤时间都相对较短，但也必须营建安全舒适的步行和自行车环境，保证地面交通的快速流畅以及通勤者过街时的安全，特别是应该完善立体的过街设施分布。此外，虽然电动车和摩托车的出行方式可达性更强，但还是应该加强管理，限制其行驶速度，避免对行人和机动车产生影响。

4.4.3 职住配套干预策略

就业环境、居住环境和交通环境对就业者的职住协同水平影响显著，应该加强对这三个方面的改善。同时，虽然教育环境在此次分析中的影响并不明显，但孩子的教育越来越受到家长的重视，所以也应该提出相应的优化建议。

1）建设综合型的公共交通网络

济南应该充分结合现有的轨道交通线路、快速公交系统（BRT）来构建一个快速公共交通职住走廊，将城市的就业中心、居住中心和商业中心等串联起来，这样既可以使居民能够更快更方便地到达自己的目的地，又能够让就业者在很大程度上改善自己的通勤情况，缩短通勤时间。

首先，应该关注交通模式和土地利用模式的结合，通过对地铁和快速公交系统（BRT）交通节点进行混合型的土地利用规划来改善交通节点的换乘功能，进行公共交通导向型发展（TOD）模式的开发，并构建快速公共交通职住走廊。2019 年 4 月 1 日，济南地铁 1 号线正式开通，济南地铁的其他线路也在进一步的建设中。此外，截至 2018 年 12 月 26 日，济南已共计开通快速公交系统（BRT）营运线路 13 条，已基本实现快速公交系统（BRT）线路成网成环。所以，济南已经初步形成了综合地铁和快速公交系统（BRT）的快速公共交通网络，应该充分利用这一优势，将地铁与快速公交系统（BRT）结合进行社区的发展和城市的建设，以站点为中心，圈层式地配置功能区，越往外围建设强度越小。结合地铁和快速公交系统（BRT）进

行公共交通导向型发展（TOD）建设的这种高强度开发的模式，依托站点及沿线混合配置各功能分区，构建快速公共交通职住走廊，有效推动济南城市空间的集聚发展，缩短居民出行距离和出行时间，缓解就业者的通勤压力，从而更适合采用步行、自行车等非机动化交通或公共交通方式出行。

同时，必须进一步完善轨道交通、快速公交、常规公交和公共自行车的综合性公共交通网络，扩大其覆盖面，并注重多类型公共交通方式的接驳。首先，随着济南地铁的建设，应该注意公交与地铁的接驳，不断新辟或者优化地铁公交接驳线，这样既提高了地铁的使用效率，又能有效地改善更多人的出行条件；其次，快速公交系统（BRT）由于其单独的车行道，大部分站点均位于道路中间，所以必须对快速公交系统（BRT）站点周边的步行环境进行优化，保证乘车人更安全地换乘其他公共交通工具；最后，由于公交线路覆盖面及公交站点设置等方面的不足，应该根据不同站点的需求，投放一定量的公共自行车，让乘车人能缩短到达目的地的时间。

2）补充与优化不同区域的基础教育设施

在很多中国家庭的传统观念中，孩子是家庭的中心，家长总希望为孩子创造更好的条件，也包括给孩子提供更好的教育环境，而由于优质教育资源的分布不均匀，很多家长为了追求好的学区，宁可搬至距离就业地很远的地方居住。所以首先应该提出相应的政策优化学区的划分，也可采取优质学校建分校的方法，让更多的学生享受更好的教育资源。同时，必须改善各区域的基础教育设施环境，提升最基本的学校硬件设施，减少学校之间的差距，避免家长为了孩子的教育而选择长距离的职住通勤。

4.5 本章小结

基于 2010 年济南市第六次人口普查、2013 年济南市第三次经济普查和就业者调研问卷数据，本章采用职住偏离指数、通勤门槛值等方法，分析了济南都市区就业者职住协同特征及影响因素，归纳总结如下：

1）济南都市区城区就业者的职住协同特征

本章以济南市为例，将从事非农产业的就业者作为研究对象，从统计数据和调查数据两个方面展开，对济南都市区整体尺度、中心城区和郊区新城尺度、中心城区旧区和新区尺度以及空间分布特征四个层次的就业者职住协同特征进行分析，得出如下结论：

（1）分圈层职住协同分析。① 就城区整体情况来看，济南城区就业者的整体职住协同性一般；从中心城区与郊区新城的对比分析来看，郊区新城就业者的职住协同度要优于中心城区；从中心城区中旧区与新区的对比分析来看，新区就业者的职住协同度要优于旧区。② 从就业者空间分布特征来看，济南城区就业者的职住协同度不高，跨行政区通勤的占比很高；郊区新城就业者的职住协同度最高，而旧区就业者的职住协同度最低，但外围新城也表现出了较强的就业吸引力。

（2）空间分布特征分析。① 在中心城区范围中职住协同水平呈扇形分布。以历下区为中心，东西向呈圈层状分布，职住协同性逐渐升高；南北向职住协同性较低，北部就业功能突出，南部居住功能突出。② 郊区各区市范围中有明显的就业中心，街镇的职住协同性呈现由就业中心向四周先增高后下降的特点。

2）济南城区就业者职住协同影响因素

在完成对就业者职住协同特征的分析后，还采用定量和定性的方法对其影响因素进行分析。首先，在定量分析的方面，从个体属性和环境属性两个方面选取了 10 个影响因子，然后分别将距离测度下、时间测度下和行政测度下的就业者职住是否协同作为因变量，把 10 个影响因子作为自变量，建立了三个多元回归分析模型，探究各因子的显著性及其影响方式。主要得出如下结论：

在定量分析的方面，六个个体属性都对就业者的职住协同水平产生了一定的影响，其中就业者通勤方式表现出的影响最为显著，越是采用非机动化的通勤方式，职住协同的可能性越高；男性就业者职住协同的可能性低于女性就业者；中等年龄的就业者在通勤上所花费的成本会更多；低学历和低收入的就业者职住协同的情况会更好一些；在机关、事业单位工作的就业者更可能达到职住协同。在环境属性的四个因子中，教育环境对就业者职住协同的影响并不明显，而就业环境、居住环境和交通环境则影响显著。在低就业人口密度街镇的就业者，其职住协同的可能性反而更高；在低居住人口密度街镇的就业者，其具有相对更低的职住协同可能性；在公交站点密度较小的街镇的就业者，其职住协同的可能性反而更高。

第 4 章注释

① 就业—适业比标准下的职住协同街镇：解放路、趵突泉、智远、杆石桥、六里山、舜玉路、舜耕、白马山、七贤、党家、陡沟、吴家堡、张庄路、匡山、段店北路、中大槐树、段店南路、天桥东街、工人新村南村、北园、北坦、制锦市、纬北路、泺口、洪家楼、全福、王舍人、孙村、唐冶、港沟、董家、彩石、圣井、济阳、崔寨。

5　济南快速公交系统沿线职住空间协同与干预研究

快速公共客运系统是大都市区日常运行不可或缺的系统，国内外的大都市区多是以地铁或轻轨等轨道交通的形式来实现城区居民在居住地和就业地之间的便捷联系。轨道交通的经济投资成本较高，建设周期较长，且在建设立项上存在诸多门槛限制，导致许多城市在未获得立项或者尚未建成通车的情况下，转而寻求快速公交系统（BRT）的支持。

快速公交系统（BRT）属于地面公交的一种，但是它的车载容量大，通常是普通公交车的 2 倍，并且拥有自己专用的公交车道，在行驶速度上，特别是在上下班的高峰期，有一定的保障。可以说，这是一种处在普通公交和轨道交通之间的公共客运方式，被国内外的部分城市采用，并且取得了不错的效果，其中，以巴西的库里蒂巴市为代表。已有研究表明，轨道交通依托站点形成土地的混合利用和空间的综合开发模式受到职住协同的推崇，城区轨道交通沿线区域的职住协同性要优于外围的区域（申犁帆等，2019；任鹏等，2021）。而快速公交系统（BRT）由于运输能力和运输速度均弱于轨道交通，其站点及沿线地区的职住空间协同效果能否达到轨道交通的水平？这是一个值得关注的问题。快速公交系统（BRT）的运行目的不单单是为了运输城市人口，而是要推进城市运转高效率的实现，居住和就业之间的联系就是城市的基本运行需求。济南市自 2008 年开通第一条快速公交系统（BRT）线路，至 2016 年已有 13 条快速公交线路，运行线长 108.3 km，共有 107 座快速公交系统（BRT）站台，在济南日常的公交出行中发挥了重要的作用。据统计，济南快速公交系统（BRT）以占市区公交线路不足 1/20 的比重，承担了济南市区超过 1/10 的公交客运量。

本章在济南城区选择三条位于不同区位的快速公交系统（BRT）线路，实现站点周边—沿线区域—沿线街道三个层次的职住空间协同特征分析。首先运用统计数据对沿线街道的职住空间协同特征进行分析，再运用问卷调查数据对沿线站点周边区域及单个线路沿线区域两个层面的职住空间协同特征进行分析。在此基础上，构建评价指标体系对选定的三条线路上的 15 个快速公交系统（BRT）站点区域的综合环境可达性进行评价，以寻求其与区域内职住空间协同特征的关系。最后，提出济南市快速公交系统（BRT）沿线区域职住空间调控策略（图 5-1）。

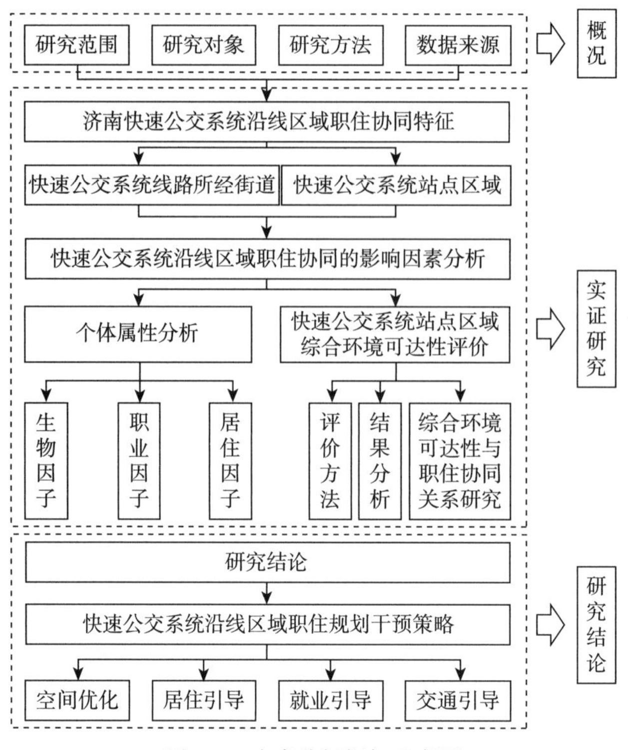

图 5-1　本章分析框架示意图

5.1　研究对象与数据来源

5.1.1　分析范围与对象

1）研究范围

研究线路是位于旧区的历山路、旧区与新区之间的二环东路、新区的奥体中路上的三条快速公交系统（BRT）线路。研究范围包括两个层面：一是快速公交系统（BRT）站点区域，即以快速公交系统（BRT）站点为圆心，300 m 为半径的圆形区域，涉及历山路、燕山立交桥、燕山新居等 15 个站点；二是快速公交系统（BRT）线路所经过的行政街道，涉及北园、全福、王舍人等 17 个街道。各站点、街道名称详见表 5-1 和图 5-2。

表 5-1　研究区域基本情况统计表

研究线路	所处区位	所含线路	日客运量 / 万人次	线路所经街道	选定站点
历山路	旧区	快速公交系统（BRT）2 号线、3 号线	5.5	北园街道、东关街道、解放路街道、建筑新村街道、千佛山街道、文化东路街道、燕山街道	历山路、东仓、解放桥、山东新闻大厦、文化东路西口

续表 5-1

研究线路	所处区位	所含线路	日客运量 / 万人次	线路所经街道	选定站点
二环东路	旧区与新区之间	快速公交系统（BRT）4 号线、5 号线	6.5	全福街道、洪家楼街道、东风街道、山大路街道、姚家街道、甸柳新村街道	燕山立交桥、和平路东口、甸柳庄、省图书馆、鑫达小区
奥体中路	新区	快速公交系统（BRT）6 号线	2.0	王舍人街道、智远街道、舜华路街道、龙洞街道	燕山新居、贤文庄、康虹路、花园东路、张马屯西

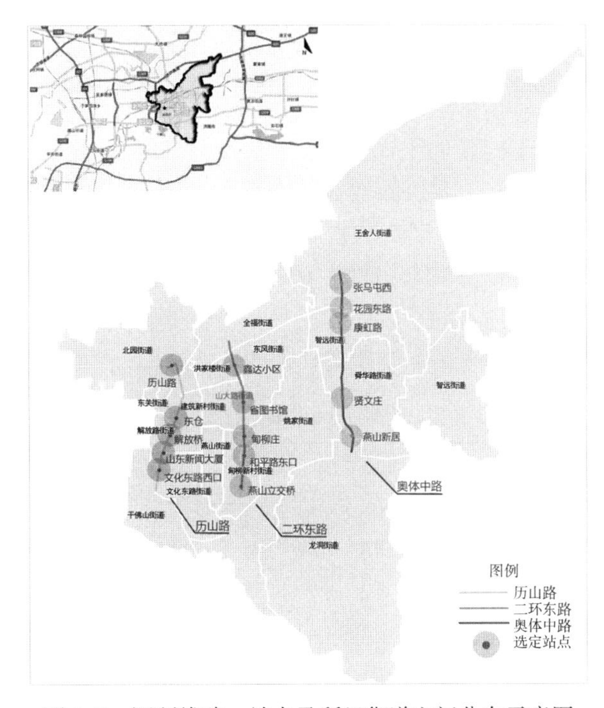

图 5-2　调研线路、站点及所经街道空间分布示意图

2）研究对象

本章节以所选定的快速公交系统（BRT）沿线区域内的居住者和就业者两类群体为研究对象。其中，居住者是指有工作且居住在快速公交系统（BRT）沿线区域，而就业地在本区域或其他区域的人群；就业者是指在快速公交系统（BRT）沿线区域工作，而居住地在本区域或其他区域的人群。

5.1.2　研究方法与数据来源

1）研究方法

本章采用的研究方法包括以下三种：

（1）职住偏离指数法。通过比较一定区域范围内就业人口在总体就业人口中的比重与居住人口在总体居住人口中的比重来识别研究区域的职住协同特征。通过计算快速公交系统（BRT）线路所经 17 个街道的职住偏离指数，分析快速公交系统（BRT）线路所经街道的职住协同特征。

（2）通勤门槛值法。利用通勤门槛值，如距离协同测度、行政协同测度、时间协同测度，进行快速公交系统（BRT）线路选定站点区域的职住协同测度分析。

（3）层次分析法。在对快速公交系统（BRT）沿线区域职住协同影响因素的分析章节，从快速公交系统（BRT）运行指标、设施环境指标以及人群环境指标三个层面构建快速公交系统（BRT）站点区域综合环境可达性评价指标体系，依据评价结果来判断快速公交系统（BRT）站点区域综合环境可达性与职住协同的关系。

2）数据来源

数据来源主要有两类：调研数据和普查数据。

（1）调研数据

① 问卷调研：数据来源于国家自然科学基金课题组 2015 年与 2016 年快速公交系统（BRT）沿线区域 700 份调研问卷，其中就业者为 312 份、居住者为 388 份。问卷收集情况见表 5-2。参与问卷调查的被调查者控制要素包括男女比例大致相等、确保 BRT 使用者的数量占所有样本总量的 10%、就业适龄且有工作的人群、就业者职业类型多样化、居住者需为不同小区的居民等；将就业者问卷发放的时间控制在工作日，而居民问卷发放的时间选在工作日或双休日。

表 5-2　各站点调研问卷有效回收数量统计表

类别	就业者 / 份	居住者 / 份	合计 / 份
历山路	110	150	260
二环中路	120	105	225
奥体中路	82	133	215
合计	312	388	700

问卷涉及的内容包括居民的生物因子、职业因子、居住因子、通勤情况以及相关服务配套设施情况等：生物因子，如年龄、性别、学历、婚否等；职业因子，如职业、职位、月收入、工作年限等；居住因子，如有无住房产权、住房类型、住房面积以及月租金等；通勤情况，如通勤方式、通勤距离、通勤时间、对快速公交系统（BRT）服务的满意度及不满意原因等；相关服务配套设施，如工作日中午就餐地点、除工作地常去场所、对工作地附近的服务配套满意度以及需要改善的建议等。

② 站点周边环境调研：对选定的 15 个快速公交系统（BRT）站点周边的综合环境进行实地勘察。各站点名称如下，调研区域见图 5-3：

历山路——历山路、东仓、解放路、山东新闻大厦以及文化东路西口；

二环东路——鑫达小区、省图书馆、甸柳庄、和平路东口以及燕山立交桥；

奥体中路——张马屯西、花园东路、康虹路、贤文庄以及燕山新居。

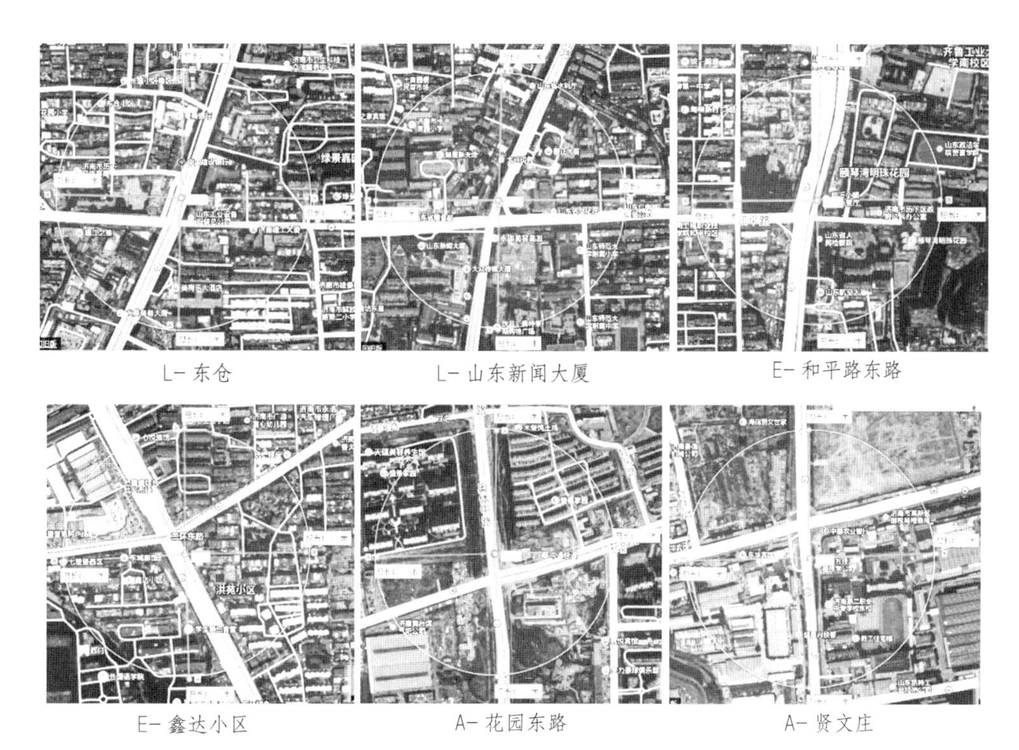

图 5-3　部分调研站点区域范围示意图

快速公交系统（BRT）站点调研涉及土地利用性质、早高峰客流量、停车服务设施规模及数量等。具体调研内容包括：统计早高峰 1 h 内快速公交系统（BRT）站点上下车的乘客数量；明确快速公交系统（BRT）专用道数量、快速公交系统（BRT）站点位置、站点周边绿灯时长 / 红灯时长等；实地勘察以站点为圆心、300 m 为半径的圆形区域范围内的土地利用性质①。

（2）普查数据

本章所用数据为快速公交系统（BRT）沿线所经街道的居住人口与就业人口统计数据。孙斌栋等（2008a）、郑思齐等（2015）学者已经在其研究中采用年份不相同的人口普查数据与经济普查数据来判断居民的职住协同状态，并且取得了良好的效果。因此，本章为计算各街道的职住偏离指数，从 2010 年济南市第六次人口普查中获取常住人口数据，并从 2013 年济南市第三次经济普查中获取从业人口数据。

5.2　济南快速公交系统沿线区域职住协同特征

5.2.1　快速公交系统线路所经街道职住协同特征分析

1）职住偏离指数与街道类型划分

基于职住偏离指数，判断快速公交系统（BRT）线路所经街道的职住协同特征。此方法是参考孙斌栋等（2008a）、赵虎等（2012）利用研究区域内就业人口数据、常住人口数据，再结合区位熵公式而来，具体如公式（5-1）所示：

$$Z_{ij} = \frac{J_i / H_i}{J_t / H_t} \tag{5-1}$$

其中，Z_{ij} 为 j 街道第 i 年的职住分离指数；J_i 为 j 街道第 i 年的从业人口数量；H_i 为 j 街道第 i 年的常住人口数量；J_t 为第 i 年市区的从业人口数量；H_t 为第 i 年市区的常住人口数量。

通过计算快速公交系统（BRT）沿线所经街道的数值得出结果，根据美国学者塞维尔（Cevere）提出的职住指数划分标准将各街道进行分类：如果某街道的职住偏离指数为 0.8—1.2，则表明该街道的居住与就业相对协同；如果职住偏离指数＜ 0.8，则表明该街道以居住功能为主；如果职住偏离指数＞ 1.2，则表明该街道以就业功能为主。基于分类标准，将研究所涉及的 17 个街道划分为职住协同型街道、居住型街道以及就业型街道三种类型。

采用济南市第六次人口普查数据和第三次经济普查数据计算快速公交系统（BRT）线路所经 17 个街道的职住偏离指数，所经街道名称分别为北园街道、东关街道、解放路街道、文化东路街道、洪家楼街道、山大路街道、甸柳新村街道、王舍人街道、智远街道、舜华路街道、东风街道、全福街道、千佛山街道、燕山街道、姚家街道、建筑新村街道以及龙洞街道，市区范围包括市中区、历下区、历城区、天桥区以及槐荫区等。

根据职住偏离指数计算公式，得出各街道的职住偏离指数，详见表 5-3。

表 5-3　各街道职住偏离指数统计表

线路	所属街道	从业人数 / 人	常住人口数量 / 人	职住偏离指数
历山路	北园街道	59 211	205 191	0.49
	东关街道	30 242	51 919	0.98
	解放路街道	19 735	40 750	0.82
	文化东路街道	74 805	95 770	1.32
	建筑新村街道	31 084	45 936	1.14
	千佛山街道	43 676	69 818	1.06
	燕山街道	26 677	43 359	1.04
二环东路	全福街道	27 600	67 528	0.69
	洪家楼街道	18 402	43 152	0.72
	东风街道	64 999	99 367	1.11
	山大路街道	46 679	67 135	1.18
	甸柳新村街道	70 324	48 977	2.43
	姚家街道	126 474	162 929	1.31
奥体中路	王舍人街道	25 035	66 556	0.64
	智远街道	8 601	25 845	0.56
	舜华路街道	100 065	43 717	3.87
	龙洞街道	22 340	31 328	1.21
市区	81 个街道	2 223 249	3 757 249	1.00

依据计算结果与划分标准，将各街道的职住类型进行划分，详见表5-4。

表5-4 各街道职住协同类型划分统计表

类型	街道名称
职住协同型	解放路街道、东关街道、燕山街道、千佛山街道、东风街道、建筑新村街道、山大路街道
居住型	北园街道、智远街道、王舍人街道、全福街道、洪家楼街道
就业型	龙洞街道、姚家街道、文化东路街道、甸柳新村街道、舜华路街道

由表5-3可知，舜华路街道的职住偏离指数最高，其数值为3.87，其次是甸柳新村街道（2.43）。前者指数偏高的原因是该街道位于高新区，而高新区是典型的就业中心，集聚了大量的就业人口，但大多数在此就业的人口并不在本区域内居住，因此形成了以就业功能为主的区域。另外，该指数大于1.2的街道还有文化东路街道（1.32）、姚家街道（1.31）以及龙洞街道（1.21）。以上街道为就业型街道，即以就业功能为主。

依据划分标准，职住偏离指数小于0.8的街道为居住型街道，如北园街道、智远街道、王舍人街道、全福街道以及洪家楼街道，其中北园街道的职住比最低，其数值仅为0.49，具有明显的居住功能。

职住偏离指数为0.8—1.2的街道包括解放路街道、东关街道、燕山街道、千佛山街道、东风街道、建筑新村街道、山大路街道等，也就是说以上街道的居住与就业空间相对协同。

2）职住协同特征分析

基于上节的职住偏离指数，从街道、线路两个层面分析快速公交系统（BRT）沿线不同区域职住协同的空间分布特征。

（1）街道层面：位于旧区街道的职住协同性优于新区街道

由图5-4可知，旧区街道的职住偏离指数都在0.820 839—1.323 882，其中文化东路街道的职住偏离指数最大（1.32），其次是建筑新村街道、千佛山街道以及燕山街道，其数值分别为1.14、1.06、1.04。相比之下，位于新区街道的职住偏离指数集中在1.323 883—3.879 536，其中舜华路街道的职住偏离指数最大（3.87）。就职住偏离指数与职住协同性关系而言，职住偏离指数越大，职住空间分离程度就越高，职住协同性也就越差。因此，旧区街道的职住协同性优于新区街道。

（2）线路层面：旧区快速公交系统（BRT）沿线区域的职住协同性优于新区

通过计算可知，旧区快速公交系统（BRT）线路的职住偏离指数为0.88，而新区为1.58，这表明与旧区相比，新区的职住空间分离程度高，即旧区的职住协同性优于新区。从职住协同指数值的空间分布来看（图5-5），位于历山路沿线区域的职住偏离指数变化较为平缓，多集中在0.820 839—1.323 882；二环东路沿线区域职住偏离指数呈由北向南逐渐递减的趋势，甸柳新村街道的指数最大（2.43），其次是山大路街道（1.18）、东风街道（1.11）以及洪家楼街道（0.72）；而奥体中路沿线区域职住偏离指数的差异变化较大，如舜华路街道为3.87，而智远街道仅为0.56。

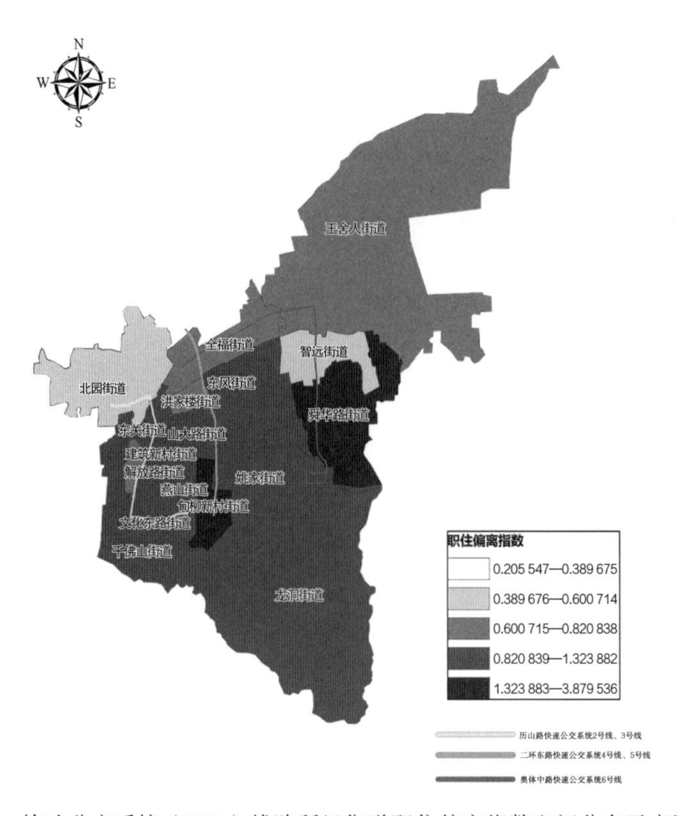

图 5-4 快速公交系统（BRT）线路所经街道职住偏离指数空间分布示意图

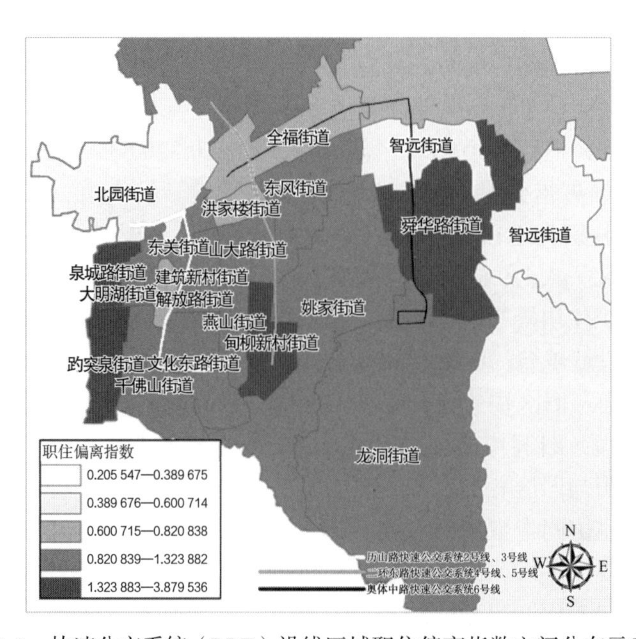

图 5-5 快速公交系统（BRT）沿线区域职住偏离指数空间分布示意图

综上所述，历山路沿线区域职住协同性最好，其次是二环东路，而奥体中路的职住协同性最差，即旧区职住协同性优于新区。旧区就业岗位丰富，交通系统发达，且能够为居民提供完善的生活服务设施，因此生活在旧区的居民其通勤距离与通勤时间都比较短。生活在新区的居民往往会选择在旧区就业，从而产生职住空间分离现象。

在常住人口密度与就业人口密度空间分布方面（图 5-6），与新区相比，旧区常住人口密度高而就业人口密度低。从城市不同空间区位来看，旧区常住人口密度高于新区，其中位于旧区的解放路街道的常住人口密度最高，为 29 963.24 人 / km^2，其次是东关街道、建筑新村街道，其数值分别为 29 499.43 人 / km^2、23 925.00 人 / km^2。旧区的甸柳新村街道的就业人口密度最高（47 197.32 人 / km^2），而新区的智远街道的就业人口密度最低（331.45 人 / km^2）。

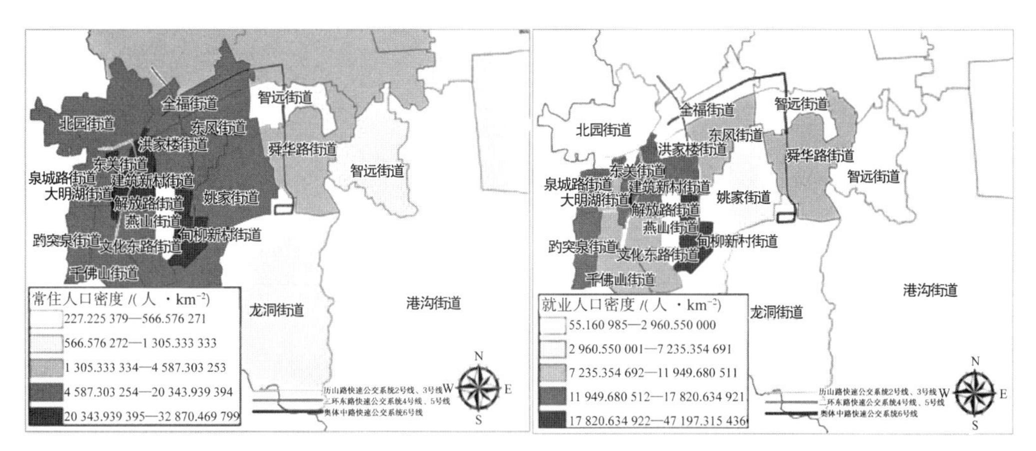

图 5-6 快速公交系统（BRT）沿线区域常住人口密度（左图）与就业人口密度（右图）空间分布示意图

5.2.2 选定站点区域职住协同特征分析

基于调研问卷中所涉及的被调查者居住地与就业地所在位置、通勤距离以及通勤时间，将职住协同测度分为距离协同测度、行政协同测度以及时间协同测度。根据《济南市综合交通调查报告（2013 年）》及济南的行政街道区域特征，设定以上三个协同测度标准，具体如下：距离协同测度是指通勤距离在 5 km 以内的居民数量占比；行政协同测度是指居住与就业在同一行政街道的居民数量占比；时间协同测度是指通勤时间在 30 min 以内的居民数量占比。

1）距离协同测度分析

从整体样本、居住者与就业者、旧区与新区三个层面比较分析研究区域的距离协同测度。首先需要说明的是，本章所用的职住距离是在问卷中被调查者所填写的居住地和就业地的基础上，用百度地图测出的距离值。本节基于以下分析，判断快速公交系统（BRT）沿线区域的职住协同性与济南市平均水平、居住者和就业者、旧区和新区职住协同性的差异。

（1）整体样本比较：与济南市平均水平相比，快速公交系统（BRT）沿线区域被调查者实现距离协同的占比较高

由表 5-5 可知，快速公交系统（BRT）沿线区域整体的距离协同测度样本为 700 人，其中通勤距离在 5 km 以内的样本量为 407 人，约占总样本的 58.14%，即在选定研究的快速公交系统（BRT）站点区域范围内，实现距离协同的被调查者约占总人数的 58.14%，而济南市通勤距离在 5 km 以内的居民所占比重为 32.9%，比快速公交系统（BRT）沿线区域被调查者所占比重低 25.24 个百分点。

表 5-5　整体距离协同测度统计表

通勤距离 /km	样本数量 / 人	占比 /%
0.00—1.00	153	21.86
1.01—3.00	160	22.85
3.01—5.00	94	13.43
5.01—10.00	150	21.43
＞ 10.00	143	20.43
合计	700	100.00

（2）两类群体比较：居住者职住协同性优于就业者

由表 5-6 可知，居住者、就业者的样本量分别为 348 人、352 人。在实现距离协同（通勤距离≤ 5 km）的被调查者中，居住者为 264 人，占总样本量的 75.86%；就业者为 177 人，占总样本量的 50.28%。通过对比分析发现，居住者实现距离协同的占比要高于就业者，即居住者的职住协同性要优于就业者。

表 5-6　居住者与就业者距离协同测度统计表

通勤距离 /km	居住者		就业者	
	样本数量 / 人	占比 /%	样本数量 / 人	占比 /%
0.00—1.00	101	29.02	61	17.33
1.01—3.00	92	26.44	84	23.86
3.01—5.00	71	20.40	32	9.09
5.01—10.00	40	11.50	95	26.99
＞ 10.00	44	12.64	80	22.73
合计	348	100.00	352	100.00

以被调查者的出发站点为起点，所到达的目的地为终点，利用绘图软件绘制起讫点（OD）出行图，详见图 5-7、图 5-8。通过观察居住者与就业者的起讫点（OD）出行空间特征，初步得出以下结论：

与就业者出行空间相比，居住者更为集中。以快速公交系统（BRT）站点为中心，分别以 3 km、5 km、10 km 为半径做通勤圈，比较居住者与就业者的出行空间特征。就就业者出行空间而言，多数被调查者的通勤圈在 10 km 以内，但也有部分被

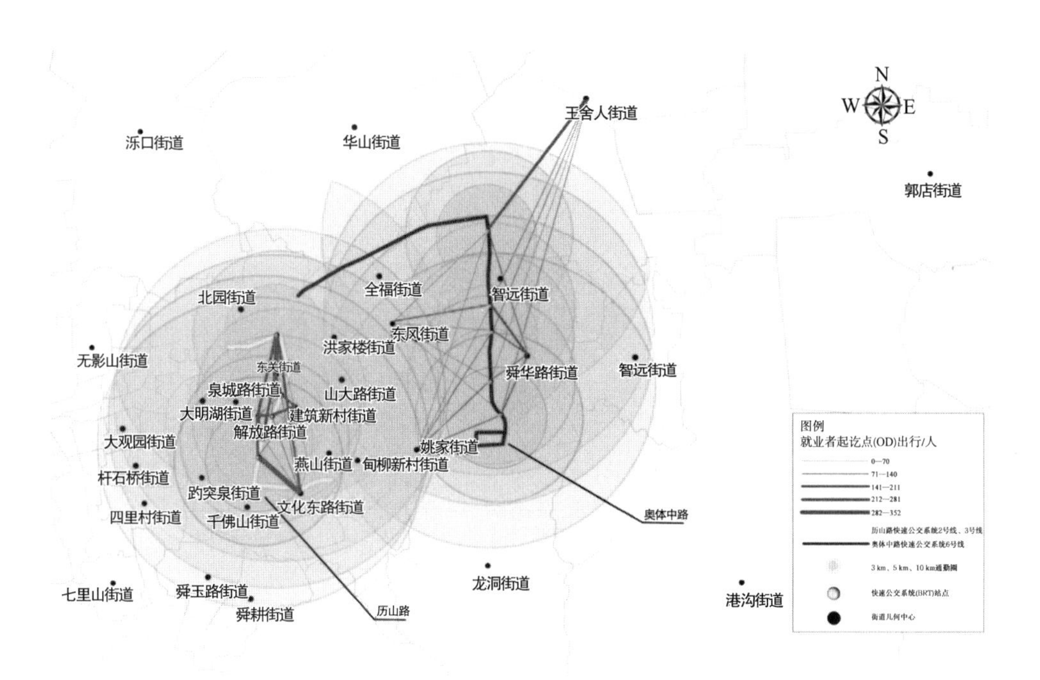

图 5-7　快速公交系统（BRT）沿线区域就业者职住空间分布示意图

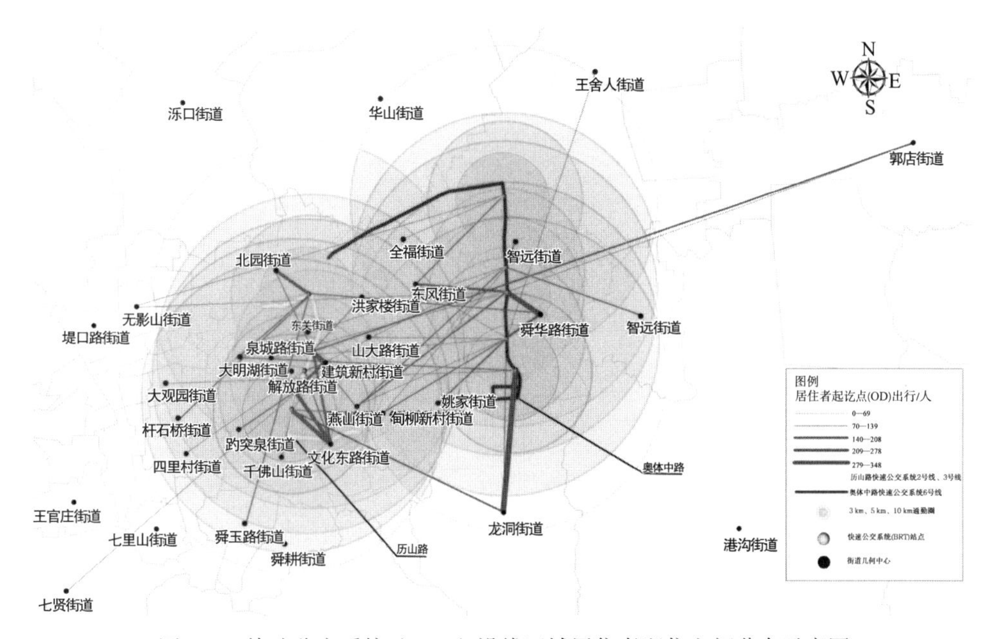

图 5-8　快速公交系统（BRT）沿线区域居住者职住空间分布示意图

调查者远至七贤街道、郭店街道等；而居住者的出行范围基本上都在 10 km 以内，出行空间相对集中。

（3）两种区位比较：旧区职住协同性优于新区

在距离协同（通勤距离≤ 5 km）范围内，旧区被调查者的样本量为 226 人，新区样本量为 107 人，两者各占样本总量的 86.92%、49.77%。与新区相比，旧区被调查者所占比重多了 37.15 个百分点，即旧区的职住协同性优于新区，详见表 5-7。

表 5-7　旧区与新区距离协同测度统计表

通勤距离 /km	旧区（历山路）		新区（奥体中路）	
	样本数量 / 人	占比 /%	样本数量 / 人	占比 /%
0.00—1.00	92	35.38	55	25.58
1.01—3.00	80	30.77	29	13.48
3.01—5.00	54	20.77	23	10.70
5.01—10.00	15	5.77	54	25.12
＞ 10.00	19	7.31	54	25.12
合计	260	100.00	215	100.00

以被调查者的出发站点为起点，所到达的目的地为终点，利用绘图软件绘制起讫点（OD）出行图，如图 5-9、图 5-10 所示。通过观察旧区与新区被调查者的起讫点（OD）出行空间特征，初步得出以下结论：

旧区被调查者的出行空间向两侧均匀分散，而新区被调查者向旧区扩散。旧区中就业岗位、公共服务设施等分布较为均衡，没有明显的向心集聚性，被调查者的出行特征是以历山路为中心向两侧扩散，且出行多在 10 km 以内，部分被调查者最远出行空间东到郭店街道，西至七贤街道。新区被调查者主要向旧区扩散，与旧区相比，新区的就业岗位相对匮乏，各项公共服务设施配套也不够完善，该区域范围内的被调查者多选择到旧区就业，或进行娱乐休闲、文化教育等活动。另外，与旧区相比，新区被调查者的出行空间更为分散，除主要在 10 km 通勤范围内活动以

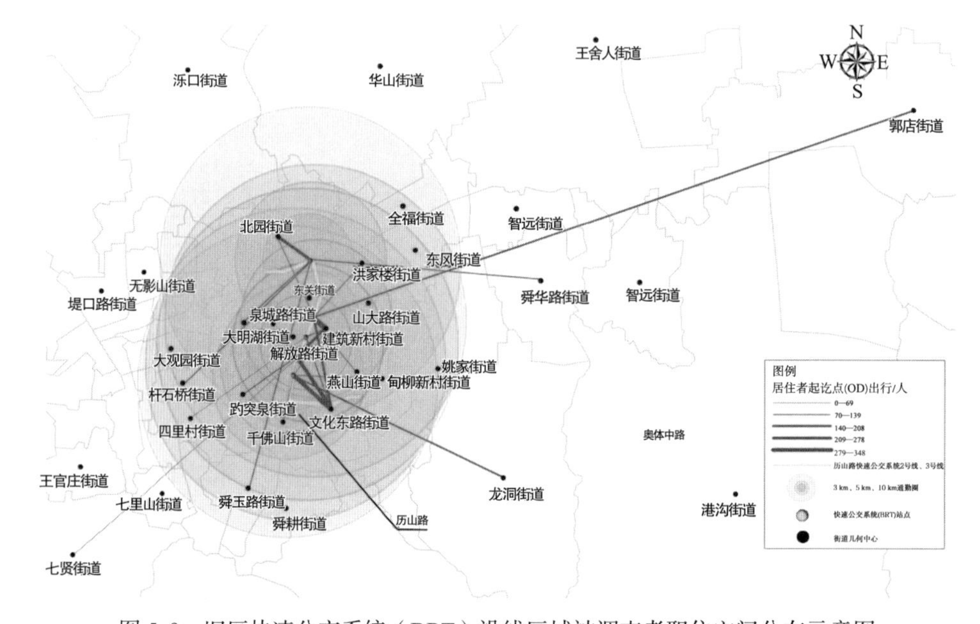

图 5-9　旧区快速公交系统（BRT）沿线区域被调查者职住空间分布示意图

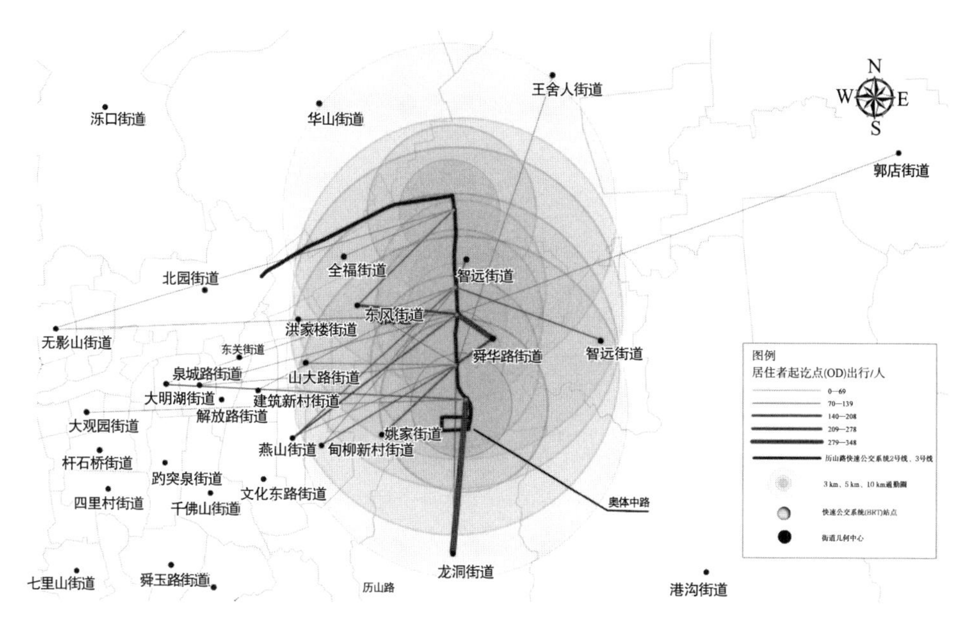

图 5-10　新区快速公交系统（BRT）沿线区域被调查者职住空间分布示意图

外，还远至无影山街道、大观园街道、泉城路街道、大明湖街道、郭店街道等。

2）行政协同测度分析

从整体样本、居住者与就业者、旧区与新区三个层面比较分析研究区域的行政协同测度。本节基于以下分析，判断快速公交系统（BRT）沿线区域的职住协同性与济南市平均水平、居住者和就业者、旧区和新区职住协同性的差异。

（1）整体样本比较：快速公交系统（BRT）沿线区域被调查者实现行政协同的占比略高于济南市平均水平

根据行政协同划分标准，视居住和就业在同一街道的被调查者为实现行政协同。由表 5-8 可知，居住在就业地街道或就业在居住地街道的样本量为 175 人，占总样本的 25.00%，这表明 25.00% 的被调查者实现了行政协同。而济南市该占比约为 20%，其数值略低于快速公交系统（BRT）沿线区域（25%）。

表 5-8　整体行政协同测度统计表

居住地（就业地）	样本数量 / 人	占比 /%
居住在就业地街道（就业在居住地街道）	175	25.00
居住（就业）在本区其他街道	344	49.14
居住（就业）在本市其他街道	179	25.57
居住（就业）在本省其他街道	2	0.29
合计	700	100.00

（2）两类群体比较：居住者的职住协同性优于就业者

由表 5-9 可知，实现行政协同的居住者与就业者其样本量分别为 92 人、84 人，各占总样本的 26.36%、23.86%。也就是说，在行政协同范围内，居住者比就业者的占比高 2.5 个百分点，即居住者的职住协同性优于就业者。

表 5-9　居住者与就业者行政协同测度统计表

居住地（就业地）	居住者		就业者	
	样本数量 / 人	占比 /%	样本数量 / 人	占比 /%
居住在就业地街道（就业在居住地街道）	92	26.36	84	23.86
居住（就业）在本区其他街道	145	41.55	195	55.40
居住（就业）在本市其他街道	110	31.52	73	20.74
居住（就业）在本省其他街道	2	0.57	0	0.00
合计	349	100.00	352	100.00

（3）两种区位比较：新区的职住协同性优于旧区

由表 5-10 可知，旧区的总样本量为 259 人，其中有 60 人实现行政协同；新区的总样本量为 214 人，其中有 58 人实现行政协同。在行政协同范围内，旧区与新区的被调查者各占总样本的 23.17%、27.11%，即旧区的被调查者占比略比新区低 3.94 个百分点，也就是说新区的职住协同性优于旧区。究其原因，是由于新区的行政街道面积大于旧区的行政街道面积。

表 5-10　旧区与新区行政协同测度统计表

居住地（就业地）	旧区（历山路）		新区（奥体中路）	
	样本数量 / 人	占比 /%	样本数量 / 人	占比 /%
居住在就业地街道（就业在居住地街道）	60	23.17	58	27.11
居住（就业）在本区其他街道	141	54.44	133	62.15
居住（就业）在本市其他街道	56	21.62	21	9.81
居住（就业）在本省其他街道	2	0.77	2	0.93
合计	259	100.00	214	100.00

3）时间协同测度分析

本节从整体样本、居住者与就业者、旧区与新区三个层面比较分析研究区域的时间协同测度。本节基于以下分析，判断快速公交系统（BRT）沿线区域的职住协同性与济南市平均水平、居住者和就业者、旧区和新区职住协同性的差异。

（1）整体样本比较：快速公交系统（BRT）沿线区域被调查者实现时间协同的占比高于济南市平均水平

由表 5-11 可知，快速公交系统（BRT）沿线区域被调查者的总体样本为 700 人，其中实现时间协同（通勤时间 ≤ 30 min）的被调查者样本为 493 人，占总样本的 70.43%；而济南市实现时间协同的居民占比为 51.40%，比快速公交系统（BRT）沿线被调查者低 19.03 个百分点。

表 5-11　整体时间协同测度统计表

通勤时间 /min	样本数量 / 人	占比 /%
0—10	141	20.14
11—20	178	25.43
21—30	174	24.86
31—40	107	15.29
41—50	53	7.57
＞ 50	47	6.71
合计	700	100.00

（2）两类群体比较：居住者的职住协同性优于就业者

实现时间协同（通勤时间≤30 min）的居住者、就业者的样本量分别为 255 人、239 人，各占总样本的 73.49%、68.09%，即在时间协同范围内，与就业者相比，居住者的占比高出 5.4 个百分点，详见表 5-12。

表 5-12　居住者与就业者时间协同测度统计表

通勤时间 /min	居住者		就业者	
	样本数量 / 人	占比 /%	样本数量 / 人	占比 /%
0—10	81	23.34	61	17.38
11—20	96	27.67	83	23.65
21—30	78	22.48	95	27.06
31—40	42	12.10	63	17.95
41—50	22	6.34	30	8.55
＞ 50	28	8.07	19	5.41
合计	347	100.00	351	100.00

（3）两种区位比较：旧区职住协同性优于新区

由表 5-13 可知，在实现时间协同（通勤时间≤30 min）的被调查者中，旧区样本量为 196 人，总样本为 260 人，新区为 145 人，总样本为 216 人，其占比分别为 75.38%、67.13%，即旧区实现时间协同的被调查者占比高于新区，两者相差 8.25 个百分点。

表 5-13　旧区与新区时间协同测度统计表

通勤时间 /min	旧区（历山路）		新区（奥体中路）	
	样本数量 / 人	占比 /%	样本数量 / 人	占比 /%
0—10	64	24.62	38	17.59
11—20	58	22.31	48	22.22
21—30	74	28.46	59	27.31
31—40	30	11.54	39	18.06

续表 5-13

通勤时间 /min	旧区（历山路）		新区（奥体中路）	
	样本数量 / 人	占比 /%	样本数量 / 人	占比 /%
41—50	18	6.92	16	7.41
＞ 50	16	6.15	16	7.41
合计	260	100.00	216	100.00

4）不同通勤方式的职住协同分析

本节主要分析职住协同测度（距离协同测度、行政协同测度以及时间协同测度）与被调查者选择交通方式［步行、自行车、电动车、普通公交、快速公交系统（BRT）、单位班车及私家车］的关系。

在实现距离协同的被调查者中，选择自行车出行的占比最高（26.38%），其次是步行（23.33%）、单位班车（17.66%）、私家车（13.29%）等；在实现行政协同的被调查者中，使用通勤方式排在前三名的为步行、私家车以及自行车，其占比分别为28.81%、21.47%、19.21%；在实现时间协同范围内，选择步行（24.00%）、自行车（23.76%）、电动车（15.76%）等通勤方式的被调查者占比较高。

通过对表 5-14 中的数据分析可知，在职住协同区域范围内，使用步行、自行车出行的被调查者占比都较高，而使用普通公交、快速公交系统（BRT）等其他交通方式出行的被调查者占比都较低。另外，在距离协同、行政协同以及时间协同范围内，使用快速公交系统（BRT）出行的被调查者占比分别为 4.99%、2.82%、4.00%。这表明被调查者采用非机动车出行的占比越高，其职住协同性越好。此外，与普通公交相比，被调查者对快速公交系统（BRT）的使用率并不高。

表 5-14　职住协同测度与通勤方式关系列表

通勤方式	距离协同测度 /%	行政协同测度 /%	时间协同测度 /%
步行	23.33	28.81	24.00
自行车	26.38	19.21	23.76
电动车	8.48	9.61	15.76
普通公交	5.87	7.34	7.76
快速公交系统（BRT）	4.99	2.82	4.00
单位班车	17.66	10.74	10.59
私家车	13.29	21.47	14.13
合计	100.00	100.00	100.00

5）快速公交系统（BRT）使用群体特征分析

一方面，识别快速公交系统（BRT）使用者与职住协同测度的关系，即通过分别计算快速公交系统（BRT）使用者在行政协同、时间协同以及距离协同中的占比情况，了解快速公交系统（BRT）使用者的职住协同情况。另一方面，从被调查者的年龄结构、学历、月收入、工作时间以及住房类型五个方面分析快速公交系统

（BRT）使用群体特征。

（1）快速公交系统（BRT）使用者的职住协同性普遍较差

在快速公交系统（BRT）使用者占比与职住协同测度的关系方面，在行政协同、距离协同以及时间协同范围内，被调查者（包括居住者与就业者）使用快速公交系统（BRT）的占比分别为 14.70%、51.72%、58.62%（图 5-11），这反映出实现距离协同、时间协同的被调查者使用快速公交系统（BRT）的占比高于实现行政协同的被调查者占比，但快速公交系统（BRT）使用者的职住协同性普遍较差。

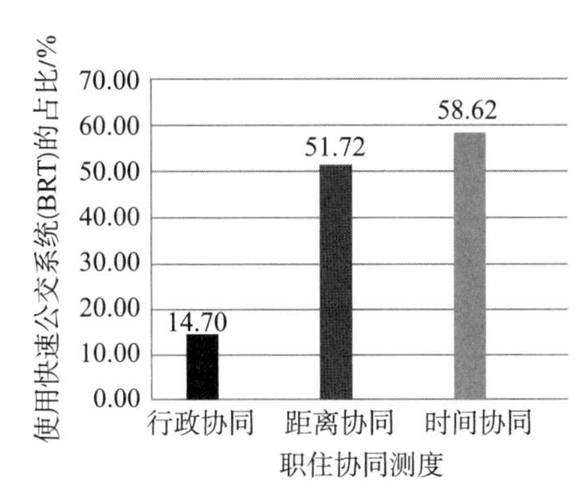

图 5-11　职住协同测度与快速公交系统（BRT）使用者占比关系统计图

（2）快速公交系统（BRT）使用群体以中等收入的中青年群体为主

从被调查者的年龄结构、学历、月收入、工作年限以及住房类型五个方面分析快速公交系统（BRT）使用群体特征。

由图 5-12 可知，男性使用快速公交系统（BRT）的占比高于女性，其数值分别为 54.67%、45.33%。就快速公交系统（BRT）使用者的年龄结构特征而言，以中青年人群为主。其中，“23—30 岁”的人群居多，其次是年龄在“31—40 岁”的人群，其占比分别为 40.28%、36.11%；年龄不足 23 岁且使用快速公交系统（BRT）的人群占比最低，仅为 2.78%。

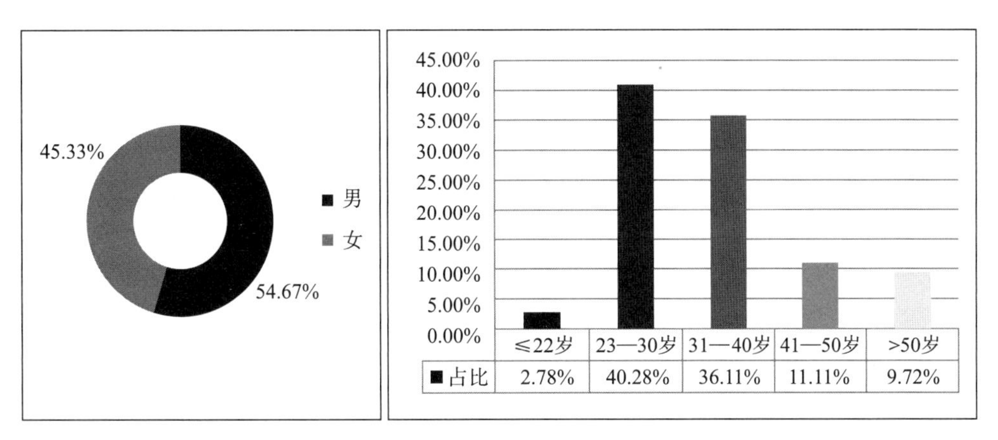

图 5-12　快速公交系统（BRT）使用者性别、年龄特征统计图

高学历人群使用快速公交系统（BRT）出行的占比较高。学历在大专及以上且使用快速公交系统（BRT）出行的人群占比为61.11%，其中，学历为“大学本科”“大专 / 高职”“研究生”的人群占比分别为26.39%、25.00%、9.72%；而学历为“初中及以下”且使用快速公交系统（BRT）的人群占比仅为11.11%，详见图5-13。

快速公交系统（BRT）使用者的工作年限一般较长，且买房者的占比较大。在快速公交系统（BRT）的使用者中，工作年限在3年以上的人群占比为53.53%，其中工作年限为“＞5年”“4—5年”且使用快速公交系统（BRT）的人群占比分别为30.99%、22.54%，而工作不足1年的快速公交系统（BRT）使用者的占比仅为8.45%。就快速公交系统（BRT）使用者的住房类型而言，买房者占比最高（41.54%），其次是租房者（36.92%）以及住在单位宿舍的人群（21.54%），详见图5-14。

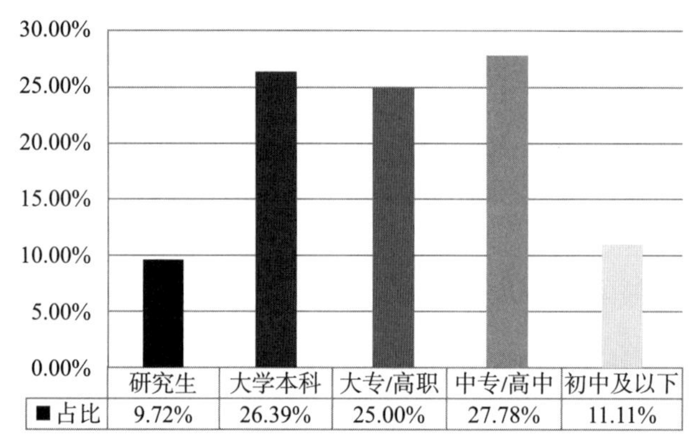

图5-13　快速公交系统（BRT）使用者学历特征统计图

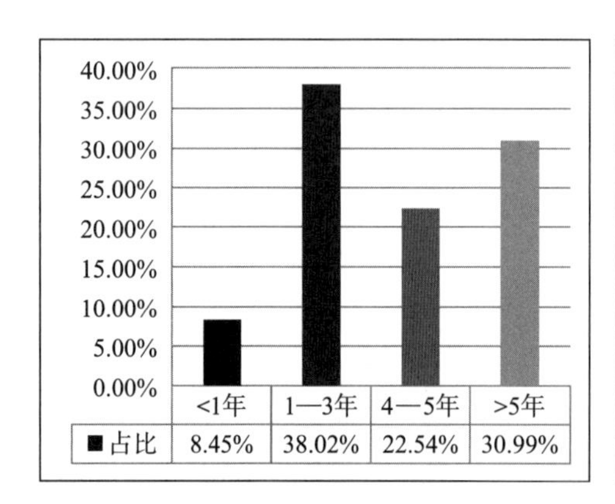

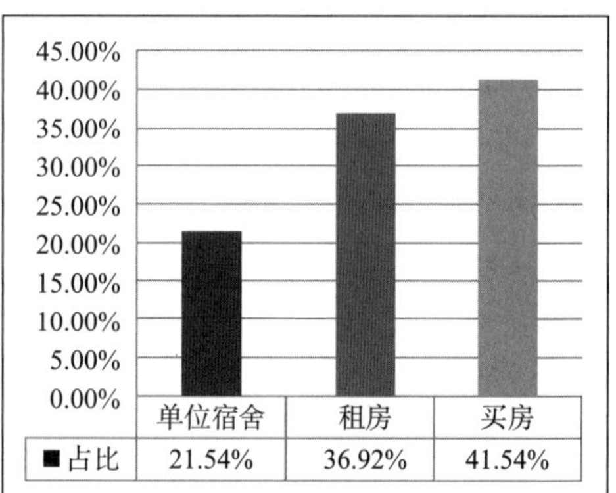

图5-14　快速公交系统（BRT）使用者工作年限及住房类型特征统计图

月收入为中等水平的快速公交系统（BRT）使用者占比较高。由图5-15可知，在快速公交系统（BRT）使用者的月收入方面，以“1 001—3 000元”“3 001—5 000元”居多，其占比都为39.73%；其次是月收入为“5 001—10 000元”的人群（16.43%），月收入为1 000元及以上或高于10 000元的快速公交系统（BRT）使用者占比分别为2.74%、1.37%。

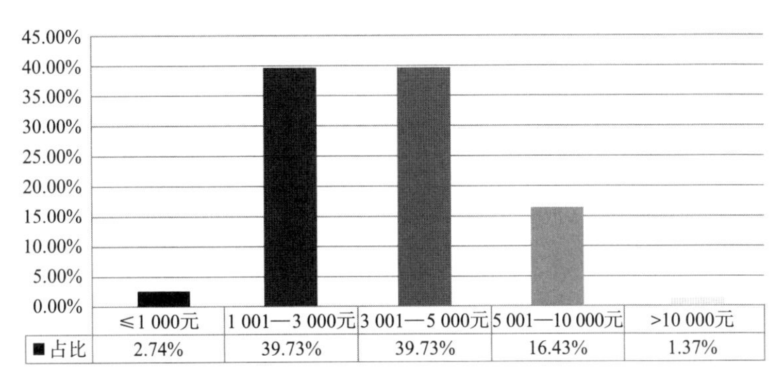

	≤1 000元	1 001—3 000元	3 001—5 000元	5 001—10 000元	>10 000元
■占比	2.74%	39.73%	39.73%	16.43%	1.37%

图 5-15　快速公交系统（BRT）使用者月收入特征统计图

5.3　济南快速公交系统沿线区域职住协同的影响因素分析

本章将主要分析快速公交系统（BRT）沿线区域职住协同的环境属性因素，通过对问卷中快速公交系统（BRT）使用者占比、沿线区域被调查者对快速公交系统（BRT）的满意度以及被调查者对快速公交系统（BRT）不满意的原因进行分析后发现，快速公交系统（BRT）使用者的占比偏低，33.4% 的被调查者对快速公交系统（BRT）感到不满意。不满意的原因主要体现在快速公交系统（BRT）线路少、等车时间长、与其他公交线路换乘不方便以及站点周边环境差等方面，这表明站点周边环境是影响被调查者对快速公交系统（BRT）选择和使用的重要因素之一。因此，本章从快速公交系统（BRT）运行指标、设施配套指标以及人群环境指标三个层面构建快速公交系统（BRT）站点区域综合环境可达性评价指标体系，依据评价结果判断快速公交系统（BRT）站点区域综合环境可达性与职住协同的关系。

5.3.1　站点区域综合环境可达性内涵

综合环境可达性不仅是指站点的可达性，其实质是以快速公交系统（BRT）站点为圆心、300 m 为半径的圆形区域，所覆盖的空间范围内的综合环境可达性评价（赵虎等，2016）。本章所研究的综合环境可达性包括快速公交系统（BRT）运行环境、相关服务设施配套环境以及站点区域人群环境三个方面。

快速公交系统（BRT）运行环境是指快速公交系统（BRT）自身运营以及与常规公交关联等相关因素，如早高峰客流量、站点区域可换乘的公交线路数量［包括快速公交系统（BRT）和普通公交］、站点无换乘时可达最远距离等。

相关服务设施配套环境是指快速公交系统（BRT）站点区域范围内的交通服务设施配套情况，如距站点最近的人行道到站点的距离、距站点最近的绿灯时长与红灯时长之比、停车服务设施规模及数量等。

站点区域人群环境是指快速公交系统（BRT）站点区域范围内的人群特征以及公共服务设施配套情况，如快速公交系统（BRT）站点所属街道的人口密度、站点区域公共服务设施用地面积占该区域面积的比重等。

5.3.2 站点区域综合环境可达性评价分析方法

首先，选取指标并构建站点区域综合环境可达性评价指标体系；其次，利用德尔菲法确定指标权重；最后，利用各项指标的权重值与规格化值，计算出各站点区域综合环境得分。

1）选取指标，构建快速公交系统（BRT）站点区域综合环境可达性评价指标体系

为使评价指标的选取更具科学性、客观性、综合性等，本节从快速公交系统（BRT）运行指标（X）、设施配套指标（Y）、人群环境指标（Z）三个方面建立快速公交系统（BRT）站点综合环境可达性评价体系。其中，快速公交系统（BRT）运行指标（X）包括早高峰客流量（X_1）、站点可换乘公交线数量（X_2）、站点无换乘可达最远距离（X_3）；设施配套指标（Y）包括人行道到快速公交系统（BRT）站点的距离（Y_1）、绿灯时长 / 红灯时长 × 绿灯时长（Y_2）、停车服务设施规模及数量（Y_3）；人群环境指标（Z）包括站点所属街道的人口密度（Z_1）、公共服务设施用地面积占比（Z_2）（表 5-15）。

表 5-15 快速公交系统（BRT）站点区域综合环境可达性评价指标统计表

一级指标	二级指标	指标释义	备注
快速公交系统（BRT）运行指标（X）	早高峰客流量 / 人（X_1）	上班高峰期（7：30—8：30）各站点上下车的乘客总量	早高峰时的客流量越大，该值越大
	站点可换乘公交线数量 / 条（X_2）	出行者在每个快速公交系统（BRT）站点的研究区域范围内可换乘的公交线数量［既包括快速公交系统（BRT），也包括普通公交］	快速公交系统（BRT）站点区域可换乘的公交线数量越多，该值越大
	站点无换乘可达最远距离 / km（X_2）	在无换乘的情况下，出行者由出发站点到线路终点的距离	自出发点起，出行者可达距离越远，该值越大
设施配套指标（Y）	人行道到快速公交系统（BRT）站点的距离 / m（Y_1）	出行者从距站点最近人行道的起点步行至快速公交系统（BRT）站点的距离	人行道到站点的距离越短，该值越大
	绿灯时长 / 红灯时长 × 绿灯时长 /s（Y_2）	距站点最近的信号灯的绿灯时长 / 红灯时长 × 绿灯时长	系数越大，该值越大
	停车服务设施规模及数量 /（等级，个）（Y_3）	站点周边 300 m 范围内的停车场（小汽车、自行车等）规模及数量	快速公交系统（BRT）站点周边停车服务设施越多，该值越大
人群环境指标（Z）	站点所属街道的人口密度 /（人 · km^{-2}）（Z_1）	各个站点所属街道的人口数量与其面积之比	快速公交系统（BRT）站点所属街道人口密度越大，该值越大
	公共服务设施用地面积占比 /%（Z_2）	站点周边 300 m 范围内公共服务设施用地面积与该范围用地面积之比	快速公交系统（BRT）站点周边公共服务设施用地面积所占比重越大，该值越大

2）确定指标权重

确定权重的方法很多，如德尔菲法、层次分析法、因素成对比较法、主成分分

析法以及熵值法等，本章采用因素成对比较法与德尔菲法相结合的方法确定各项指标权重，具体步骤如下：

（1）选定各项评价指标。

（2）将各项指标进行两两比较，其结果有三种：一是指标 a 比 b 重要，则将 a 赋值为 1，b 赋值为 0；二是指标 a 与 b 同样重要，此时将 a 与 b 各赋值为 0.5；三是指标 a 不如 b 重要，则将 a 赋值为 0，b 赋值为 1。

（3）将比较结果构成矩阵，计算各项指标权重，其公式如下：

$$W_i = \sum_{i=1}^{n+1} V_{i,j} \Bigg/ \sum_{j=1}^{n+1}\sum_{j\neq 1}^{n+1} V_{i,j}\ (i=1,\ 2,\ \cdots,\ n+1),\ (j=1,\ 2,\ \cdots,\ n+1) \qquad (5\text{-}2)$$

其中，W_i 为第 i 项指标的权重值；$V_{i,j}$ 为专家对指标 i 和指标 j 之间的比较打分；n 为指标的个数。

经过一系列计算，得出各项指标权重值，详见表 5-16。

表 5-16　济南市快速公交系统（BRT）站点各项评价指标权重值统计表

一级指标	权重	二级指标	权重
快速公交系统（BRT）运行指标（X）	0.38	早高峰客流量（X_1）	0.18
		站点可换乘公交线数量（X_2）	0.11
		站点无换乘可达最远距离（X_3）	0.09
设施配套指标（Y）	0.22	人行道到快速公交系统（BRT）站点的距离（Y_1）	0.04
		绿灯时长 / 红灯时长 × 绿灯时长（Y_2）	0.16
		停车服务设施规模及数量（Y_3）	0.02
人群环境指标（Z）	0.40	站点所属街道的人口密度（Z_1）	0.23
		公共服务设施用地面积占比（Z_2）	0.17
合计	1.00	—	1.00

3）计算综合量值

综合量值是各个站点综合环境的综合得分，该值得分越高，表明站点综合环境可达性越高，反之亦然。综合量值计算步骤如下：

首先，依据实地调研数据、统计数据对各项指标进行赋值。

其次，对各项指标进行规格化处理，以站点可换乘的公交线数量为例，具体步骤如下：

$$X_{1a} = X_{1i}\sqrt{X_1} \qquad (5\text{-}3)$$

$$\overline{X_1} = (X_{11}+X_{12}+X_{13}+\cdots+X_{1n})/n,\ n=15 \qquad (5\text{-}4)$$

其中，X_{1a} 代表站点 a 可换乘的公交线数量指标规格化值；X_{1i} 代表第 i 个站点可换乘的公交线数量指标数值；$\overline{X_1}$ 代表各站点可换乘的公交线数量指标数值的平均值；n 代表调研站点数量，单位为个。若 $\overline{X_1}$ 值大于 1，则表明研究站点的此项指标高于平均水平；反之，则表明低于平均水平。依据此方法，对其余各项指标进行规格化处理。

最后，将各项指标规格化后的数值与权重相乘，计算出各站点各项指标的综合量值，公式如下：

$$S_a = \sum_{i=1,\ l=1}^{n} C_i \times I_r,\ \ n=15 \tag{5-5}$$

其中，S_a 为站点 a 的综合量值；C_i 为第 i 项二级指标的规格化值；I_r 为第 r 项二级指标的权重值；n 为指标个数。

5.3.3　站点区域综合环境可达性评价结果分析

依据上述研究方法，以选定的 15 个快速公交系统（BRT）站点为例，构建济南市快速公交系统（BRT）站点区域综合环境可达性评价指标体系，进而分析不同站点、不同区域之间综合环境可达性与职住协同的关系。

1）快速公交系统（BRT）站点选取

以历山路、二环东路以及奥体中路作为研究线路，依据空间区位、客流量、站点等级规模以及周边业态等因素的差异性，在每条线路上各选取 5 个，共计 15 个站点作为研究对象，各站点的基本特征、区位以及空间分布详见表 5-17 和图 5-16、图 5-17。

研究数据来源，一是实地勘察所得，如 X_1、X_2、Y_1、Y_2、Y_3；二是结合高德地图与计算机辅助设计（Computer Aided Design，CAD）绘制并计算而成，如 X_3、Z_2；三是根据普查（经济普查、人口普查）数据所得，如 Z_1。

表 5-17　调研站点概况统计表

所选站点	所属快速公交系统（BRT）线路	基本特征	站点区位
历山路	1 号线、2 号线	线路近首末端	历山路与北园大街交汇处
东仓	2 号线、3 号线	线路中段	历山路与山大南路交汇处附近
解放桥	2 号线、3 号线	线路中段	历山路与解放路交汇处附近
山东新闻大厦	2 号线、3 号线	线路中段	历山路与和平路交汇处附近
文化东路西口	2 号线、3 号线	线路近首末端	历山路与经十路交汇处附近
鑫达小区	4 号线	线路中段	二环东路与七里堡路交汇处附近
省图书馆	4 号线、5 号线	线路中段	二环东路与华龙路交汇处附近
甸柳庄	4 号线、5 号线	线路中段	二环东路与解放路交汇处
和平路东口	4 号线、5 号线	线路中段	二环东路与和平路交汇处
燕山立交桥	4 号线、5 号线	线路首末端	二环东路与经十路交汇处
张马屯西	6 号线	线路近首末端	工业北路与奥体中路交汇处附近
花园东路	6 号线	线路中段	奥体中路与花园路交汇处
康虹路	6 号线	线路中段	奥体中路与康虹路交汇处

续表 5-17

所选站点	所属快速公交系统（BRT）线路	基本特征	站点区位
贤文庄	6 号线	线路中段	奥体中路与工业南路交汇处
燕山新居	6 号线	线路近首末端	奥体中路中段

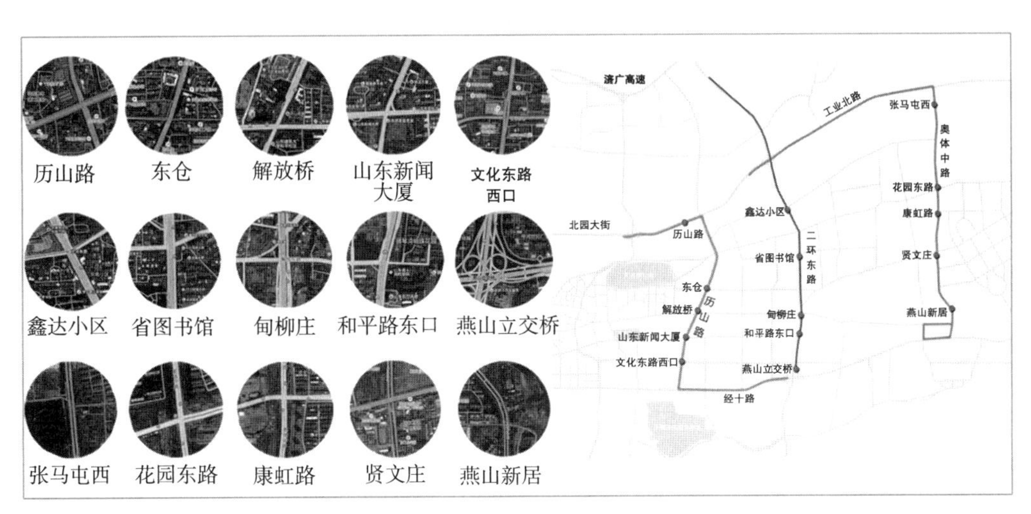

图 5-16　研究站点空间分布图

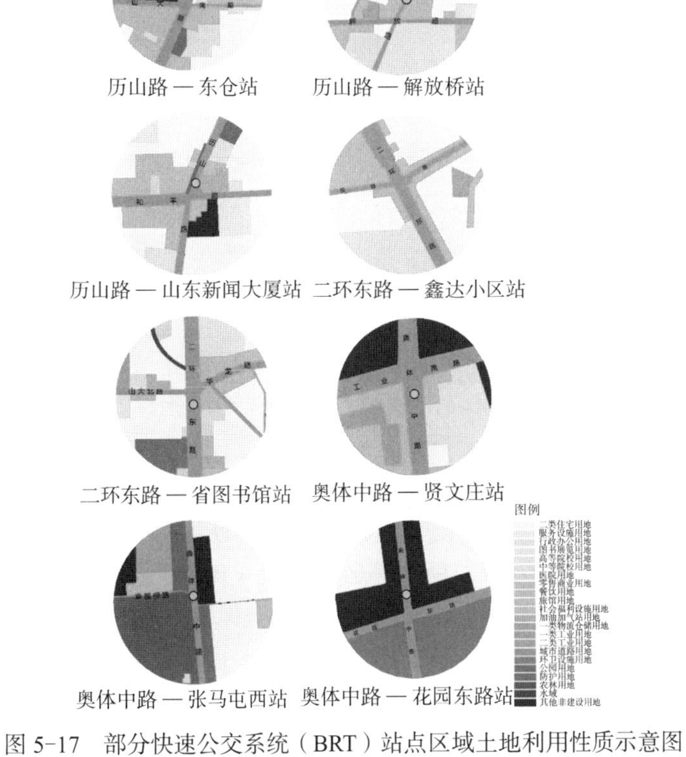

图 5-17　部分快速公交系统（BRT）站点区域土地利用性质示意图

2）站点区域综合环境可达性评价结果与分析

综合以上研究数据与评价方法，计算出各快速公交系统（BRT）站点的综合量值。本节从站点层面、线路层面对各项综合环境可达性评价指标进行分析，并判断综合环境可达性与时间协同测度、距离协同测度以及行政协同测度的关系。

（1）数值比较：不同站点的综合环境可达性存在明显的差异

从表 5-18 中可以得知，综合环境可达性得分的最高值与最低值相差 1.050 6。甸柳庄站点的综合环境可达性得分最高，其数值为 1.598 6，其次是山东新闻大厦（1.226 4）、和平路东口（1.184 1）、省图书馆（1.141 8）、解放桥（1.139 1）等站点。相比之下，花园东路、康虹路、张马屯西等站点的综合环境可达性得分较低，分别为 0.548 0、0.670 1 以及 0.677 7。

表 5-18　各快速公交系统（BRT）站点区域综合环境可达性评价指标得分汇总列表

站点名称	快速公交系统（BRT）运行指标	设施配套指标	人群环境指标	综合环境指标
历山路	0.383 5	0.134 8	0.310 0	0.828 3
东仓	0.301 4	0.190 8	0.480 2	0.972 4
解放桥	0.341 5	0.135 7	0.661 8	1.139 1
山东新闻大厦	0.332 1	0.452 7	0.441 5	1.226 4
文化东路西口	0.272 9	0.246 6	0.522 7	1.042 3
鑫达小区	0.376 4	0.200 6	0.438 7	1.015 8
省图书馆	0.463 2	0.180 4	0.498 1	1.141 8
甸柳庄	0.460 8	0.261 3	0.876 5	1.598 6
和平路东口	0.337 3	0.154 3	0.692 4	1.184 1
燕山立交桥	0.447 1	0.193 2	0.476 5	1.116 9
张马屯西	0.264 6	0.376 9	0.036 1	0.677 7
花园东路	0.351 6	0.182 0	0.014 4	0.548 0
康虹路	0.428 8	0.174 8	0.066 5	0.670 1
贤文庄	0.452 7	0.209 8	0.342 0	1.004 6
燕山新居	0.485 5	0.205 5	0.142 1	0.833 2

通过分析各站点的快速公交系统（BRT）运行指标、设施配套指标、人群环境指标发现，历山路、二环东路沿线站点的人群环境指标几乎都高于快速公交系统（BRT）运行指标，设施配套指标几乎都是最低；而奥体中路则大体呈现出快速公交系统（BRT）运行指标高于设施配套指标，人群环境指标最低的现象。快速公交系统（BRT）运行指标、设施配套指标以及人群环境指标的最高值与最低值分别相差 0.220 9、0.317 9、0.862 1。就快速公交系统（BRT）运行指标而言，得分较高的站点分别为燕山新居（0.485 5）、甸柳庄（0.460 8）、省图书馆（0.463 2），而位于新区的张马屯西站得分最低，其数值为 0.264 6。山东新闻大厦、张马屯西等站点的设施配套指标得分较高，分别为 0.452 7、0.376 9，而历山路的设施配套指标得分最低。在人群环境指标方面，甸柳庄得分最高（0.876 5），而花园东路得分最低

（0.014 4），两者相差 0.862 1 个数值。历山路、二环东路、奥体中路沿线快速公交系统（BRT）站点区域的综合环境量值统计详见表 5-19 至表 5-21。

表 5-19　历山路沿线快速公交系统（BRT）站点区域综合环境量值统计表

一级	二级	历山路	东仓	解放桥	山东新闻大厦	文化东路西口
X	X_1	0.159 4	0.133 3	0.201 4	0.183 7	0.104 8
	X_2	0.123 2	0.092 4	0.077 0	0.081 6	0.092 4
	X_3	0.100 8	0.075 6	0.063 0	0.066 8	0.075 6
X	S_X	0.383 5	0.301 4	0.341 5	0.332 1	0.272 9
Y	Y_1	0.041 8	0.027 9	0.034 8	0.055 8	0.041 8
	Y_2	0.080 4	0.137 9	0.075 8	0.367 8	0.183 9
	Y_3	0.012 5	0.025 0	0.025 0	0.029 1	0.020 8
	S_Y	0.134 8	0.190 8	0.135 7	0.452 7	0.246 6
Z	Z_1	0.148 7	0.346 8	0.346 8	0.221 8	0.221 8
	Z_2	0.161 2	0.133 3	0.314 9	0.219 6	0.300 9
	S_Z	0.310 0	0.480 2	0.661 8	0.441 5	0.522 7

注：S_X、S_Y、S_Z 分别为各快速公交系统（BRT）站点一级指标 X、Y、Z 的综合量值。

表 5-20　二环东路沿线快速公交系统（BRT）站点区域综合环境量值统计表

一级	二级	鑫达小区	省图书馆	甸柳庄	和平路东口	燕山立交桥
X	X_1	0.256 0	0.306 4	0.261 9	0.124 4	0.206 2
	X_2	0.066 2	0.086 2	0.109 3	0.117 0	0.132 4
	X_3	0.054 2	0.070 5	0.0894	0.095 7	0.108 4
	S_X	0.376 4	0.463 2	0.460 8	0.337 3	0.447 1
Y	Y_1	0.041 8	0.048 8	0.069 7	0.055 8	0.000 0
	Y_2	0.137 9	0.114 9	0.154 0	0.073 5	0.172 4
	Y_3	0.020 8	0.016 6	0.037 5	0.025 0	0.020 8
	S_Y	0.200 6	0.180 4	0.261 3	0.154 3	0.193 2
Z	Z_1	0.240 6	0.294 9	0.476 5	0.476 5	0.476 5
	Z_2	0.198 1	0.203 1	0.400 0	0.215 8	0.000 0
	S_Z	0.438 7	0.498 1	0.876 5	0.692 4	0.476 5

注：S_X、S_Y、S_Z 分别为各快速公交系统（BRT）站点一级指标 X、Y、Z 的综合量值。

表 5-21　奥体中路沿线快速公交系统（BRT）站点区域综合环境量值统计表

一级	二级	张马屯西	花园东路	康虹路	贤文庄	燕山新居
X	X_1	0.096 5	0.119 1	0.179 5	0.175 4	0.191 4
	X_2	0.092 4	0.127 8	0.137 1	0.152 5	0.161 7
	X_3	0.075 6	0.104 6	0.112 1	0.124 7	0.132 3
	S_X	0.264 6	0.351 6	0.428 8	0.452 7	0.485 5
Y	Y_1	0.034 8	0.034 8	0.034 8	0.041 8	0.034 8
	Y_2	0.337 9	0.147 1	0.114 9	0.147 1	0.154 0

续表 5-21

一级	二级	张马屯西	花园东路	康虹路	贤文庄	燕山新居
Y	Y_3	0.004 1	0.000 0	0.025 0	0.020 8	0.016 6
	S_Y	0.376 9	0.182 0	0.174 8	0.209 8	0.205 5
Z	Z_1	0.032 1	0.014 4	0.066 5	0.066 5	0.018 9
	Z_2	0.003 9	0.000 0	0.000 0	0.275 5	0.123 1
	S_Z	0.036 1	0.014 4	0.066 5	0.342 0	0.142 1

注：S_X、S_Y、S_Z 分别为各快速公交系统（BRT）站点一级指标 X、Y、Z 的综合量值。

（2）区位比较：旧区的综合环境可达性优于新区

由表 5-22 可知，旧区的综合环境可达性得分（5.208 6）明显高于新区（3.733 8），前者比后者多出 1.474 8 个数值；在新区，除快速公交系统（BRT）运行指标略高于旧区以外，设施配套指标、人群环境指标都明显低于旧区。

在旧区的综合环境可达性中，人群环境指标得分最高，其次是快速公交系统（BRT）运行指标、设施配套指标，其数值分别为 2.416 3、1.631 5、1.160 8。新区的快速公交系统（BRT）运行指标最高（1.983 4），其次是设施配套指标（1.149 2），而人群环境指标最低，其数值为 0.601 2。这表明人群环境指标对旧区综合环境可达性的影响最大，而快速公交系统（BRT）运行指标对新区的影响较为显著。

另外，无论在旧区还是新区，对快速公交系统（BRT）运行指标、设施配套指标、人群环境指标影响较大的因素分别为早高峰客流量、绿灯时长 / 红灯时长 × 绿灯时长、站点所属街道人口密度。

表 5-22　不同快速公交系统（BRT）线路站点区域综合环境可达性评价指标得分汇总列表

一级指标	二级指标	历山路（旧区）	二环东路（参照线）	奥体中路（新区）
快速公交系统（BRT）运行指标	早高峰客流量 / 人	0.782 8	1.155 0	0.762 2
	站点可换乘公交线数量 / 条	0.466 8	0.511 5	0.671 7
	站点无换乘可达最远距离 / km	0.381 9	0.418 5	0.549 5
	小计	1.631 5	2.085 0	1.983 4
设施配套指标	人行道到快速公交系统（BRT）站点的距离 / m	0.202 4	0.216 3	0.181 5
	绿灯时长 / 红灯时长 × 绿灯时长 /s	0.845 9	0.652 8	0.901 1
	停车服务设施规模及数量 /（等级，个）	0.112 5	0.120 8	0.066 6
	小计	1.160 8	0.989 9	1.149 2
人群环境指标	站点所属街道的人口密度 /（人 · km^{-2}）	1.286 1	1.965 3	0.198 5
	公共服务设施用地面积占比 /%	1.130 2	1.017 1	0.402 7
	小计	2.416 3	2.982 4	0.601 2
	合计	5.208 6	6.057 3	3.733 8

注：二环东路位于历山路与奥体中路中间位置，因此将其视为区分旧区与新区的参照线。

5.3.4 站点区域综合环境可达性与职住协同关系

本节主要探讨快速公交系统（BRT）站点综合环境可达性与职住协同的关系，其中职住协同包括时间协同测度、距离协同测度以及行政协同测度，目的在于研判综合环境可达性与哪一类协同测度的相关性较大，为后续优化建议的提出提供依据。

1）快速公交系统（BRT）站点区域综合环境可达性与时间协同测度存在明显相关性

由表 5-23 可知，在综合环境可达性与时间协同测度关系方面，综合环境可达性得分较低的快速公交系统（BRT）站点，其时间协同测度也比较低，如花园东路的综合环境得分与时间协同测度都比较低，其数值分别为 0.548 0、17.31%。综合环境可达性得分较高的站点，其时间协同测度不一定高，如甸柳庄的综合环境可达性得分为 1.598 6，而时间协同测度为 66.67%；而鑫达小区的时间协同测度较高（86.49%），但其综合环境可达性得分不高（1.015 8）。

表 5-23　站点区域综合环境可达性与时间协同测度关系列表

站点名称	综合环境指标	时间协同测度 /%
甸柳庄	1.598 6	66.67
山东新闻大厦	1.226 4	76.19
和平路东口	1.184 1	65.12
省图书馆	1.141 8	68.18
解放桥	1.139 1	68.63
燕山立交桥	1.116 9	69.05
文化东路西口	1.042 3	81.40
鑫达小区	1.015 8	86.49
贤文庄	1.004 6	74.19
东仓	0.972 4	75.47
燕山新居	0.833 2	57.69
历山路	0.828 3	35.56
张马屯西	0.677 7	26.09
康虹路	0.670 1	48.65
花园东路	0.548 0	17.31

2）快速公交系统（BRT）站点区域综合环境可达性与其距离、行政协同测度相关性不明显

快速公交系统（BRT）站点综合环境可达性与距离协同测度的关系可分为两类：一是两项指标呈正相关，即综合环境可达性得分高的站点，其距离协同测度也比较高，如甸柳庄，其综合环境可达性得分与距离协同测度分别为 1.598 6、90.91%；二是两项指标呈负相关，即综合环境可达性得分较高的站点其距离协同测度不一定高，如燕山立交桥，其综合环境可达性得分为 1.116 9，但其距离协同测度为 58.33%。因

此，站点区域综合环境可达性与距离协同测度的相关性不明显，详见表 5-24。

就综合环境可达性与行政协同测度的关系而言，可以将研究站点分为两类：一是两者呈正相关，即综合环境可达性较好的站点区域其行政协同测度也比较高，如甸柳庄（综合环境可达性得分为 1.598 6、行政协同测度为 31.71%）；综合环境可达性得分较低的区域其行政协同测度也比较低，如花园东路（综合环境可达性得分为 0.548 0、行政协同测度为 17.31%）。二是两者呈负相关，如康虹路，其综合环境可达性得分较低，仅为 0.670 1，但行政协同测度较高（48.65%）；和平路东口则呈现出与康虹路相反的趋势，即综合环境可达性得分较高，但行政协同测度偏低。因此，站点区域综合环境可达性与行政协同测度的相关性不明显，详见表 5-24。

表 5-24　快速公交系统（BRT）站点区域综合环境可达性与距离、行政协同测度关系列表

站点名称	综合环境指标	距离协同测度 /%	行政协同测度 /%
甸柳庄	1.598 6	90.91	31.71
山东新闻大厦	1.226 4	94.74	18.75
和平路东口	1.184 1	60.00	15.91
省图书馆	1.141 8	72.73	29.41
解放桥	1.139 1	85.71	29.31
燕山立交桥	1.116 9	58.33	17.78
文化东路西口	1.042 3	76.47	34.69
鑫达小区	1.015 8	100.00	25.00
贤文庄	1.004 6	56.25	18.75
东仓	0.972 4	88.00	26.67
燕山新居	0.833 2	75.00	46.88
历山路	0.828 3	71.43	35.56
张马屯西	0.677 7	75.00	26.09
康虹路	0.670 1	76.00	48.65
花园东路	0.548 0	37.50	17.31

通过分析快速公交系统（BRT）站点综合环境可达性与时间协同测度、距离协同测度以及行政协同测度的关系后发现，快速公交系统（BRT）站点综合环境可达性与距离协同测度、行政协同测度的相关性不明显，只有时间协同测度可用来说明站点综合环境可达性与职住协同的关系，即综合环境可达性好的站点区域，其职住协同性不一定好，但综合环境可达性差的站点区域，其职住协同性也相对较差。

5.4　济南快速公交系统沿线区域职住规划干预策略

5.4.1　空间优化干预策略

公交走廊带动沿线区域发展，并能够有效缓解旧区发展压力。快速公交系统

（BRT）走廊是以快速公交系统（BRT）运行线路为中心，与两侧各垂直 750 m 的沿线区域，同时包括站点区域。公交走廊不仅包括快速公交系统走廊，而且包括轨道交通走廊、普通公交走廊等，充分利用线形走廊所具有的特征，带动沿线区域的发展，增强区域间的经济联系。公交走廊引导城市由旧区向外扩展，减少因旧区人口、就业密度过高而引发的社会、经济、环境问题，降低旧区人口、产业负荷，并且推动新区的发展，使其与旧区的联系更为紧密、协同更为频繁。此外，纵横交错的公交走廊能够疏解交通压力，提高城市交通系统的运行效率。

公交走廊对城市空间形态的引导体现在两个层面：一是整体引导。城市主城区沿公交走廊呈放射状向外扩展，将居住、就业中心串联起来，同时也方便居民通过便捷的交通网络快速到达目的地。城市空间区位不同，公交走廊引导空间形态也呈现出不同的特征，如旧区人口、产业密集，且站点之间距离较短，易形成连续性串联式空间形态；而新区人口、产业密度低，且站点之间距离较长，易形成非连续性串联式空间形态。二是站点引导。以快速公交系统（BRT）站点为中心，圈层式配置功能区，其用地开发强度由站点中心向外递减（图 5-18）。旧区与新区的公交走廊对站点的引导也呈现出不同的特征，就功能辐射范围而言，旧区站点一般比郊区大，因而公交走廊对城区站点的引导注重站点区域范围内的引导，而对新区站点的引导更加注重该站点区域与其外围区域的联系（赵虎等，2015）。

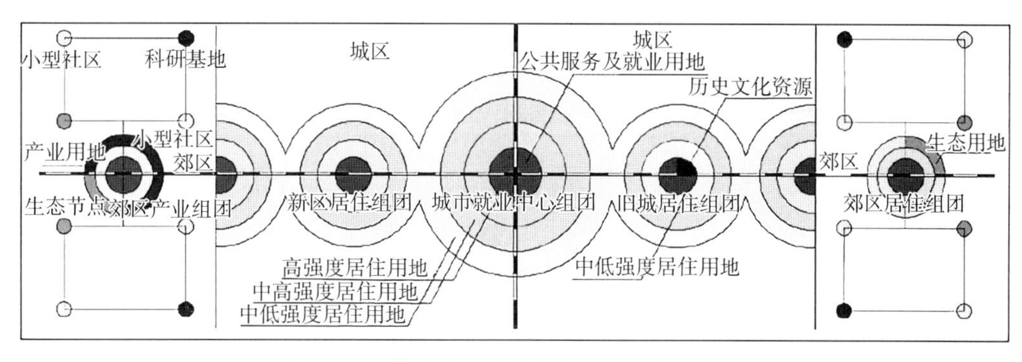

图 5-18　快速公交系统走廊空间形态示意图

5.4.2　居住引导干预策略

1）沿线居住强度与类型的选择

快速公交系统（BRT）沿线具有交通便利、土地价值高、人口密集等特点，鉴于不同区位及其自身条件的差异性，应考虑设置不同居住强度以及多样化的居住类型。在站点周边居住区选址时，应考虑其与站点的垂直距离以 300 m 的步行距离为最佳选择，若居住区与站点的距离过长，则不宜引导居民使用公共交通出行；与站点的距离过近，居民在选择居住区时因难以支付较高的房价而造成住房空置率过高，此外，居住区距站点过近还会带来交通拥堵、居住环境质量下降等问题。在居住类型设置方面，应考虑不同空间区位快速公交系统（BRT）站点周边居住类型的多样化，与新区相比，旧区人口密度高、地价高，为提高快速公交系统（BRT）沿线的土地开发利用强度，居住单元多以中高层为主；而新区人口密度低，且空间分布较为分散，土地价值也相对较低，可结合快速公交系统（BRT）沿线区位特征，围绕站点布局以中低层为主的居住单元。此外，还需根据沿线经济、社会特征，考虑居民对住房类型的不同需求，设置多样化的住房类型（图 5-19）。

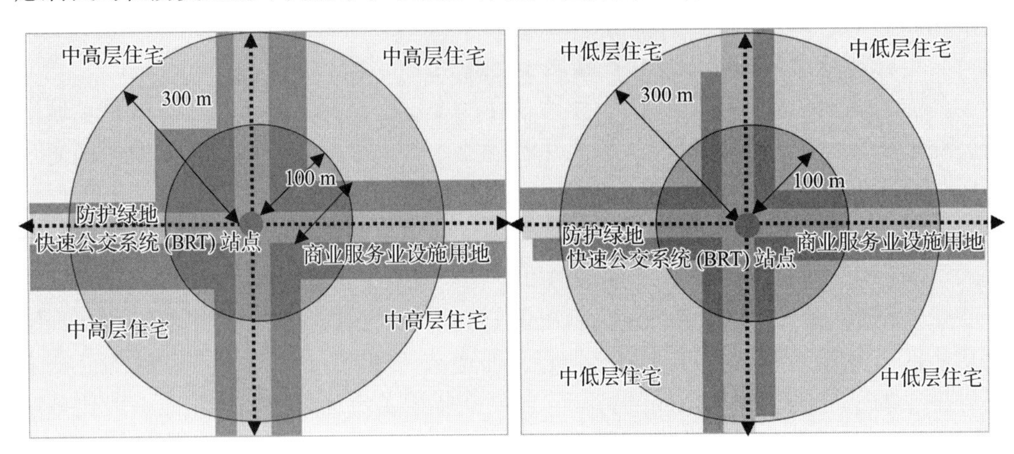

图 5-19　旧区与新区快速公交系统（BRT）沿线居住类型示意图

2）推动新区保障性住房的建设落实

保障性住房能够均衡社会不同等级人群的发展，是改善民生、实现社会和谐、稳定的重要举措，同时该政策的实施能够带动相关产业的发展。问卷调查数据显示，新区租房者的占比约为 33.7%，职业类型以商业服务业为主（35.1%），月收入在 3 000 元以下的居民占 37.9%。因此，应考虑在新区为租房者、低收入群体设置不同类型的保障性住房，为其基本生活提供保障。与旧区相比，新区的土地价值较低，可在快速公交系统（BRT）沿线区域布局以中低层为主的保障性住房。但保障性住房的落实过程需要政策的有效指引，应重点考虑其空间布局与区域建设占比（图 5-20）。

在空间布局选址方面，由于保障性住房主要是针对城市中低收入群体而建设的，因此在选址布局时应考虑将其与普通商品房混合布置，避免出现社会等级分化现象，促使居住不同社会等级人群的社区和谐发展。此外，保障性住房的选址还应考虑交通的便捷性以及相关服务配套设施的完善程度。

在配建比例及类型方面，在保障性住房建设前，应充分调研并合理预测，其建设比例应与当地人口数量相匹配；住房类型的确定还应考虑居民的不同需求（杜浩，2012）。

5.4.3 就业引导干预策略

1）快速公交系统（BRT）沿线形成“串联式”就业多中心

快速公交系统（BRT）作为线形公交走廊，引导城市空间结构呈带状发展模式。受地租级差、集聚效应的影响，易在经济、信息、技术等要素相对丰富的区域形成

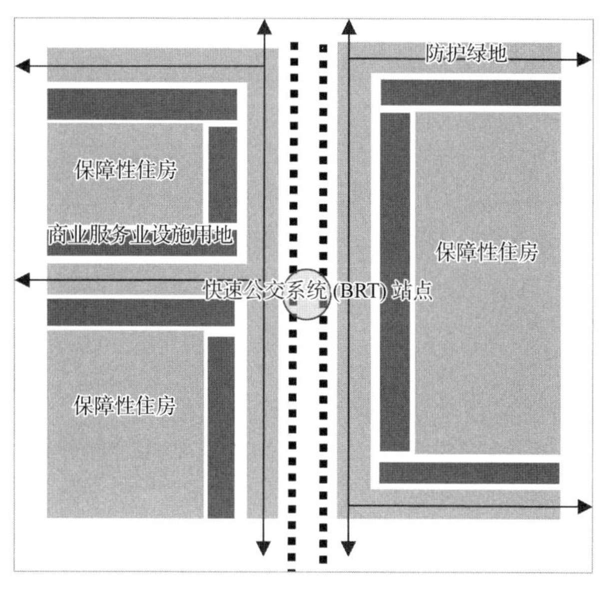

图 5-20　新区快速公交系统（BRT）沿线区域保障房布局类型示意图

就业中心，集聚过高的人口密度与就业密度，但会引发环境污染、住房紧缺、就业岗位不足、交通拥堵等问题。鉴于此，利用快速公交系统（BRT）线形走廊空间发展模式，引导就业中心向外迁移，形成若干次级就业中心。此外，在快速公交系统（BRT）沿线选择等级规模大、客流量高且周边业态丰富的站点为中心培育不同等级规模的就业中心，用来分散就业中心的压力。整体上形成沿快速公交系统（BRT）走廊呈“串联式”的就业多中心发展模式，充分利用线形交通做好不同就业中心的衔接（图 5-21）。

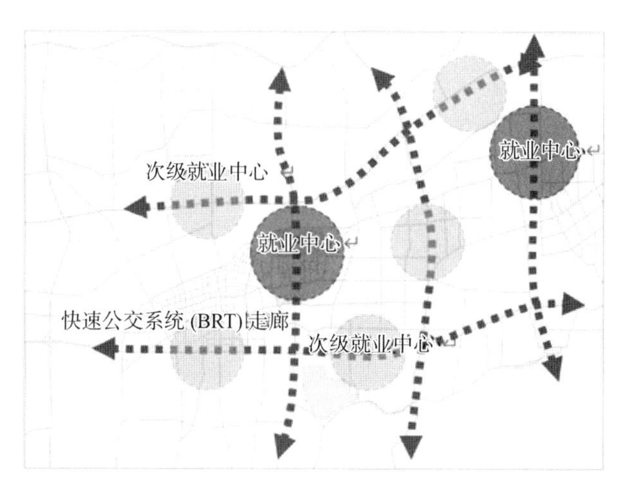

图 5-21　快速公交系统（BRT）走廊引导就业多中心空间结构示意图

2）合理选择并发展快速公交系统（BRT）沿线区域业态

根据快速公交系统（BRT）沿线实际情况，选择适合其自身发展的业态类型。

选择快速公交系统（BRT）沿线区域业态应考虑以下两个方面：一是分析沿线区域客流量，如在旧区内快速公交系统（BRT）沿线区域日均客流量、交通流量较大，适合布局居民日常需求量较大的小型零售业；而在新区快速公交系统（BRT）沿线具有土地价值低、开发强度低以及人口密度低等特点，因此适合发展小微型企业和物流业。二是分析快速公交系统（BRT）沿线区域内适龄就业人群特征，依据其个体属性设置不同的业态类型，以满足不同就业人群的多元化需求。

5.4.4 交通引导干预策略

1）对站点周边环境进行升级改造

快速公交系统的正常运转，除了有交通组织管理作为保障以外，还需具备较为完善的配套设施。首先，应根据快速公交系统（BRT）站点区域日均交通流量设置不同规模的集散广场，以此作为客流、车流集散地，提高交通系统运行效率；其次，根据快速公交系统（BRT）站点沿线道路等级的差异性设置不同规模的节点，并在日常交通较为拥堵的节点处建设立体交通，缓解交通压力；另外，充分利用快速公交系统（BRT）站点集聚与疏散客流的特点，在其周边配置公共服务设施，如澳大利亚布里斯班的马斯特山公交车站（Master Hill busway station）将医院、咖啡厅以及快餐店布置在公交站点周边，以此提升公交站点周边的环境与土地利用价值。

2）引导快速公交系统（BRT）与其他交通方式进行无缝接驳

快速公交系统（BRT）作为居民日常出行的主要交通方式之一，应与其他交通方式做好无缝接驳。一是快速公交系统（BRT）与慢行交通系统，主要指与步行、自行车等非机动化出行方式的衔接，应在站点周边营造适宜步行的小尺度空间，且配备相对齐全的服务设施，如座椅、共享单车停放点、停车场等，为快速公交系统（BRT）与慢行交通系统的衔接提供充分的保障。二是快速公交系统（BRT）与机动化交通，主要指与普通公交、出租车等机动化出行方式的衔接，依据站点日均交通流量、等级规模以及相关服务配套设施完善程度，尽量在同一站点设置其他交通停靠点，以减少居民出行时间，提高交通运行效率。此外，还应做好无缝换乘节点的人性化设计，考虑到社会特殊群体，如残障人士、未成年人以及老年人的需求。

5.5 本章小结

基于2010年济南市第六次人口普查、2013年济南市第三次经济普查数据、快速公交系统（BRT）沿线居住者和就业者调研问卷数据和实地调研情况，本章采用职住偏离指数、通勤门槛值等方法，从空间维度分析了济南市快速公交系统（BRT）沿线区域的职住协同特征及影响因素，归纳总结如下：

快速公交系统（BRT）沿线区域职住协同特征。一是快速公交系统（BRT）沿线区域的职住协同性优于济南市平均水平，但快速公交系统（BRT）使用者的职住协同性相对较差。将根据通勤门槛值的测算结果与济南市平均水平相比后发现，快速公交系统（BRT）沿线区域的距离协同测度、行政协同测度、时间协同测度都偏高，数值占比分别为 58.14%、25.00%、70.43%，而济南市相同指标的数值占比分别为 32.9%、20.0%、51.4%。同时快速公交系统（BRT）使用者的行政协同测度远低于距离协同测度、时间协同测度，其数值占比分别为 14.70%、51.72%、58.62%，其职住协同性相对较差，这也侧面反映出快速公交系统（BRT）在居民日常的长距离通勤中发挥着重要的作用。二是不同区位的快速公交系统（BRT）沿线区域，其职住协同性也存在明显的差异性，主要体现在旧区的职住协同性优于新区。从街道层面来看，旧区街道的职住偏离指数都在 0.820 839—1.323 882，而新区的职住偏离指数集中在 1.323 883—3.879 536；从线路层面来看，旧区快速公交系统（BRT）沿线的职住偏离指数为 0.88，而新区为 1.58，这表明与旧区相比，新区的职住空间分离程度较高。但是从行政协同测度来看，旧区被调查者占比略比新区低 3.94 个百分点，即新区的职住协同性略优于旧区，这种现象产生的原因在于新区的行政街道面积大于旧区。三是快速公交系统（BRT）沿线区域内不同的社会群体，其职住协同性可能存在差异，表现为居住者的职住协同性优于就业者。居住者的距离协同测度、行政协同测度以及时间协同测度的数值占比分别为 75.86%、26.36%、73.49%，而就业者分别为 50.28%、23.86%、68.09%。从数据分析结果来看，居住者的职住协同性优于就业者。

快速公交系统（BRT）沿线区域职住协同影响因素。通过分析快速公交系统（BRT）站点综合环境可达性与时间协同测度、距离协同测度以及行政协同测度的关系后发现，快速公交系统（BRT）站点区域综合环境可达性较高的区域其职住协同性不一定好，但综合环境可达性较差的区域其职住协同性也较差。快速公交系统（BRT）站点区域综合环境可达性高的区域，各项服务配套设施较为齐全，不同交通方式之间的换乘也较为便捷，能够吸引人口与商业集聚，形成相对成熟的居住和产业空间。另外，快速公交系统（BRT）站点综合环境可达性高也能够有效疏散人口与交通，提高城市运行效率。

济南快速公交系统（BRT）沿线职住规划调控策略。依据快速公交系统（BRT）沿线区域职住协同特征及其影响因素，本章将济南市快速公交系统（BRT）沿线的职住协同调控策略分为四个方面：（1）空间优化，倡导“多走廊”“多中心”的城市空间发展形态；（2）居住引导，考虑不同空间区位的快速公交系统（BRT）站点周边居住类型的多样化，合理选择快速公交系统（BRT）沿线的居住类型，推动新区保障性住房的建设；（3）就业引导，培育“串联式”就业多中心，选择与其相适应的业态类型；（4）交通引导，改造站点周边环境，实现与其他交通方式无缝接驳。

第 5 章注释

① 参照《城市用地分类与规划建设用地标准》（GB 50137—2011）将调研区域内的用地性质细分到用地小类，并标识在相应的卫星图上。

6　济南高新区职住空间协同与干预研究

高新区是高新技术开发区的简称，是国家为了推进高新技术产业的发展和创新环境的培育而提出的一种经济政策特区。在经过了 30 余年的发展之后，高新区内的产业得到发展壮大，特别是高新技术企业密集，成为新时代创新创业和高质量发展示范的高地（刘洋，2012）。并且，随着就业人口的不断增长，特别是高端就业人口的增加，以往单纯强调生产功能的园区配置难以满足就业者的需求，从而产生长距离通勤、服务配套水平不足等问题，降低了高新区和整个城市运行的效率，也降低了高新区就业者的生活质量（姜文婷，2014）。自《国家新型城镇化规划（2014—2020 年》发布以来，产城融合成为高新区发展的重要目标之一（王霞等，2014；邹伟勇等，2014），而职住空间的协同状态和优化策略正是关系产城融合这一目标能否实现的关键内容（贺传皎等，2017；李文彬等，2014）。济南高新区成立于 1991 年，距今已有 30 余年的开发建设历史，自身也在经历着功能的更新和升级，其一期规划区已经完成了由制造业向生活服务业的转变，体现出良好的职住空间协同特征。但是，这一特征的呈现是动态变化的，是与长期以来的职住要素分布和联系变化关联在一起的。

本章以职住协同为导向，选取济南高新区的中心区为研究对象，以“三个阶段＋四个要素”为研究框架进行分析（图 6-1）。“三个阶段”指的是高新区发展阶段，结合我国高新区的发展历程，分为起步发展阶段、快速发展阶段和综合发展阶段。“四个要素”指的是职住用地、职住人口、交通通勤和公共服务设施配置，在这四个要素的基础上具体分析济南高新区不同阶段的职住协同特征，进而提出有针对性的高新区职住规划调控策略。

6.1　研究对象与数据来源

6.1.1　分析范围与对象

1）研究对象

本章主要是以济南高新区为综合发展型高新区的典型实例，对其自身的职住协同特征进行具体研究。济南高新区的发展历程可大致分为三个阶段，本章将从这三个发展阶段入手，对其职住协同特征进行具体研究。结合济南高新区的发展历程，综合考虑已有统计资料和调研数据，确定具体的研究时段为：起步发展阶段（1991—2001 年）、快速发展阶段（2002—2011 年）、综合发展阶段（2012—2018 年）。

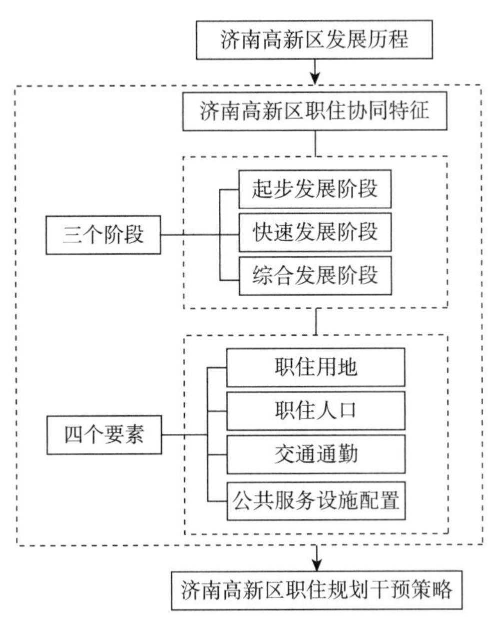

图 6-1　济南高新区职住协同研究框架图

2）研究范围

本章主要选取济南高新区的中心区作为研究范围（表 6-1，图 6-2）。济南高新区从原先的一个中心区逐步发展成为五大片区共存（即“一区多园”）的形式，但各片区在空间上的分布较为分散；而中心区成立时间早，发展已相对成熟，且具有一定的规模。因此为研究方便，本章拟重点分析济南高新区中心区原批准范围内的职住协同特征，以提出此类型高新区的下一步规划策略。

表 6-1　济南高新区中心区具体范围一览表

类别	具体范围
济南高新区中心区	东至花园东路东端，沿小汉峪沟至丰满路
	南至小汉峪沟南端，沿丰满路折向西沿工业南路、丁家庄南路再折向西到生建电机厂西院墙，折向南沿工业南路、东外环路、和平路、燕子山东路、文化东路、山大路至羊头峪村南的南外环路
	西至经十路，顺青年东路、文化西路、历山路、山大路至花园路
	北至山大路北端，沿花园路、花园东路至小汉峪沟

6.1.2　研究方法与数据来源

1）研究方法

（1）实地调研与访谈

通过对山东省国省两级高新区进行实地调查和深入访谈，收集到第一手资料和数据，主要调研对象包括市规划局相关工作人员、高新技术产业开发区管理委员会相关管理人员、社区居民委员会主任、高新区职工和居民等。

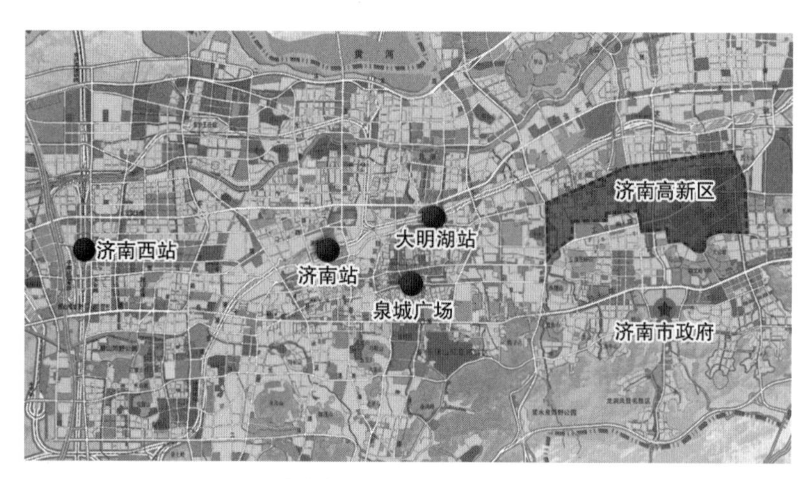

图 6-2　济南高新区中心区研究范围示意图

（2）基于统计产品与服务解决方案软件平台的定量分析

应用统计产品与服务解决方案（Statistical Product and Service Solutions，SPSS）软件平台，构建具有可操作性的指标体系和评价模型，通过利用因子分析、空间插值分析等方法对山东省高新区的发展程度和职住协同进行综合评价；同时利用统计产品与服务解决方案（SPSS）软件对从调查问卷等中获得的大量烦琐的数据进行分析。

（3）基于地理信息系统软件平台的空间数据分析

基于地理信息系统软件 ArcGIS 平台将高新区的数据落实在空间上，建立图形数据库，将不同类型、不同尺度、不同标准的数据进行整合。针对典型高新区，对相关研究内容进行定量分析和可视化表达。

2）数据来源

本章中的数据来源主要包括两类：一类是统计数据，另一类是调研数据。

统计数据包括《中国开发区审核公告目录》(2018 年版）、山东省统计年鉴以及各地市统计年鉴、《济南高新技术产业开发区大事年表（1988—2001）》和《济南高新区人口和计划生育简志》、济南市第五次人口普查、济南市第六次人口普查以及济南市第三次经济普查数据等，主要从中获取济南高新区的一些数据指标，为济南高新区的职住协同研究提供有力支持。

调研数据主要来源于 2016 年开展的课题《BRT 沿线区域职住平衡研究——以济南市为例》，其中包括对高新区奥体中路附近的就业者和居住者的调查问卷，2018 年《济南市城市发展战略规划》公众参与”课题研究中对于居住地和就业地选择高新区的相关调查问卷（表 6-2，图 6-3），以及通过对各高新区进行实地调研，更深入地探究综合发展型高新区的职住协同特征。

表 6-2　济南高新区调查问卷统计表

年份	发放地点	居住者问卷 / 份	就业者问卷 / 份	合计 / 份
2016	康虹路、奥体中路	133	181	314
2018	万达广场、齐鲁软件园、历城金融大厦	229	304	533

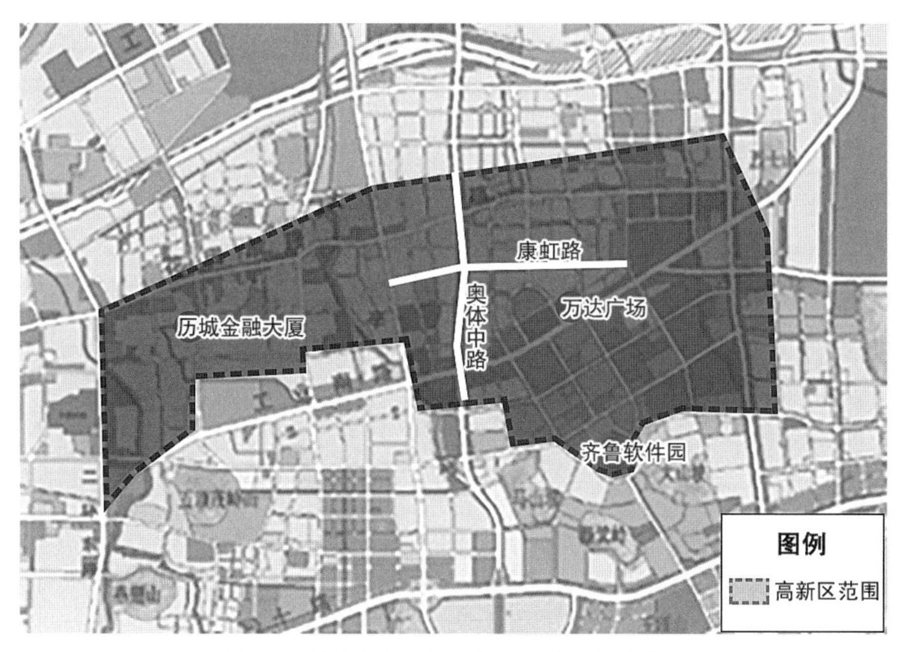

图 6-3　济南高新区调查问卷发放地点分布图

6.2　济南高新区职住协同特征

6.2.1　发展历程

济南高新区属于典型的综合发展型高新区，早在 1988 年，济南市政府就批准建立新技术产业试验区。1991 年 3 月，经国务院批准设立济南高新区。1995 年 8 月，组建济南高新技术产业开发区管理委员会（以下简称"高新区管委会"）。1996 年，对高新区的空间范围进行调整。2001 年，在"高新区二次创业"计划的带动下，开始接管社区，实际管辖范围变大。2006 年，申请扩大用地范围，成立齐鲁软件园南区。经过不断发展，济南高新区已形成中心区、综合保税区、高新东区、高新北区、创新谷五大片区（图 6-4，表 6-3）。2016 年，经国务院批准，跻身山东半岛国家自主创新示范区。2018 年，实现地区生产总值高达 1 008.8 亿元，首次突破千亿大关，占济南市的比重为 12.8%。

济南高新区中心区也经历了起步发展、快速发展、综合发展三个重要的发展阶段。"起步发展阶段"：1991—2001 年，以单一的工业用地功能为主导，居住用地和公共服务设施用地的规模较小，与主城区关系薄弱，主要依靠优惠政策吸引企业入驻，从而实现经济增长。"快速发展阶段"：2002—2011 年，在开发工业用地的同时，居住用地规模大幅度增加，公共服务设施配套逐渐完善，并逐渐融入主城区，产业和人口数量快速增长。"综合发展阶段"：2012—2018 年，园区内的土地开发利用率较高，新增用地增速变缓，用地结构日趋合理，产业和人才日益集聚，由单一工业功能主导过渡到综合发展新城（图 6-5）。

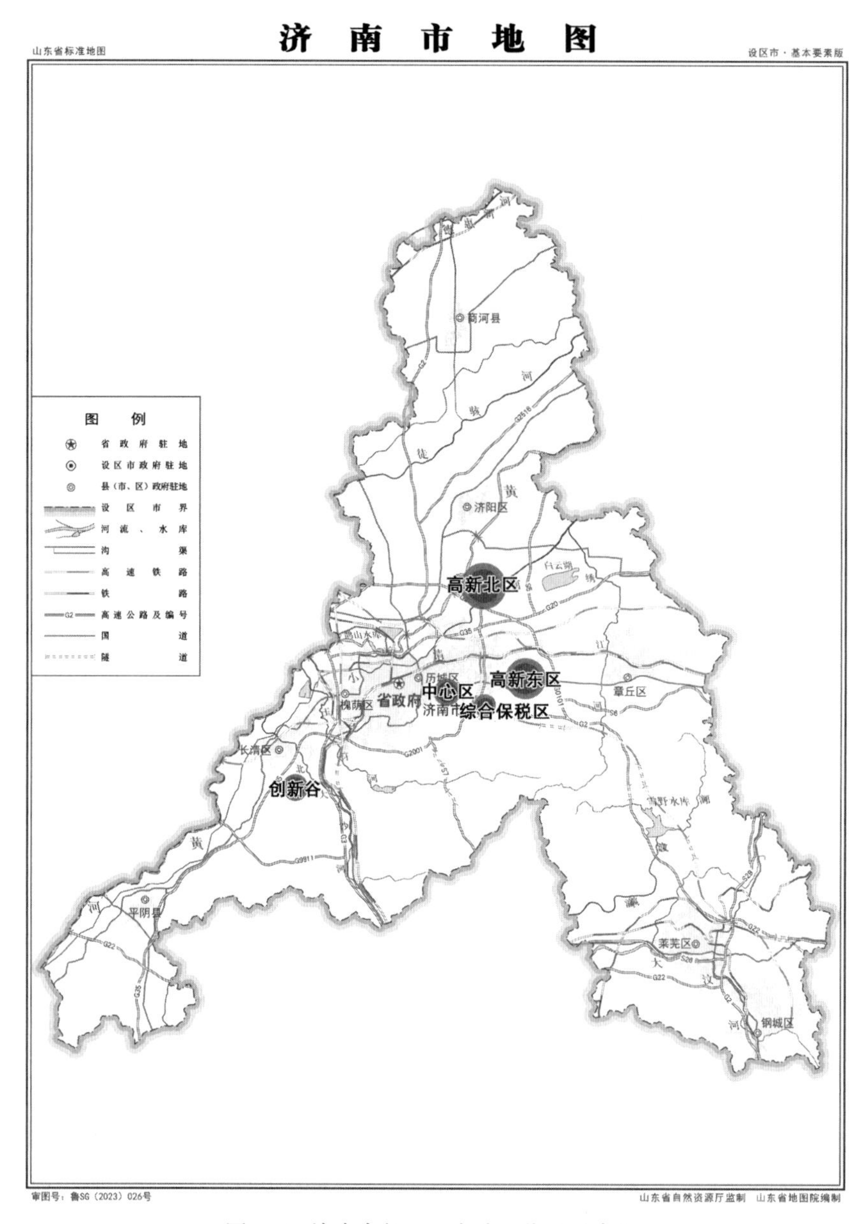

图 6-4 济南高新区五大片区位置示意图

表 6-3 济南高新区各片区代管街道及社区情况一览表

片区	包含街道及社区情况	代管开始年份
中心区	舜华路街道、东风街道、姚家街道、智远街道 24 个社区	2001
高新东区	孙村街道、巨野河街道、彩石街道、郭店街道 53 个村社	2005
综合保税区	章锦街道 5 个村社	2012
高新北区	遥墙街道、临港街道、唐王街道 86 个村社	2016
创新谷	创新谷街道 9 个村社	2016

图 6-5　济南高新区各阶段土地利用现状图

6.2.2　职住用地特征

1）工业用地演变

在起步发展阶段，园区建设以工业用地为主导，在建设用地面积中占有较大比重，工业用地的重心逐步由西部向中部偏移。在快速发展阶段，工业用地迅速扩增的同时，居住和公共服务设施用地不断完善，工业用地占比大幅度降低，重心由中部向东部偏移。在综合发展阶段，高新区用地存量不足，工业用地增速开始放缓，用地结构不断优化调整，近两年工矿仓储用地面积有回缩现象，占比也随之降低（图 6-6）。

（1）起步发展阶段：工业用地开发为主导，重心由西部向中部偏移

1991 年，济南开始设立高新区，园区内的大型企业主要有中国济南化纤总公司和小鸭集团，当时工业用地面积为 90.8 hm^2，占比高达 49.64%，是典型以工业用地为主导的单一发展的园区。经过高新技术产业的不断发展，济南轻骑发动机有限公司、山东鲁得贝车灯股份有限公司、博士伦福瑞达制药有限公司等典型企业入驻，到 2001 年工业用地面积扩大到 169.2 hm^2，占比为 47.34%，新增工业用地在新增建设用地中的占比居首位，为 44.92%（图 6-7）。在起步发展阶段，济南高新区仍以工业用地开发为主导，占比略有减少但依旧占有较大比重，新增工业用地主要分布在中国济南化纤总公司附近和工业南路南侧，重心由西部逐渐向中部偏移。

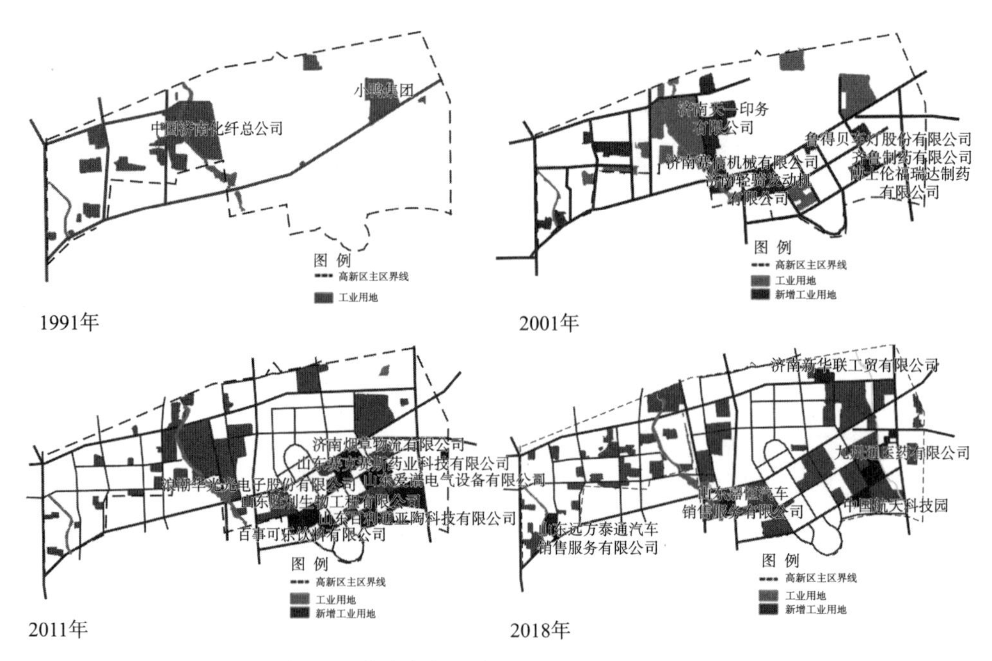

图 6-6　济南高新区各阶段工业用地分布图

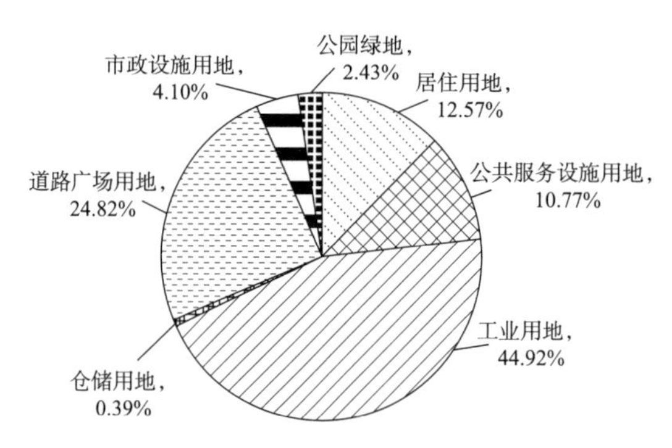

图 6-7　起步发展阶段新增建设用地占比图

（2）快速发展阶段：工业用地占比大幅度降低，重心由中部向东部偏移

高新区进入快速发展阶段，济南百事可乐饮料有限公司、百力通亚陶科技有限公司、赛克赛斯药业科技有限公司、吉美乐电源技术有限公司等典型高新技术类企业纷纷入驻高新区。截至 2011 年，工业用地面积迅速扩增到 338.17 hm^2，占比为 33.16%。与 2001 年相比占比大幅度降低 14.18%。新增工业用地占比为 25.47%，比 2001 年下降了 19.47 个百分点。在快速发展阶段，居住和公共服务设施用地的不断完善导致工业用地占比大幅度降低。从空间上看，新增工业用地主要分布在高新区东部、齐鲁软件园附近，重心由中部向东部偏移。

（3）综合发展阶段：工矿仓储用地增速放缓，产业空间结构优化

高新区步入综合发展阶段，九州岛通医药集团、朝能福瑞达生物科技有限公司、星辉数控机械科技有限公司等典型企业接连入驻高新区。随着园区内用地存量不足，产业用地结构不断优化，原本污染严重、能耗高的传统企业逐步被淘汰，如

曾在 20 世纪 90 年代辉煌一时的济南化纤总公司逐渐走向没落，面临设备被拍卖、老厂房被拆除的命运，工业用地也被置换为居住用地。2016 年工矿仓储用地面积为 530.31 hm^2，占比为 38.66%，而到 2018 年再次评价时，工业用地缩至 517.25 hm^2，占比下降到 37.31%（图 6-8）。随着园区用地的日趋饱和，工业用地增速放缓，近两年工业用地有回缩现象，占比也随之降低。

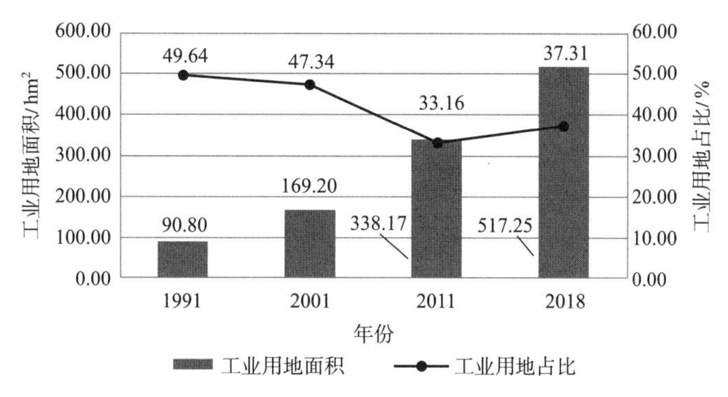

图 6-8　济南高新区各阶段工业用地变化情况统计图

2）居住用地演变

在园区成立初期，高新区居住用地面积很少，居住功能薄弱，随着就业人员的增加，居住需求量持续上升，居住用地规模开始扩张。在快速发展阶段，就业者对居住功能的需求迫切，居住用地规模快速扩张，扩展方向向中部偏移。进入综合发展阶段，居住用地增幅变缓并呈现下降趋势。由于济南化纤总公司片区的土地置换，加之中心区用地的饱和，新增居住用地主要集中在高新区中部（图 6-9）。

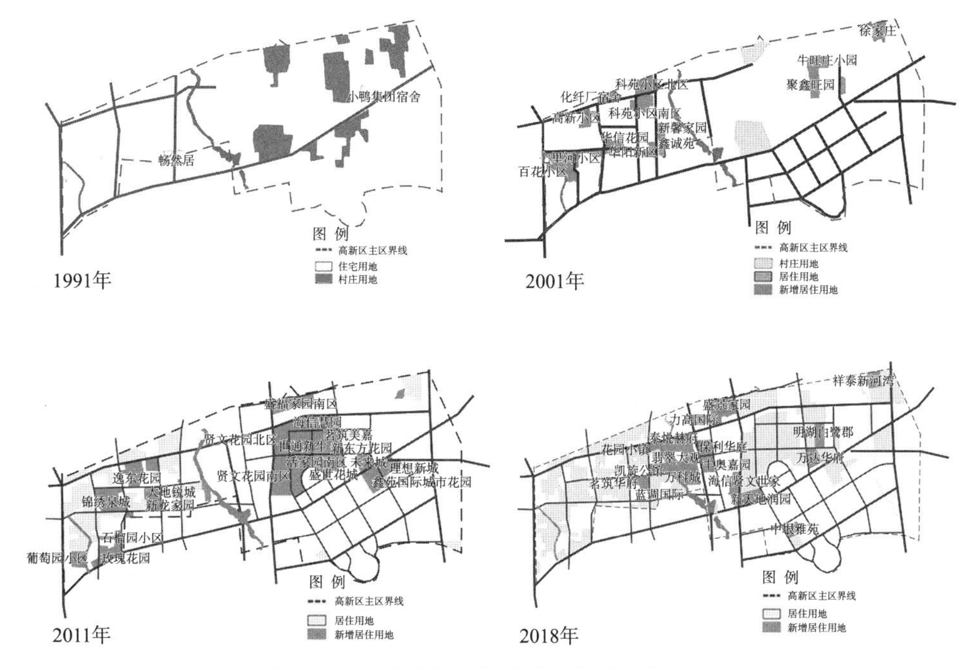

图 6-9　济南高新区各阶段居住用地分布图

（1）起步发展阶段：居住用地功能较弱，新增用地集中在西部

在成立初期，园区内仅有小鸭集团宿舍和畅然居两处居住用地，此时居住需求不高，内部有大量村庄也可以承担居住功能。随着就业人口增加，各企业纷纷在厂区附近建设单位宿舍，科苑小区、七里河小区等也开始建设。到 2001 年居住用地扩大到 26.34 hm^2。在此阶段，居住用地面积有所增加，但居住功能依然较弱。从空间上看，新增小区主要分布在各企业附近，集聚在中心区西部。

（2）快速发展阶段：居住用地快速扩张且增幅明显，扩展方向向中部偏移

随着高新区不断发展，居住用地快速扩张，先后开发了贤文花园、世通新生活家园等一大批居住小区。截至 2011 年，居住用地面积扩大到 228.51 hm^2。新增居住用地占比为 30.57%，超过新增工业用地占比，跃居首位。在快速发展阶段，就业者对居住功能的需求迫切，居住用地快速扩张且增幅明显。从空间上看，在会展中心周围开始大规模新建小区，扩展方向向中部偏移（图 6–10）。

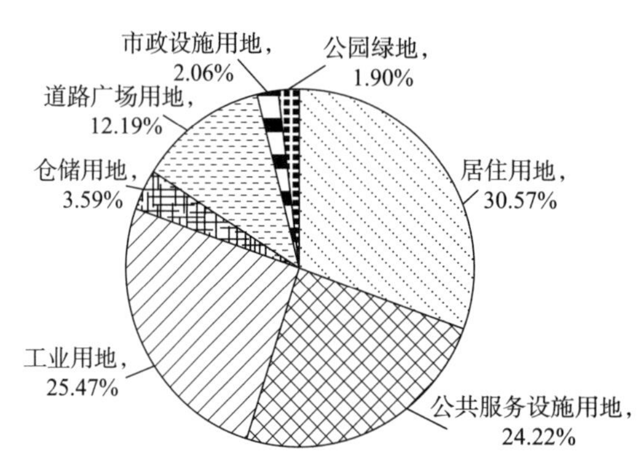

图 6–10　快速发展阶段新增建设用地占比图

（3）综合发展阶段：居住用地增幅变缓，新增用地集中在中部

进入综合发展阶段，会展中心地块继续扩张，新增万达华府、海信贤文世家等小区。原本是工业用地的化纤总公司倒闭被拆除，工业用地被置换为居住用地，随后保利华庭、万科城、翡翠大观等小区入驻，化纤总公司片区逆风翻盘。截至 2018 年，居住用地面积为 447.87 hm^2，占比为 32.31%（图 6–11）。随着高新区土地供应量的逐渐减少，各项用地功能基本完善，居住用地增长速度开始变缓，呈现出下降趋势。新增居住用地主要集中在高新区中部。

3）其他产业用地演变

除工业用地外，高新区主要承担就业功能的还有科研用地和办公用地，其中，科研用地主要集聚从事科学研究的技术创新、产品开发活动，是高新区重要的研发生产空间；办公用地为行政部门和商务写字楼，多与大型商业混合，也会承担部分就业功能。因此，本章也对科研用地和办公用地的演变进行分析（图 6–12）。

（1）起步发展阶段：科研办公用地逐步开发，新增用地集中在园区中部

在园区建立初期，济南高新区没有成型的科研用地和办公用地，多以工业用地为主。在起步发展后期，高新区管委会成立，齐鲁软件园、山东大学科技产业园等

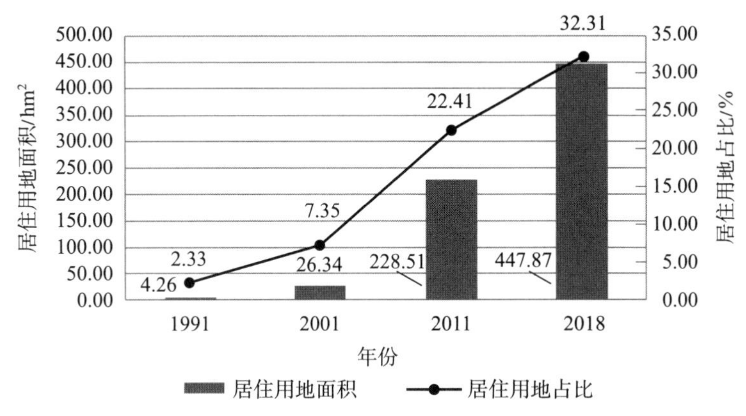

图 6-11　济南高新区各阶段居住用地变化情况统计图

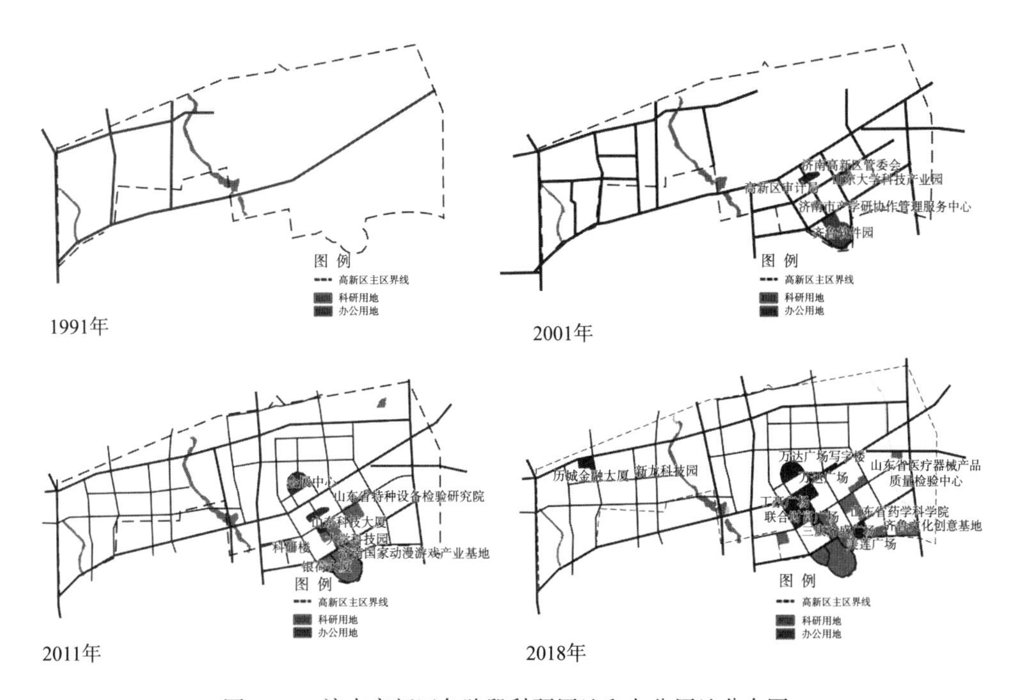

图 6-12　济南高新区各阶段科研用地和办公用地分布图

科研产业入驻高新区，到 2001 年科研用地和办公用地建设开发 35 hm^2，主要集中在高新区中部。

（2）快速发展阶段：科研办公用地快速增加，新增用地在中部逐渐蔓延

在快速发展阶段，高新技术产业开始集聚，银荷大厦、济南国家动漫游戏产业基地、山东省特种设备检验研究院、大学科技园等承载就业功能的科研产业入驻，会展中心、山东科技大厦等办公用地也随之建设，到 2011 年科研用地和办公用地面积达到 72 hm^2，与 2001 年相比扩增了 37 hm^2，新增建设用地在高新区中部进一步蔓延。

（3）综合发展阶段：办公用地集中在中部，科研用地向东部偏移

在综合发展阶段，随着万达广场写字楼、三庆齐盛广场、历城金融大厦等商务

办公大厦的建设，高新区吸引了大量的就业者，小微企业大多依附于办公大厦存在。在科研用地方面，山东省药学科学院、齐鲁文化创意基地、中国航天科技园等产业园纷纷入驻，新增科研用地由中部向东部偏移。截至2018年，科研用地和办公用地面积为101 hm^2。

4）职住用地协同情况

不同发展阶段的高新区用地结构不断发生演化，职住用地比例也随之发生改变（表6-4，图6-13）。通过各阶段的职住用地比例数据可以明显发现，随着济南高新区各类用地的不断扩张，职住用地比例在不断协同发展，是一个由严重失衡逐步过渡直至走向平衡的动态过程。

表6-4　济南高新区职住用地比例变化情况一览表

年份	产业用地面积 / hm^2	居住用地面积 / hm^2	职住用地比例
1991	90.80	4.26	21.31
2001	204.20	26.34	7.75
2011	410.17	228.51	1.80
2018	618.25	447.87	1.38

注：此处产业用地为工业用地、科研用地与办公用地之和。

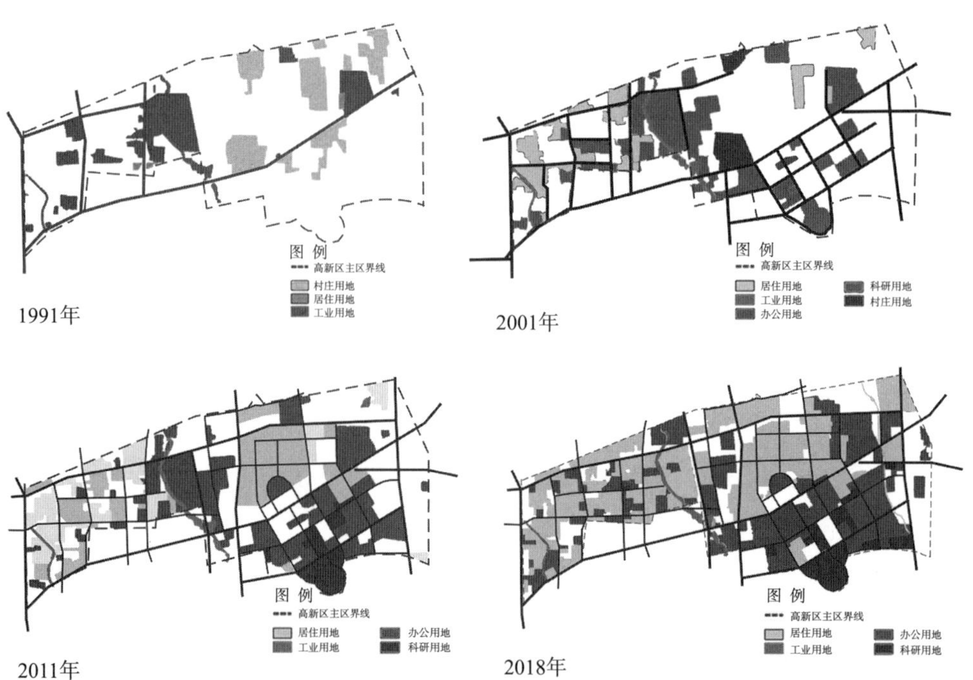

图6-13　济南高新区各阶段职住用地分布图

（1）起步发展阶段：职住用地比例偏高，职住结构严重失衡

在成立前期，以单一工业为主导的用地占比明显，居住用地规模很小，职住用地比例为21.31，但此时园区内部有大量村庄也可以承担居住功能。在起步发展阶

段，工业用地规模不断扩大，居住用地开始投入建设，到 2001 年职住用地比例下降到 7.75，但职住用地比例依旧偏高，职住结构呈现严重失衡现象。

（2）快速发展阶段：职住结构大幅度改善，由失衡向平衡过渡

在快速发展阶段，产业用地扩张的同时，居住用地的需求量急剧增加，居住用地规模快速扩张，职住用地比例不断发展变化。到 2011 年，职住用地比例降低到 1.80，职住用地结构大幅度得到改善，由失衡向平衡逐渐过渡。

（3）综合发展阶段：职住结构日趋合理，已基本接近平衡

到了综合发展阶段，随着济南高新区中心区土地日趋饱和，用地结构开始进行优化调整，部分土地使用性质发生置换。到了 2018 年，职住用地比例下降到 1.38，数值已接近 0.8—1.2 的合理范围，并不断向更加平衡调整。

由此可见，从职住用地特征来看，在起步发展阶段，济南高新区以工业用地开发为主导，居住用地功能较弱，职住用地结构严重失衡。在快速发展阶段，产业用地占比大幅度降低，居住用地规模快速扩张，职住结构大幅度改善，职住用地由失衡逐渐向平衡过渡。到了综合发展阶段，产业用地和居住用地增速放缓，职住结构日趋合理，职住用地比例已接近平衡状态（表 6-5）。

表 6-5　济南高新区各阶段职住用地协同情况一览表

类别	产业用地演变	居住用地演变	职住用地协同状态
起步发展阶段	以工业用地开发为主导	居住用地功能较弱	职住用地结构严重失衡
快速发展阶段	产业用地占比大幅度降低	居住用地规模快速扩张	职住用地结构大幅度改善
综合发展阶段	产业用地增速放缓	居住用地增速放缓	职住用地结构日趋合理

6.2.3 职住人口特征

1）就业人口演变

在起步发展阶段，企业不断集聚，为高新区提供了更多的就业岗位，就业人数随之增加。在快速发展阶段，随着高新技术产业的发展以及配套设施的不断注入，各类高新技术企业持续入驻，高新区内的就业岗位密度和从业人员数量不断增加，对高质量的就业人才需求量也在不断增加。在综合发展阶段，济南高新区入驻企业成倍增加，从业人员数量与质量也同步增加，人才日益集聚。

（1）起步发展阶段：企业不断集聚，就业人口随之增加

高新区在成立之初以工业用地为主导，园区内的大型企业主要有小鸭集团、济南化纤总公司等，随后企业纷纷入驻，为高新区提供了更多的就业岗位，就业人数随之增加。据统计，1991 年，济南高新区内拥有法人单位数量为 110 家，新增法人单位呈逐年递增趋势，到 2001 年法人单位数量达到 570 家，与 1991 年相比新增法人单位 460 家，年均增长率为 17.88%（图 6-14）。根据《济南高新技术产业开发区大事年表（1988—2001）》统计，济南高新区在 1991 年全年总产值为 32 452 万元，全员劳动生产率为 10.9 万元 / 人，可以计算出 1991 年的就业人口约为 2 977 人。

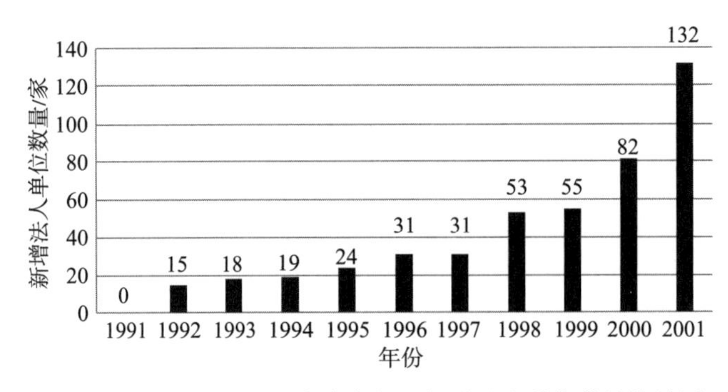

图 6-14　起步发展阶段济南高新区新增法人单位数量统计图

（2）快速发展阶段：就业人口成倍增加，高端人才需求量大

在快速发展阶段，随着高新技术产业的发展以及配套设施的不断注入，各类高新技术企业持续入驻，高新区内的就业岗位密度和从业人员数量不断增加。据统计，至 2011 年底，济南高新区共拥有法人单位的数量为 4 886 家，年均增长率为 23.97%，与 2001 年相比新增法人单位数量为 4 316 家，增速提高 6.09 个百分点（图 6-15）。高质量的就业人才需求量增加，据中国火炬统计年鉴可知，2011 年济南高新区大专以上的从业人员数量为 9.02 万人，占比为 56.65%，超过一半。

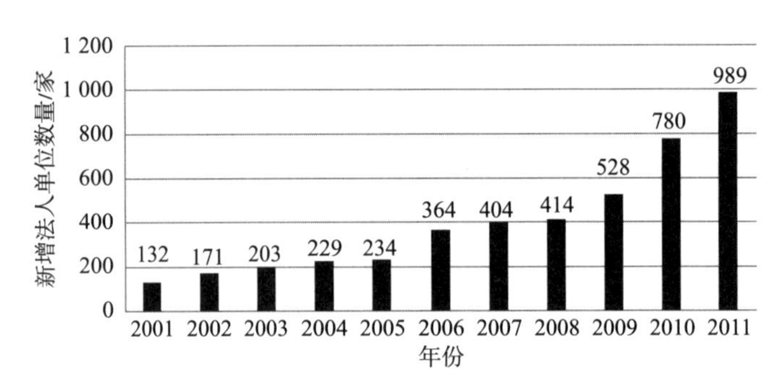

图 6-15　快速发展阶段济南高新区新增法人单位数量统计图

（3）综合发展阶段：就业人口数量和质量同步增加

在综合发展阶段，随着济南高新区入驻企业的不断增加，产业结构不断优化，从业人员数量与质量同步增加，产业和人才日益集聚。到 2013 年，济南高新区拥有法人单位数量为 6 829 家，平均每年新增法人单位近千家，法人单位从业人员的类型有企业、事业单位、机关社会团体等，主体以企业为主，企业从业人员占比高达 96.86%（图 6-16）。

济南高新区正逐步成为山东省重要的高新技术产业和人才集聚基地。截至 2018 年底，大专以上人员占比为 71.36%，超过七成，比 10 年前提高了 14.71 个百分点。据济南高新区在 2018 年末典型企业的职工人数调查统计，12 家典型企业的从业人数以平均每年 35 人的速度增加，平均从业人口密度为 145.96 人 / hm^2（表 6-6）。小鸭集团为匹配企业的发展，与高校签约共建产学研基地，于 2018 年先后引进各类人才 631 人，并高薪聘请了 3 名国外高端工程师，对员工进行培训累计投入 100 余万元。

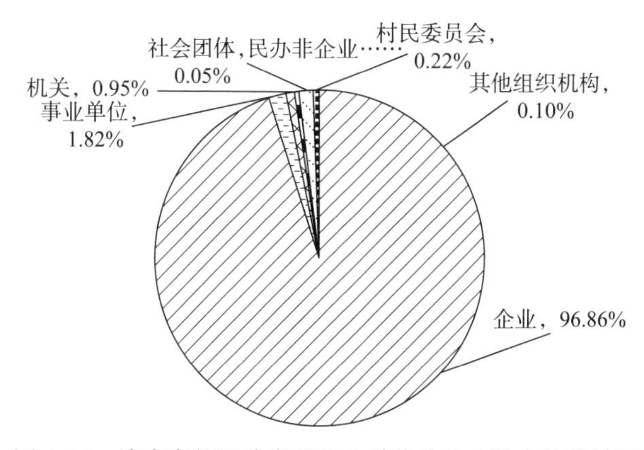

图 6-16　济南高新区分类型法人单位从业人数占比统计图

表 6-6　济南高新区典型企业职工人数统计表

企业名称	用地面积 / hm^2	职工人数 / 人	从业人口密度 /（人 · hm^{-2}）	成立年份
山东博士伦福瑞达制药有限公司	6.78	1 654	243.95	1992
齐鲁制药有限公司	5.60	800	142.86	1992
山东鲁得贝车灯股份有限公司	5.23	576	110.13	1994
华熙福瑞达生物医药有限公司	5.11	1 195	233.86	1998
济南轻骑发动机有限公司	10.72	1 120	104.48	2000
济南百事可乐饮料有限公司	4.71	263	55.84	2002
山东赛克赛斯药业科技有限公司	1.89	500	264.55	2003
山东爱普电气设备有限公司	5.33	220	41.28	2004
山东中大千方制药有限公司	1.46	353	241.78	2004
山东胜利生物工程有限公司	2.37	379	159.92	2004
山东华熙海御生物医药有限公司	10.63	181	17.03	2011
历山制造有限公司	1.06	144	135.85	2014

2）居住人口演变

在起步发展阶段，济南高新区的居住功能较弱，在园区内居住人口很少，随着小区的不断投入建设，居住人口逐渐增加。在快速发展阶段，居住需求量急剧增加，新增居住用地占比跃居首位，居住人口也快速增加。到了综合发展阶段，居住用地规模进一步扩大，单个小区可提供的住房套数也日益增加，居住人口持续增加。

（1）起步发展阶段：居住用地功能弱，居住人口逐渐增加

在高新区成立初期，居住用地功能较弱，在高新区内居住的人数很少，仅有小鸭集团宿舍和畅然居两处居住用地，但由于内部有大量村庄，农村人口较多。经过 10 年的建设，到 2001 年高新区内新增 14 个小区，新增楼栋数接近 300 栋，平均每个小区可提供住房 1 267 套，可解决 17 744 户就业者的居住问题。随着小区的不断投入建设，居住人口逐渐增加（表 6-7）。

表 6-7　起步发展阶段济南高新区新增小区情况统计表

小区名称	楼栋数 / 栋	总户数 / 户	建设年份
小鸭集团宿舍	13	562	1978
畅然居	4	256	1990
化纤厂宿舍	57	2 417	1993
科苑小区南区	16	716	1994
百花小区	31	2 113	1995
鑫诚苑	3	168	1996
新馨家园	19	1 084	1996
徐家庄	27	2 210	1996
七里河小区	37	2 266	1997
华阳新区	6	546	2000
华信花园	8	342	2000
高新小区	4	443	2000
聚鑫旺园	8	752	2000
牛旺庄小区	29	2 162	2000
科苑小区北区	31	1 822	2001

（2）快速发展阶段：居住用地快速扩张，居住人口快速增加

在快速发展阶段，居住需求量急剧增加，新增居住用地占比跃居首位，以贤文花园、葡萄园小区、世通新生活家园为代表的一大批小区建成并投入使用，单个小区规模增加的同时，可提供的住房套数也日益增加。高新区的小区住房供不应求，到 2011 年新增 19 个小区，总计增加 366 栋房屋，平均每个小区可提供 1 587 套住房，进一步解决了 30 154 户家庭的居住问题，居住人口户数比 10 年前增加了 2.5 倍（表 6-8）。

表 6-8　快速发展阶段济南高新区新增小区情况统计表

小区名称	楼栋数 / 栋	总户数 / 户	建设年份
贤文花园南区	23	2 011	2000
逸东花园	13	736	2002
玫瑰花园	7	322	2003
新龙家园	16	921	2003
石榴园小区	7	402	2004
贤文花园北区	13	625	2004
葡萄园小区	28	1 020	2005
新东方花园	13	1 211	2005
世通新生活家园南区	42	1 112	2006
盛世花城	18	1 769	2008
世通新生活家园北区	51	1 528	2008
鑫苑国际城市花园	22	3 965	2009
茗筑美嘉	20	2 311	2009

续表 6-8

小区名称	楼栋数 / 栋	总户数 / 户	建设年份
盛福家园南区	19	1 061	2009
理想新城	8	1 214	2009
锦绣泉城	26	3 055	2009
大地锐城	6	1 646	2010
未来城	14	2 789	2010
海信慧园	20	2 456	2010

（3）综合发展阶段：单个小区套数增加，居住人口持续增加

在综合发展阶段，高新区的居住用地规模进一步扩大，单个小区可提供的住房套数进一步增加。随着园区内居住、公共服务设施配套逐渐完善，小区入住率也随之提高，居住人口持续增加。2018 年高新区新增小区 17 个，总计增加 224 栋房屋，平均每个小区可提供 2 116 套住房，比 2011 年底增加 529 套，可进一步解决 35 982 户家庭的居住问题。居住人口户数比 10 年前增加 1.7 倍（表 6-9）。

表 6-9　综合发展阶段济南高新区新增小区情况统计表

小区名称	楼栋数 / 栋	总户数 / 户	建设年份
丰奥嘉园	19	2 034	2012
祥泰新河湾	19	2 963	2012
蓝调国际	4	1 287	2013
济南万科城	33	4 657	2014
万达华府	11	1 780	2014
力高国际	8	2 038	2014
盛景家园	14	2 334	2014
保利华庭	13	3 338	2015
凯旋公馆	8	1 571	2015
明湖白鹭郡	22	2 529	2015
花园小镇	5	1 185	2016
茗筑华府	7	611	2016
泰悦赫府	14	2 392	2016
新天地润园	12	1 284	2016
海信贤文世家	22	2 995	2016
翡翠大观	5	1 655	2017
中垠雅苑	8	1 329	2017

3）职住人口协同情况

近 30 年来，随着济南市产业结构由第二产业逐步向第三产业转变，就业结构也悄然变化。从第二、第三产业结构变化表中可以看出 2000 年前的就业主要是工业，其国内生产总值（Gross Domestic Product，GDP）构成占比大，2000 年以后

就业结构开始发生转变，到 2011 年服务业的国内生产总值（GDP）占比超过一半，而 2018 年服务业占比已超过六成（表 6-10）。2018 年济南高新区的工业国内生产总值（GDP）占比为 61.37%，就业结构还是以工业为主。从济南高新区各行业从业人员数量统计中可以发现，从业人数最多的行业分别是制造业，信息传输、软件和信息技术服务业，批发和零售业，建筑业，科学研究和技术服务业等（图 6-17）。

表 6-10　济南市第二、第三产业结构变化表

年份	第二产业 / 万元	第二产业占比 /%	第三产业 / 万元	第三产业占比 /%
1991	765 582	46.86	614 541	37.61
2001	4 380 564	41.41	5 215 349	49.30
2011	18 289 700	41.51	23 394 616	53.09
2018	28 293 100	36.01	47 548 300	60.52

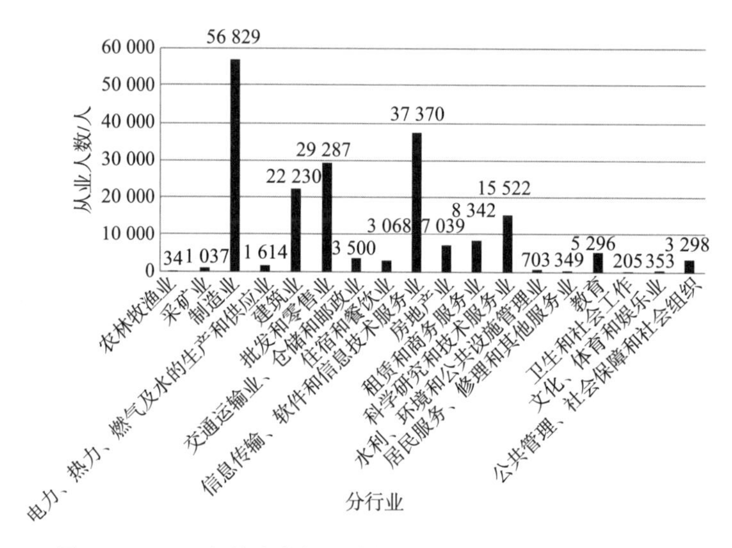

图 6-17　2013 年济南高新区分行业法人单位从业人数统计图

从街道和社区行政单元区划来看，目前济南高新区中心区的空间范围涉及舜华路街道、东风街道、姚家街道、智远街道，包含 24 个社区（表 6-11，图 6-18）。其中舜华路街道涉及 15 个社区，东风街道涉及 4 个社区，姚家街道涉及 2 个社区，智远街道涉及 3 个社区。

表 6-11　济南高新区各街道及社区情况统计表

街道	社区
舜华路街道	齐鲁软件园社区、鑫苑国际社区、舜泺社区、会展中心社区、环保科技园社区、贤文社区、牛旺社区、新东方花园社区、新生活家园社区、白鹭社区、未来城社区、汇德社区、徐家社区、风华社区、理想家园社区
东风街道	七里河社区、辛甸社区、祝甸社区、西周家庄
姚家街道	十里河社区、丁家庄
智远街道	八涧堡、盛福庄、姜家庄

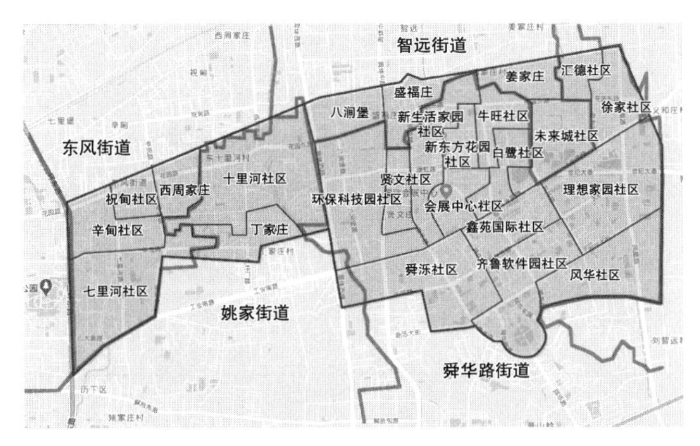

图 6-18　济南高新区各街道及社区分布图

关于职住人口的数据，济南高新区历年数据统计口径变化大，和实际的研究对应性比较弱，本章以实际的空间范围来定数据，根据划定的中心区企事业单位和社区人口数据作为基数进行核算。2001 年之前高新区未实行代管政策，仍以统计数据为主；2001 年之后，按照实际范围的企业数量名单进行调研，得到就业人口数量。居住人口以实际涉及的社区来核对，并结合济南市第五次人口普查和第六次人口普查数据来进行修正。虽然推算结果存在一定的误差，但数据基本可以反映各阶段不同时期高新区的职住情况（表 6-12）。职住人口不断变化，职住分离问题不断改善，济南高新区不断发展成为综合新城。

表 6-12　济南高新区（中心区）各阶段职住人口比例一览表

年份	就业人口 / 万人	居住人口 / 万人	职住人口比例
1991	0.29	1.15	0.25
2001	6.49	2.77	2.34
2011	14.93	7.26	2.06
2018	18.91	11.21	1.69

（1）起步发展阶段：职住人口不匹配，职住分离情况严重

济南高新区在成立之初以工业用地为主导，居住用地功能较弱，但内部有大量村庄，农村人口较多，因此职住人口比例偏低。随着高新区的不断建设，工业用地快速扩张，新增工业用地占比居首位，就业人口数大量集聚。随着小区不断投入建设，居住人口逐渐增加。到 2001 年职住人口比例上升到 2.34，职住人口不匹配，职住分离情况严重。

（2）快速发展阶段：职住失衡逐步改善，核心街道职住偏差较大

进入快速发展阶段，高新区人口不断增加，居住需求量也急剧增加，新增居住用地比例跃居首位，到 2011 年职住人口比例下降到 2.06。根据济南市第六次人口普查和第三次经济普查数据，对高新区中心区所涉及的街道进行职住偏离指数计算发现，东风街道、姚家街道、智远街道的职住偏离指数在合理范围之内，职住人口相对平衡，而舜华路街道的职住偏离指数为 3.87，此街道属于高新区的核心街道，

又建有齐鲁软件园，高新技术类企业集聚，造成就业人口大量集聚，因此职住偏差较大（表 6-13）。

表 6-13　快速发展阶段济南高新区各街道职住偏离指数一览表

街道	从业人员数量 / 人	常住人口数量 / 人	职住偏离指数
东风街道	64 999	99 367	1.11
姚家街道	126 474	162 929	1.31
智远街道	8 601	25 845	0.56
舜华路街道	100 065	43 717	3.87

（3）综合发展阶段：职住人口结构日趋合理，但依旧存在偏差

到了综合发展阶段，职住失衡问题进一步改善，职住人口比例由 2.06 下降到 1.69，但职住人口依旧存在偏差。根据前文分析可知，综合发展型高新区对就业者的吸引力大于居住者，职住人口比例处于偏高水平，切合之前的结论。为进一步探究济南高新区综合发展阶段的职住人口协同情况，本章根据 2016 年和 2018 年两次调查问卷数据进行分析（表 6-14）。

表 6-14　2016 年和 2018 年就业者和居住者调查情况一览表

类别	2016 年		2018 年	
	样本数量 / 人	占比 /%	样本数量 / 人	占比 /%
居住和就业都在高新区内	70	22.29	172	32.27
居住在高新区内，就业在高新区外	90	28.66	126	23.64
就业在高新区内，居住在高新区外	154	49.05	235	44.09

通过问卷可以发现，2016 年居住和就业都在高新区内，实现职住相对平衡的占比为 22.29%，而 77.71% 的人口存在职住失衡问题。相比 2016 年，2018 年职住问题稍有改善，实现职住协同的人口占比增加到 32.27%，职住失衡人口占比缩小至 67.73%。可见，印证前文职住人口变化规律，职住结构在向逐渐平衡方向过渡。另外，利用百度热力图可以观测到，白天济南国际会展中心、万达商圈以及各大型写字楼附近人群呈密集分布，人流量较大（图 6-19）。晚上人群在空间分布上趋于平缓，密集区域减少，这与居住区相对分散、居住人口向外围扩散有关。

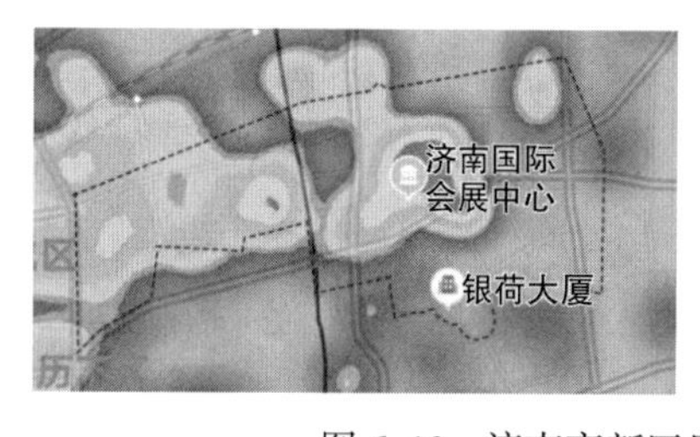

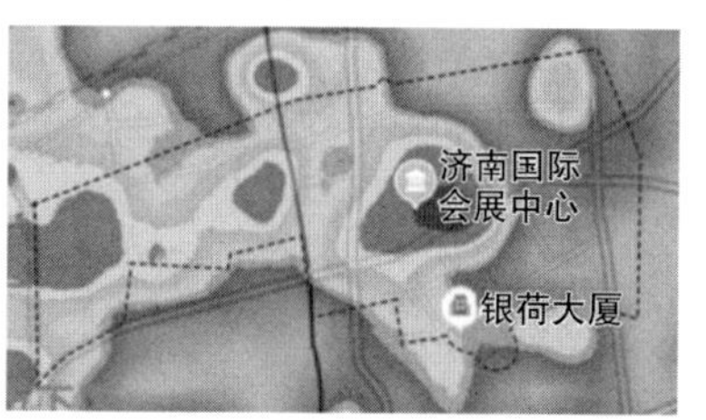

图 6-19　济南高新区昼夜百度热力示意图

从职住人口特征来看，在起步发展阶段，居住人口的增幅远低于就业人口，职住人口不匹配，职住分离情况严重。在快速发展阶段，随着企业的入驻和小区的建

设，职住人口成倍增加，职住失衡逐步改善，核心街道的职住偏差较大。在综合发展阶段，就业人口数量和质量同步增加，居住人口持续增加，职住人口结构日趋合理，逐渐向职住协同过渡，但依旧存在偏差（表 6-15）。

表 6-15　济南高新区各阶段职住人口协同情况一览表

类别	就业人口演变	居住人口演变	职住人口协同状态
起步发展阶段	就业人口不断增加	居住人口逐渐增加	职住人口不匹配，职住分离情况严重
快速发展阶段	就业人口成倍增加	居住人口快速增加	职住失衡逐步改善，核心街道的职住偏差较大
综合发展阶段	就业人口数量和质量同步增加	居住人口持续增加	职住人口结构日趋合理，但依旧存在偏差

6.2.4　交通通勤特征

1）道路交通用地演变

在起步发展阶段，路网密度不高且不完善，道路用地占比较多，根据工业发展的需要主要建设齐鲁软件园附近道路。在快速发展阶段，由于居住用地在会展中心附近大规模建设，会展中心附近的道路随之投入建设。在此阶段，道路用地占比大幅度下降，主要路网逐渐形成。进入综合发展阶段，道路用地面积增幅变缓，占比逐渐在合理的范围内增减，交通路网已相对完善，结构逐步优化（图 6-20）。

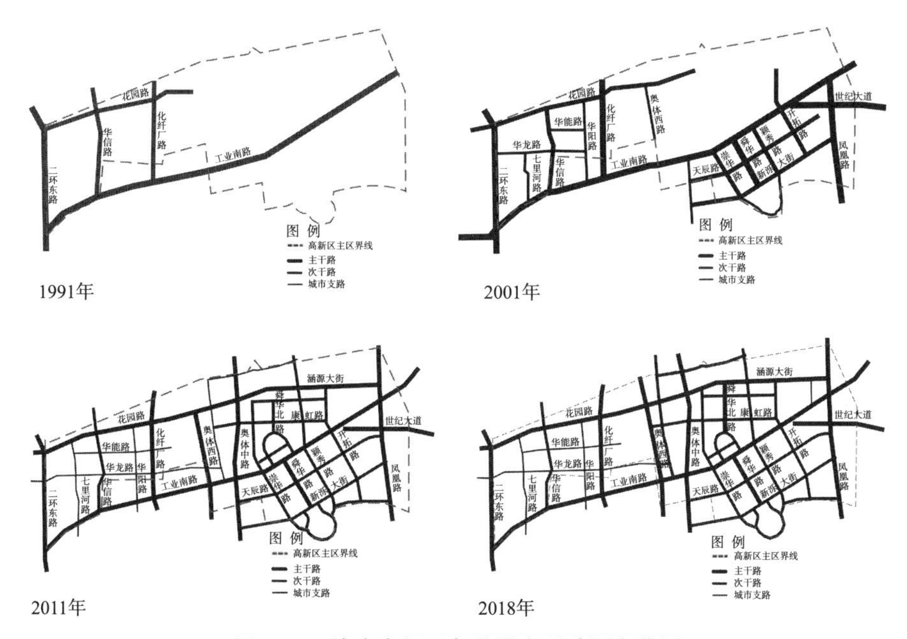

图 6-20　济南高新区各阶段交通路网变化图

（1）起步发展阶段：道路用地占比较多，路网密度不高且不完善

自 1991 年成立高新区时，园区内已有部分道路，但路网密度不高。根据工业

发展的需要，园区内主要道路有化纤厂路、华信路和花园路，由于其他用地很少，道路用地占比较高，为 40.02%。经过前期不断发展，高新区在完善西部路网的同时，开始建设舜华路、天辰路、新泺大街等齐鲁软件园附近的道路，到 2001 年道路用地面积增加到 116.76 hm^2，占比下降 32.58%，但园区路网依旧不完善。

（2）快速发展阶段：道路用地占比大幅度下降，主要路网逐渐形成

经过不断发展，高新区步入快速发展阶段，会展中心附近的道路随居住用地的开发而投入建设，主要建设道路有康虹路、舜华北路，并修建南北向主干路——奥体中路、奥体西路等。截至 2011 年，道路用地面积增加到 197.41 hm^2。与此同时，工业用地、居住用地和公共服务设施用地也在快速增加，道路用地占比下降到 19.36%。从 2011 年道路交通图可以看出，此阶段高新区主要路网逐渐形成，路网密度合理。

（3）综合发展阶段：道路用地增幅变缓，交通路网结构优化

高新区进入综合发展阶段，道路用地相对完善，增幅变缓，占比逐渐在合理的范围内增减。截至 2018 年，高新区道路用地面积为 241.37 hm^2，年均增长率为 2.91%，占比变化不大，为 17.41%。经过近 20 年的发展，交通路网架构已相对完善，交通路网不断优化。2012 年，高新区实施康虹路西延工程，将道路西延至奥体西路，并将对凤凰路北头的道路进行整修。

2）交通通勤协同情况

就业地和居住地的空间分离是通勤行为发生的基础，通过研究不同阶段的通勤距离、通勤时间的合理性可以了解就业地与居住地之间的匹配性。虽然前两个阶段的交通通勤情况无法考虑，但可以通过个体的描述来反映具体情况。

（1）起步发展阶段：大量通勤者住在主城区，通勤交通工具匮乏

在高新区成立初期，园区内的居住用地很少，高新区内的大部分就业者只能通过居住空间外溢来解决居住问题，加之通勤工具的匮乏，通勤距离和时间较长。在起步发展阶段，随着就业者的增多，各厂区建设职工宿舍，部分就业者傍工作而居，在这种情况下，通勤距离和时间几乎可以忽略不计。但有大量的通勤人口住在主城区，多使用企业班车和摩托车等个体交通工具上下班。

（2）快速发展阶段：职住地分离导致通勤距离和通勤时间较长

在快速发展阶段，高新区的就业者和居住者日益增多，随着路网逐渐形成，小汽车等个体交通工具的占比上升，但大部分就业者虽在高新区就业却在主城区居住，在主城区的就业者也会因为房价、经济等多种原因选择在高新区买房。居住地和就业地的交错分离导致通勤距离和通勤时间较长。随着公共交通路网的不断完善，这种趋势越来越明显：高新区就业者下班后纷纷从各处写字楼走出，经过 40 min 左右的行驶返回主城区。这种朝着同一个通勤方向的潮汐现象将持续 2 h 有余，数十辆公交车将高新区的就业者“运送”回市区，完成一次居住在主城区、就业在高新区人群的小规模“迁徙”。

（3）综合发展阶段：内部通勤情况越来越差，通勤时间不断延长

到了综合发展阶段，随着就业者的不断增加，高新区的房价也飞速上涨，部分

就业者由于经济原因只能住到更远的地方，加上东部城区的居住小区不断建成，在东部城区居住的就业者越来越多。由于快速轨道交通的建设滞后，高新区内部通勤情况越来越差，通勤时间不断延长。随着高新区就业者的增多，成千上万的通勤者挤在经十路的车流中，原本开车只需要 15 min 的路程逐渐延长到 0.5 h 以上。在高新区软件园附近公交车上的人越来越多，经常有挤不上等下一班的情况，通勤时间不断延长。

利用地理信息系统软件 ArcGIS 对调查问卷中就业者和居住者的职住地点做通勤起讫点（OD）图，并以高新区管委会为中心，以通勤半径 5 km 和 10 km 绘制通勤圈，进而比较调查样本中就业者和居住者的通勤空间特征（图 6-21）。可以明显发现，在高新区的就业者来自不同的街道，远至临港街道、党家街道、桑梓店街道等，大部分就业者的通勤距离超过 10 km，相比之下居住者职住地的分布更为集中，通勤距离基本上都在 10 km 以内。

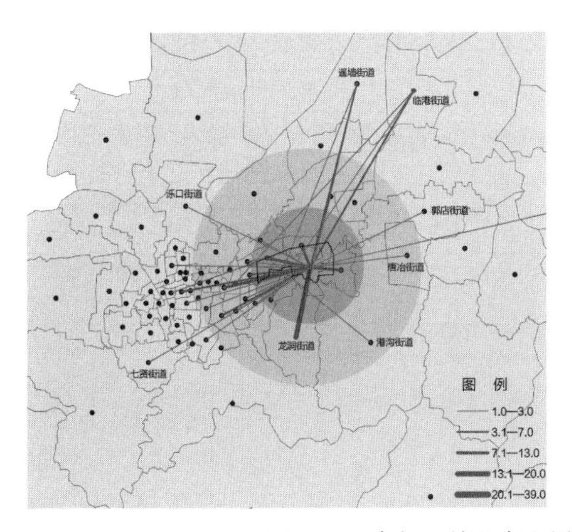

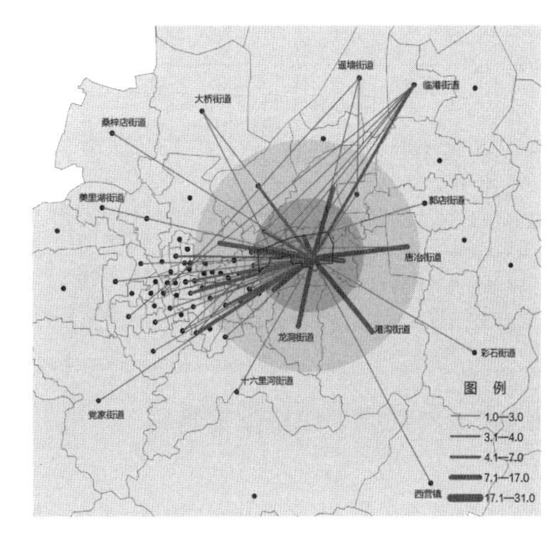

图 6-21　高新区就业者和居住者通勤起讫点（OD）图

从近两年的高新区就业者和居住者的通勤时间可以发现，在 2016 年 82.55% 的人口可以实现通勤时间平衡，通勤时间超出 50 min 的人口占比为 8.09%。2018 年可以实现通勤时间平衡的人口占比为 60.04%，与 2016 年相比下降 22.51 个百分点，而通勤时间超出 50 min 的通勤者数量大幅度增加，占比为 27.76%（图 6-22）。在通勤情况满意度调查中，2016 年有 53.62% 的人对通勤情况表示满意，而 2018 年仅有 41.78%。由此可见，随着济南高新区就业者和居住者的不断增加，加之高新区逐渐融入主城区，近两年济南高新区内部通勤情况越来越差，需要忍受长时间通勤的人口日益增多。

从交通通勤特征来看，在起步发展阶段，道路占地较多，路网密度不高且不完善，大量通勤者住在主城区，通勤工具匮乏。在快速发展阶段，道路用地占比大幅度下降，主要路网逐渐形成。大多数就业者受多重因素的影响对居住地的选择不同，居住地和就业地的分离导致通勤距离和通勤时间较长。在综合发展阶段，高新区道路用地增幅变缓，交通路网结构不断优化。但随着就业人口和居住人口的成倍

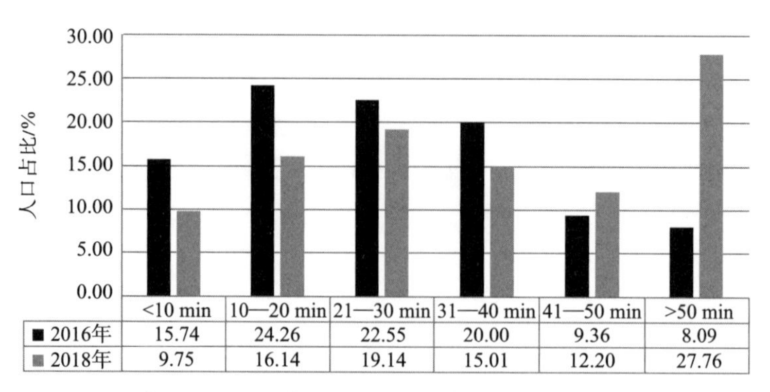

图 6-22 2016 年和 2018 年通勤时间情况统计图

增加，快速轨道交通的建设滞后，内部通勤情况越来越差，通勤时间也不断延长（表 6-16）。

表 6-16 济南高新区各阶段交通通勤协同情况一览表

类别	道路用地演变	交通通勤协同状态
起步发展阶段	道路用地占比较多，路网密度不高且不完善	大量通勤者住在主城区，通勤工具匮乏
快速发展阶段	道路用地占比大幅度下降，主要路网逐渐形成	职住地分离导致通勤距离和通勤时间较长
综合发展阶段	道路用地增幅变缓，交通路网结构优化	内部通勤情况越来越差，通勤时间不断延长

6.2.5 公共服务设施配置特征

1）公共服务设施用地演变

在起步发展阶段，济南高新区的公共服务设施发展相对滞后，随着高新技术产业的发展，高新区管委会建立起来，新增公共服务设施用地分布在高新区管委会附近。在快速发展阶段，公共服务设施需求量递增，公共服务设施用地快速扩张，重心由中部向西部偏移，各类公共服务设施不断完善。到了综合发展阶段，高新区用地功能结构不断优化调整，公共服务设施用地增幅变缓且相对稳定（图 6-23）。

（1）起步发展阶段：公共服务设施发展相对滞后，新增用地分布在园区中部

在起步初期，园区内只有部分学校和零星小卖部，零散地分布在园区的西部。公共服务设施用地面积仅为 12.10 hm^2，配套设施严重缺乏。由于当时的企业规模较小、人口数量较少，园区主要发展工业用地和居住用地，公共服务设施用地发展滞后。随着高新区管委会的建立，齐鲁软件园、大学科技园等教育科研园区逐渐入驻，到 2001 年，公共服务设施用地面积为 31.04 hm^2，新增公共服务设施用地主要分布在高新区管委会附近。

（2）快速发展阶段：公共服务设施用地快速扩张，重心由中部向东部偏移

随着高新区的快速发展，公共服务设施需求量递增，高新会展中心、银荷大

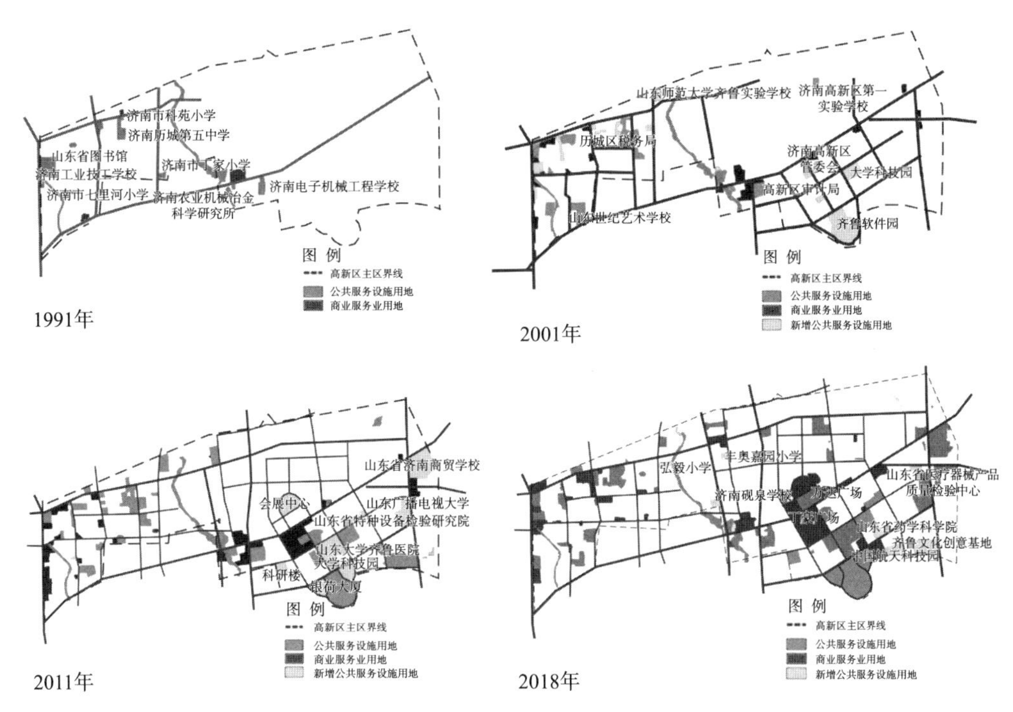

图 6-23　济南高新区各阶段公共服务设施用地变化图

厦、山东大学齐鲁医院等各类公共服务设施不断注入，商业服务业业态逐渐丰富。至 2011 年，高新区公共服务设施用地面积迅速扩大到 191.20 hm^2。在快速发展阶段，公共服务设施用地增长速度仅次于居住用地，新增公共服务设施用地重心由中部向东部偏移，各类公共服务设施配套不断完善。

（3）综合发展阶段：公共服务设施用地增幅变缓且相对稳定

在综合发展阶段，高新区用地功能结构不断优化调整，以万达广场、丁豪广场为代表的商业服务设施入驻高新区，为满足新增居住小区的教育设施需求，在化纤总公司旧址上建设历下实验小学分校——弘毅小学。近年来，通过比较 2016 年和 2018 年公共服务设施用地情况发现，高新区没有新增公共服务设施用地，占比也相对稳定。

2）公共服务设施配置协同情况

对于公共服务设施配置，本章主要针对高新区教育设施和医疗设施进行调查分析，总结高新区小学和医院的情况。由于济南高新区学校大多数都成立很早，历年招生规模数据不详，因此这里通过某一学校或医院的发展描述来反映具体情况。

（1）起步发展阶段：教育设施建设较早，医疗设施相对缺乏

在起步发展阶段，济南高新区就拥有丁家小学、七里河小学、科苑小学、高新区第一实验学校四所小学，为周边村庄学龄儿童提供基础教育。园区内大多数小学建设较早，如丁家小学始建于 1945 年，在 1958 年成立分校，分校又于 1988 年迁址新校至历下区东北角，1992 年正式从丁家小学独立出来并更名为十里河小学。2015 年又迁址新校并更名为济南市科苑小学，可以说科苑小学的前身就是丁家小

学。对于医疗设施，济南齐鲁花园医院始建于 1984 年，在起步发展阶段，高新区中心区只有这一个医院，大部分居民就医需要到主城区，就医相对困难。

（2）快速发展阶段：教育设施规模扩大，就医难相对缓解

在快速发展阶段，高新区学校经历改建扩建等工程，学校规模在逐年扩大，如高新区第一实验学校始建于 1985 年，原名为济南市郊区姚家公社牛旺乡中学，1991 年更名为济南市历下区姚家镇第三中学，2005 年又更名为济南高新区第一实验学校，于 2007 年迁址新校区，现为包含中小学的九年一贯制学校。在快速发展阶段后期，山东大学齐鲁医院（东院区）在高新区成立，该医院的建设适当缓解了园区内就医难的问题。

（3）综合发展阶段：教育设施和医疗设施相对完善

在综合发展阶段，济南高新区为了满足新建小区儿童就近上学的需求，新增了丰奥嘉园小学和弘毅小学两所小学，同时济南历下区第三人民医院也在高新区成立。截至 2018 年，高新区中心区已有小学 6 所、医院 3 所，为进一步探究目前高新区中心区的公共服务设施情况，本章将对教育设施和医疗设施的服务范围进行分析。

在教育设施分析中，利用地理信息系统（Geographic Information System，GIS）绘制小学信息点分布图发现，研究范围内小学在西部地区分布得更为密集，在东南区域分布得很少。究其原因，主要是东南区域为齐鲁软件园，产业空间密集，居住区较少，影响了小学布局的空间密度。利用地理信息系统软件对小学进行 500 m 服务范围缓冲区处理，可以明显发现东南部学校的覆盖率较低，西部呈现多所学校服务范围重合的现象（图 6-24）。由于研究范围周边小学分布密集，服务半径能够辐射到高新区内部，可以缓解内部小学的供应压力。此外，2019 年新增康虹路小学和贤文学校两所小学，教育设施进一步得到完善。

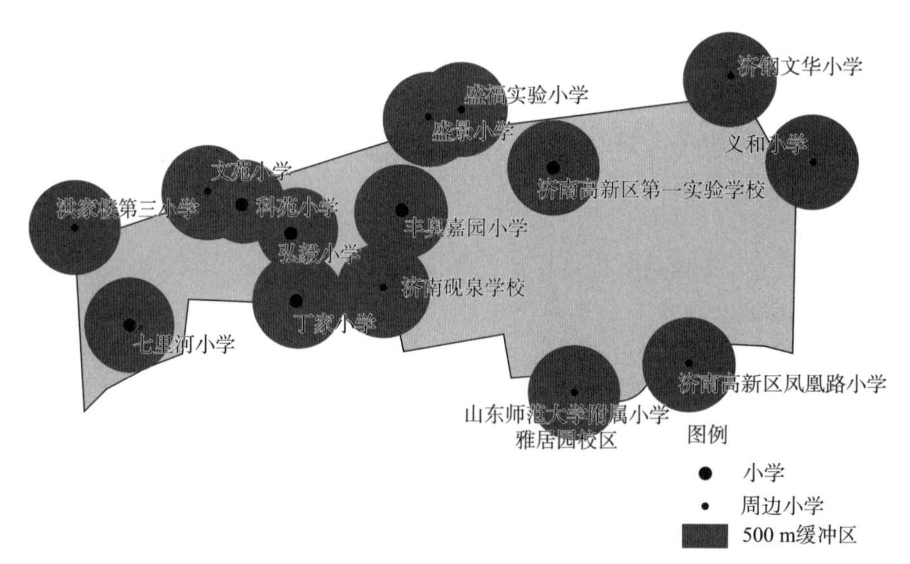

图 6-24　济南高新区小学 500 m 服务范围图

在医疗设施分析中，济南高新区研究范围内有三所大型医院，分别是济南齐鲁

花园医院、山东大学齐鲁医院以及济南历下区第三人民医院。利用地理信息系统软件对高新区医院进行 1 000 m 服务范围缓冲区处理，发现高新区东北部区域医院覆盖不足。调查发现，在该区域内，贤文社区、牛旺社区等社区卫生服务中心的配套相对比较完善（图 6-25）。另外，周边也有区域在山东省立医院（东院区）、济南市历城区中医医院、山东省荣军总医院的 1 000 m 服务半径内，虽辐射覆盖面积较少，但可以适当减轻医疗设施不足的压力。

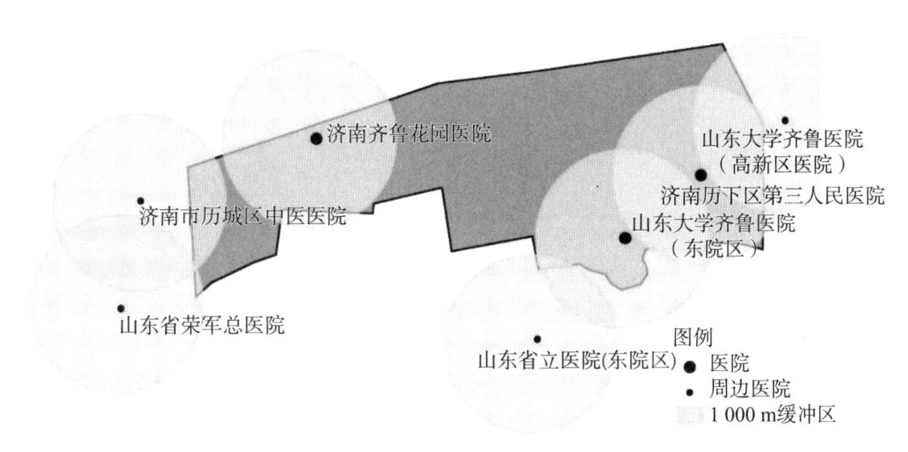

图 6-25　济南高新区医院 1 000 m 服务范围图

由此可见，从公共服务设施配置特征来看，在起步发展阶段，高新区公共服务设施的发展相对滞后，园区内教育设施建设较早，医疗设施相对缺乏。在快速发展阶段，公共服务设施的需求量递增，公共服务设施用地快速扩张，教育设施规模扩大，就医难相对缓解，各类公共服务设施不断完善。在综合发展阶段，用地功能结构不断优化调整，公共服务设施用地增幅变缓且相对稳定，教育设施和医疗设施也相对完善（表 6-17）。

表 6-17　济南高新区各阶段公共服务设施配置协同情况一览表

类别	公共服务设施用地演变	公共服务设施配置协同状态
起步发展阶段	公共服务设施发展相对滞后	教育设施建设较早，医疗设施相对缺乏
快速发展阶段	公共服务设施用地快速扩张	教育设施规模扩大，就医难相对缓解
综合发展阶段	公共服务设施用地增幅变缓且相对稳定	教育设施和医疗设施相对完善

6.3　济南高新区职住协同干预策略

6.3.1　时间干预策略

1）鼓励产业用地置换，打造人才集聚高地

济南高新区作为新旧动能转换的重点基地之一，目前中心区土地开发已趋于饱和状态，建议制定产业用地置换政策，将早期开发的经济效益低、布局相对零散的非主导企业进行置换，引进符合发展方向的高新技术企业，从而提高用地强度和集聚效益。济南高新区目前拥有丰富的人力资源，建议优化人才引进政策，发挥驻济高校的人才服务优势，积极引导科技成果转化，形成产学研政互动的人才机制，打造全国新旧动能转换的人才集聚高地、区域科创人才集聚中心。

2）整合公交站点体系，积极推动地铁建设

济南高新区的路网相对完善，公交站点繁多，但通往主城区的交通压力过大，面对日益拥堵的通勤交通环境，可以通过整合公交站点数量、减少重复站点停靠次数来提高公共交通出行效率。同时，积极推动地铁 3 号线建设，在保证质量的前提下，加快地铁建设速度，以减缓高新区内外通勤压力。加快实现地铁站点全覆盖，提高站点的可达性，缩短外来通勤者的通勤时间，方便就业者和居住者出行。

3）调整公共服务设施数量，提高规避风险的能力

济南高新区通过适当的调控以及周围区域的辐射，可以达到供需基本平衡。对于教育设施和医疗设施供给覆盖明显不足的区域，建议寻找合适地段，依据差额调整公共服务设施数量。对于学校和医院容量较小或质量较差的，可以考虑原址改建或就近扩建。高新区的就业者和居住者整体偏年轻化，在未来 3—5 年内可能会出现“生娃热”现象，学校和医院等公共服务配套设施供给应未雨绸缪，提高抗风险能力。

6.3.2 空间干预策略

根据 2016 年济南市控制性详细规划内容，对济南高新区居住、就业、通勤的空间结构提出规划策略。

1）居住结构

济南高新区的居住组团分布以北侧为主，南侧有少量商住组团。其中，化纤厂路以西的居住组团以多层和小高层住宅为主，东侧以小高层和高层住宅为主（图 6-26）。

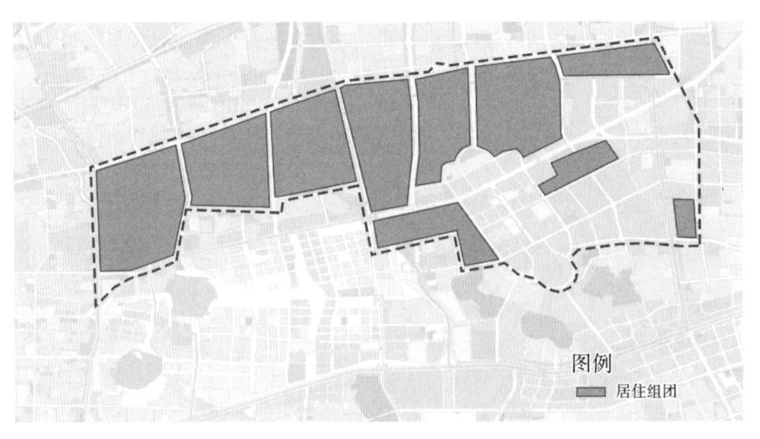

图 6-26　济南高新区居住组团示意图

2）就业中心

济南高新区的就业空间应形成“一主三副四带”的就业格局（图 6-27）。其中，“一主”是指以齐鲁软件园—高新会展中心为主的就业主中心，周边地区包括东侧的齐鲁文化创意基地、大学科技园和山东百利通亚陶科学园等，在空间上形成连绵的就业组团。“三副”是指三个就业次中心，包括东侧的两个就业次中心，分别以小鸭集团为主和以山东省济南商贸学校、海信创智谷为主；西侧的一个就业次中心，以山东世纪艺术学校为主。“四带”是指四条沿干路的就业带，包括二环东路、华信路、凤凰路和工业南路。

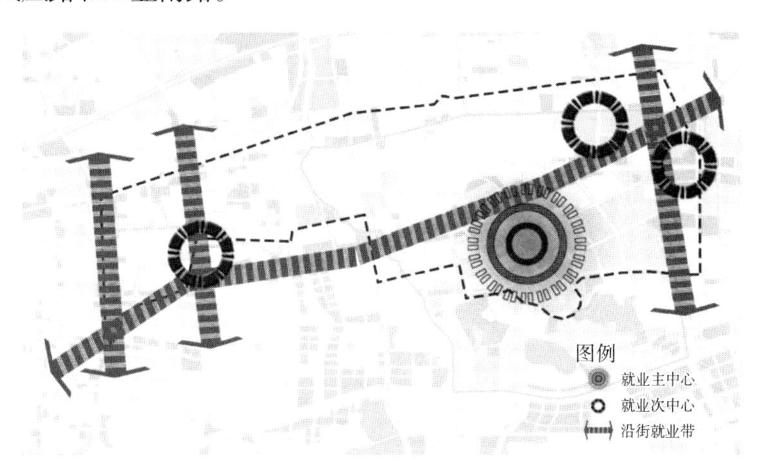

图 6-27　济南高新区就业结构示意图

3）通勤走廊

济南高新区应形成由“一横三纵”的主要通勤廊道和若干次要廊道组成的通勤走廊体系（图 6-28）。“一横”指的是工业南路，“三纵”指的是二环东路、奥体中路和凤凰路。其余若干次要廊道包括横向的花园路—花园东路、新泺大街，纵向的华信路、西周南路—化纤厂路、奥体西路、舜华北路和开拓路。

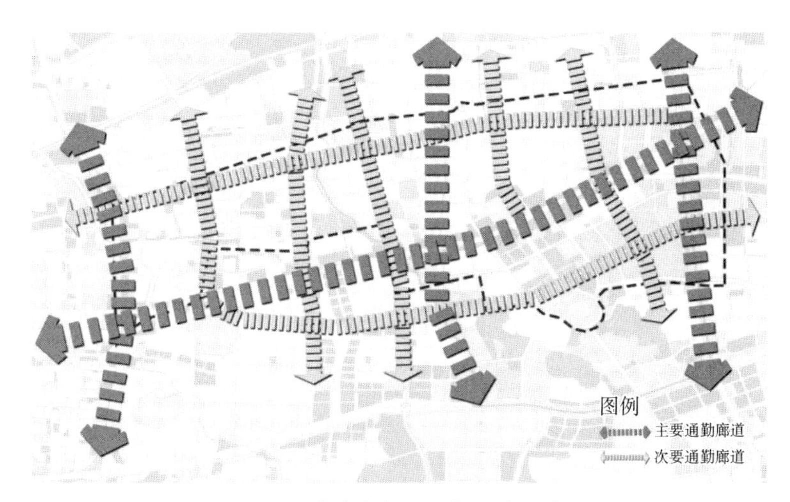

图 6-28　济南高新区通勤走廊示意图

6.4 本章小结

产业园区的职住协同问题一直以来都是比较热门的研究课题，在高质量发展成为新时期产业园区发展新方向的背景下，本章对济南高新区进行实证分析，并总结归纳出其在职住用地、职住人口、交通和公共服务设施配套四个要素上的指标特征。首先，本章介绍了此研究在都市区分析中的地位和作用，阐明了研究思路、研究对象和研究范围，并对研究方法和数据来源进行阐述；其次，本章对济南高新区的职住协同特征进行了研究，梳理了济南高新区的园区发展历程，将其发展阶段划分为起步发展阶段、快速发展阶段、综合发展阶段三个阶段，并从职住用地、职住人口、交通通勤、公共服务设施配置四个方面，具体分析综合发展型高新区在各发展阶段的职住协同特征；最后，本章就济南高新区的职住规划调控提出三点策略。由于各方面的限制因素，本章研究仍存在许多不足之处，例如此次研究针对的是山东省高新区，对于开发区的职住协同状态是否存在差异等问题需要在以后的研究中寻求答案。

7 济南都市区郊区职住空间协同与干预研究

随着我国城镇化率超过 60%，各级政府都逐渐认识到中国城镇化逐渐进入城市群和都市区时代（方创琳，2021），城市区域逐渐成为支撑经济增长的主阵地和主平台，这是从城镇化发展动力的角度去看的结果。另一个需要关注的是，城镇化的推进空间从相对独立的城区和镇区扩展到城区、镇区和村庄共同构筑的城市区域范围。以往单纯强调城镇发展，人口和生产要素单纯面向城镇集中的策略开始发生改变，而更加注重城区、镇区和村庄三位一体、相互协调的思想逐渐辩证而统一地确立起来。因此，乡村振兴成为与新型城镇化并行的国家战略（叶超等，2020），城区、镇区和村庄协同发展的思路成为大势所趋。2020 年以来，为了解决城镇化过程中所出现的乡村发展不利的局面，更是为生态文明建设提供支撑，党和国家提出了城乡融合发展的策略，并推出了“城乡融合发展试验区”来推动这一策略的落实（王飞虎等，2021）。由此来看，在当今与未来一段时期内，城镇化的推动在强调城市区域一体化发展的格局下，更加会注重城区、镇区和村庄之间的协同，而劳动力在三者之间的分布及流动正是体现城市区域协同状态的关键指向，而郊区（县）则是城乡过渡的关键地域，是落实城乡融合发展的恰当载体（王梅梅等，2022），由此对城乡融合进程中的郊区（县）职住空间组合特征及规划策略的研究也就具有了现实意义和时代价值。

本章在初步梳理城乡融合进程中郊区（县）职住空间协同特征及呈现体系的前提下，以济南大都市区的郊区（县）——长清区为主要研究范围，利用统计数据和问卷调查数据，从整体和分街镇两个层次分析长清区的职住空间组织特征，最后结合城乡融合发展的趋势提出针对性的规划对策。本章研究对完善大都市区的空间结构模式理论具有积极意义，对长清区的职住空间组织特征形成较为系统的认识，并能为同类型地区的研究和规划提供案例参考。

7.1 郊区（县）职住协同特征分析

郊区（县）与中心市区共同构成大都市区的重要部分，是落实城乡融合策略的战略空间载体。职住空间是指居住和就业空间，是《雅典宪章》中所界定的现代城市的四大功能空间之一（吴志强等，2010）。随着市场化和机动化水平的提升，职住空间的组织地域从城市范围内开始向都市区范围扩展。有别于传统城市连续建成区的实体概念，大都市区的范围通常是以劳动力市场边界来界定的（康盈等，2015）。也就是说，劳动力实现日常居住和就业地点的分布及其二者之间的联系，成为界定大都市区的重要因素。因为在大都市区界定标准中，中心市区和郊区（县）之间要有不低于总量 5% 的通勤量，以表现出二者在居住和就业功能组织上的紧密性。另外，职住组织效率也能体现城市的组织效率，更能从深层次体现市民生活的质量。如果一个人每天把太多的时间消耗到通勤上面，必然会损耗他在生活上的时间和精力。同时，城市运行效率的降低也增加了能源的消耗，不利于“双碳”目标的实现。由此，在对郊区（县）职住空间组合模式研究的框架上，要把握“以人为本”“动静两维”“双向融合”的框架和特征。

“以人为本”是指劳动者在郊区（县）的居住、就业和公共服务的合理需求应该得到满足。政府和市场应该合作，通过提供有效的公共交通方式来实现个人通勤距离的合理缩减，从而提升个人上下班的幸福感和效率，这也是推进城乡融合的关键一步。

“双向融合”是指城乡职住要素在郊区（县）地区的融合作用，既体现了郊区（县）的特殊性，也体现了城镇化外在动力和内在动力的双重作用，融合了政府机构、企业经营和乡村居民多元的作用和选择。大都市区的形成需要依赖城镇化的推动，在城乡之间产生了大量的非农就业岗位。特别是在郊区，城区基础设施延伸的便利和郊区土地等生产、生活成本的低廉大大推动了郊区职住空间的集聚和建设。在郊区（县）地区，城镇化的动力体现了双向的交叉性：一是外来的动力，主城区高端产业和居住类型向郊区扩散，包括高新产业园区、大学城等功能类型；另一个是内在的动力，郊区自身培育生长的传统产业和居住功能类型也在城镇化中发挥着不可替代的作用。因此，在城乡双向融合的过程中，郊区（县）出现了大量的跨区通勤和城乡通勤，双向空间的职住组织成为这一地区的重要体现。

“动静两维”是指职住组合模式的研究内容主要体现在职住空间的分布情况和职住空间联系的效率上。

在职住空间的分布上面，关注的是居住和就业要素在郊区（县）及中心市区空间上的分布状态和变化特征，表现为就业中心和不同就业分区的有机搭配，也体现了城区、小城镇和村庄三者之间的分工。郊区（县）职住空间的发展始终处在城乡共同作用的进程中。在改革开放前，郊区（县）与中心市区的联系较弱，它是一个相对独立的职住单元，非农就业岗位主要集中在县城，居住和就业在空间上相近。到了 20 世纪 90 年代，随着开发区等新兴产业空间的兴起，郊区（县）的非农就业岗位数量得到快速发展，与此同时，还有遍地开花的乡镇企业也促进了郊区（县）非农就业岗位分布的均衡化。进入 21 世纪，郊区（县）具有土地成本的比较优势，加之服务配套设施的水平增加，大量在主城区工作的就业者与本地务工的农民纷纷在郊区购置商品房。同时，还有部分务工农民虽在城镇就业但仍在村庄居住。通常会使用职住比[①]或者职住平衡指数等指标来表明当地的居住和就业的数量分布程度。

在职住空间联系方面，主要关注的是居住地和就业地之间的联系强度和效率，强度表现为通勤流向和流量，而效率通常等同于通勤效率。改革开放前，郊区（县）的通勤主要发生在县城内部，整体通勤时间和通勤距离不大，通勤工具以自行车或者公共汽车为主；20 世纪 90 年代，中心市区和郊区之间的通勤逐渐增加，通勤班车在其中发挥的作用较为明显，同时乡镇企业的兴盛衍生了乡镇之间的大量通勤，通勤工具以自行车和摩托车等个体化的交通工具为主；2000 年以后，随着中心城市和郊区一体化的趋势逐渐明显，职住流动在城、镇、村三者之间交互进行，通勤工具开始变成电动车和私家车。另外，目前表示通勤效率的指标通常使用城市通勤时间低于 30 min 和通勤距离低于 5 km 的占比来表示（刘定惠等，2014；干迪等，2015）。另外，为了测度职住空间组织的行政性，要求职住均在一个街道单元才能进行。

7.2 长清区的概况和数据基础

本章以济南市长清区为研究对象（图 7-1）。它位于济南主城区西南部，原为济南市下辖县，2001 年经行政区划调整为长清区，2020 年长清区行政面积约为 1 209 km^2，下辖 8 个街道和 2 个镇，常住人口数约为 60.83 万人（含高新区创新谷），非农从业人数约为 25.03 万人（含高新区创新谷）。从城镇化水平和城乡相互作用角度来看，长清区在山东省具有一定的代表性②和典型性，对其研究不仅能对山东省区县职住发展的平均水平进行掌握，而且能为新型城镇化健康发展策略的制定提供参考依据。

从城郊相互作用的特性来看，长清区体现了典型的大都市区郊区物质景观风貌及双向作用的格局。在城镇化的物质景观呈现方面，长清区的发展受到市级政府和区级政府的叠加施政效果。在职住空间的形态上表现为既有区（县）自发的传统县城，也有市政府派出的创新谷和大学城等新兴功能区。这不仅体现了新市区与旧县城景观风貌的拼贴性，而且体现了城镇化动力的内外双向作用。由此，造就了郊区（县）城区与主城区、郊区（县）内部镇与村庄之间的通勤量。

同时，从空间单元的完整性来说，长清区也是符合要求的。因为虽然它是济南的一个区，但是是由县调整而来，并且在空间上与主城区是由生态用地分开，并没有形成连绵，在功能和形态上均确保了研究范围的相对独立性和完整性。

本章所需要的数据分为两类：一类是官方统计数据；另一类是问卷调查数据。其中，官方统计数据包括统计年鉴和普查数据，普查数据又包括济南市第七次人口普查数据和第四次经济普查数据。问卷调查数据是覆盖了该区的 10 个街镇，通过电子问卷的形式予以发放。问卷发放时间是 2020 年 10 月 18—26 日，共收集问卷 1 493 份，最终得到有效问卷 1 378 份，问卷有效率达 92%（图 7-2）。问卷的内容主要包括个人信息、居住情况、就业情况、通勤情况、公共服务设施配套五个方面。

7.3 长清区职住空间协同的特征

本书将对长清区非农从业人员职住空间组织模式的研究分为两个层次：第一个是区县层次；第二个是街镇层次。同时，为了体现不同群体的差异性，本章着重对不同户籍的群体进行了职住空间协同特征的分析。

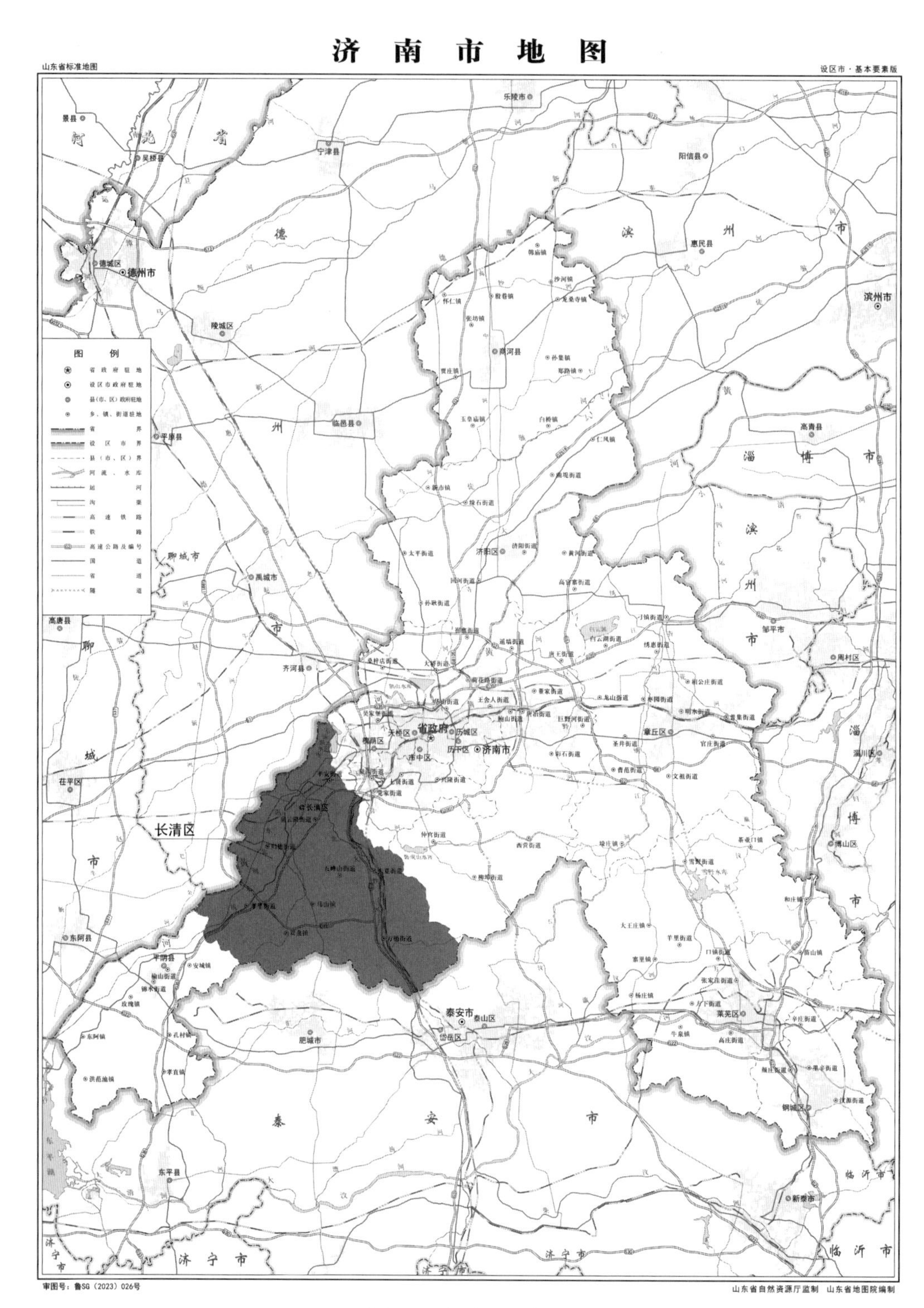

济南市地图
山东省标准地图
设区市·基本要素版
乐陵市
景县
宁津县
吴桥县
阳信县
德州市
德城区
惠民县
滨州市
陵城区
商河县
临邑县
平原县
高青县
济阳区
聊城市
禹城市
高唐县
齐河县
邹平市
周村区
章丘区
省政府
天桥区
历城区
槐荫区
市中区
历下区
济南市
淄川区
长清区
茌平区
博山区
东阿县
平阴县
泰安市
泰山区
岱岳区
莱芜区
钢城区
肥城市
东平县
新泰市
临沂市
济宁市
审图号：鲁SG（2023）026号
山东省自然资源厅监制 山东省地图院编制

图 7-1 长清区区位图

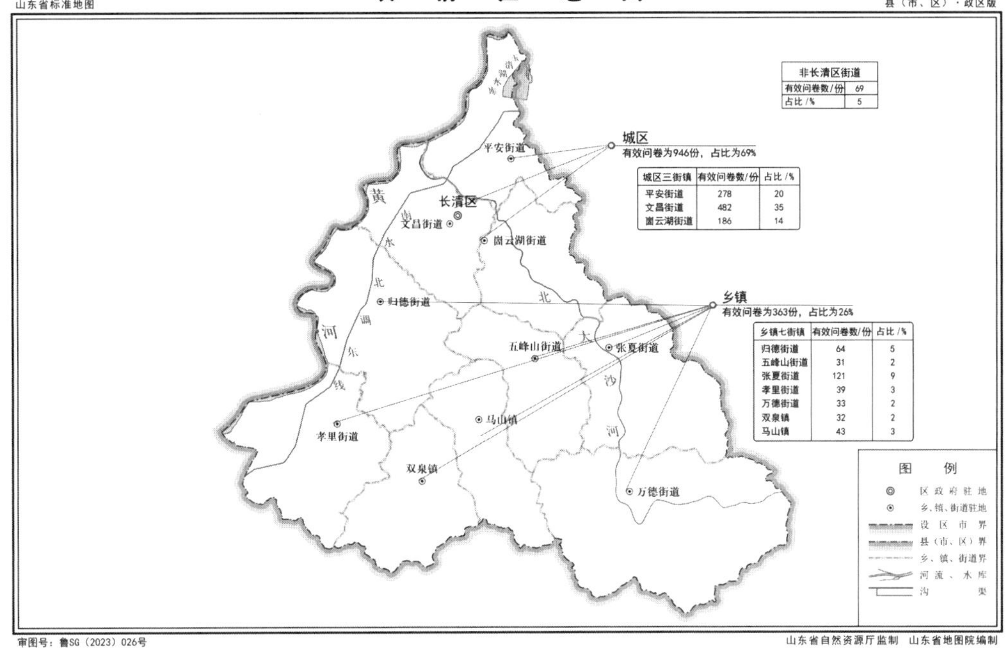

图 7-2 长清区有效问卷数量分布图

7.3.1 分区县职住空间协同特征

首先，长清区作为济南郊区（县）的地位应该得到认可。问卷调查统计数据显示，长清区与济南主城区的通勤占比约为 8%，其中有 5% 左右的长清区居民在主城区实现就业，同时有 3% 的主城区居民在长清区内实现就业。因此，从跨区通勤联系强度的角度来看，长清区作为大都市区郊区的部分已经超过了二者通勤量 5% 的门槛。

其次，长清区的职住空间规模配比值略低于济南市平均水平。这说明长清区自身提供的工作岗位还不能满足本地的劳动力就业需求，需要跨区外出实现就业。根据计算可知，2020 年长清区职住比系数约为 1.27，低于济南市职住比系数值（1.56），但是仍处在职住比较为协同的范围之内，说明该地区的非农就业岗位数基本能满足本地区常住人口的需求。同时，就非农就业的结构来看，长清区目前的非农就业存在以服务业为主导，但是建筑业占比较大的特征。据统计，在 2018 年长清区非农从业中，服务业从业占比为 60%。同时，基于从业主要类型的分析可以发现，目前占比超过 5% 的行业分别是建筑业（26.61%）、批发和零售业（22.31%）、制造业（13.49%）、住宿和餐饮业（6.80%）、教育（5.42%）、租赁和商务服务业（5.10%）。这与济南市的主要就业结构存在一定的共性。

再次，长清区的职住组织效率要高于济南主城区，这体现在通勤时间、通勤距离和公交服务能力三个方面。根据《2021 年度中国主要城市通勤监测报告》中显示的信息可知，济南主城区居民单程 45 min 以内可达的占比为 80%、单程超过 60 min

的占比为6%，而长清区这两个指标值分别为86.4%、6.2%，均优于济南主城区；在通勤距离上面，济南主城区5 km以内的通勤占比为56%，而长清区为50%，略低于济南主城区；但是在通勤时间上，长清区的情况则优于济南主城区（图7-3）。其中，济南主城区的单程平均通勤耗时为34 min，而长清区的单程平均通勤耗时仅为31 min。这说明，长清区虽然单程平均通勤距离要长于济南主城区，但是却在通勤时间上更短，更体现了其职住组织的高效性。另外，从公交45 min以内服务能力的指标来看，长清区的数值为80%，远高于主城区43%的水平。

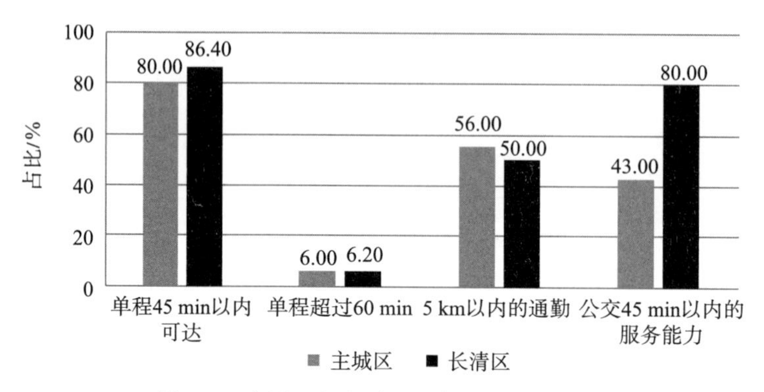

图7-3　主城区与长清区通勤指标值对比图

最后，通过问卷中有关出行满意度调查的统计可以发现，长清区非农就业者的通勤出行满意度较高，数值达到79%。仅有21%的被调查者感觉不满意，其中不满意的原因主要是出行路段拥挤（28.72%）、出行距离过远（27.68%）和出行时间过长（16.96%）。

7.3.2　分街镇职住空间协同特征

街镇是指街道、乡镇，它们是国家最低一级的行政单位，有着相对独立完善的公共服务设施配置，也是落实上一级政府居住和就业规划的重要载体。所以从这些方面来看，街镇自身也是职住协同的实现单元。本层次依靠普查数据和问卷调查数据对各街镇的职住空间分布和联系情况进行分析，归纳出职住空间组织模式。

职住空间主要分布在城区，节点型城镇优于一般型。从各个街道的常住人口、非农就业人口和户数职住比三个指标的情况来看，长清区现有的居住人口主要分布在城区的文昌街道和崮云湖街道，同时，平安街道由于在空间上与文昌街道和崮云湖街道相接，建成区也已经连成片，因此也可以和二者一并计算。最终，三者常住人口之和超过全区总量的61.5%。非农就业岗位则更加集中在城区这三个街道，占到了全区总量的82.6%。特别是文昌街道，全区居住和就业中心街道的特征较为明显。另外，对于剩余七个街镇而言，在数量上，非农就业和居住的规模占比约为17%和39%，职住比均小于1（图7-4），街镇提供的非农就业岗位不能满足自身劳动力的需求；在空间分布上也相对分散，中心性并不突出。进一步分析，这七个街镇还可以分为两类：一类是交通节点型城镇，位于主要交通干道的沿线，如归德、万德、张夏、孝里四个街镇；另一类是一般型城镇，区位偏离主要交通干线，如五峰山、双泉、马山三个街镇。

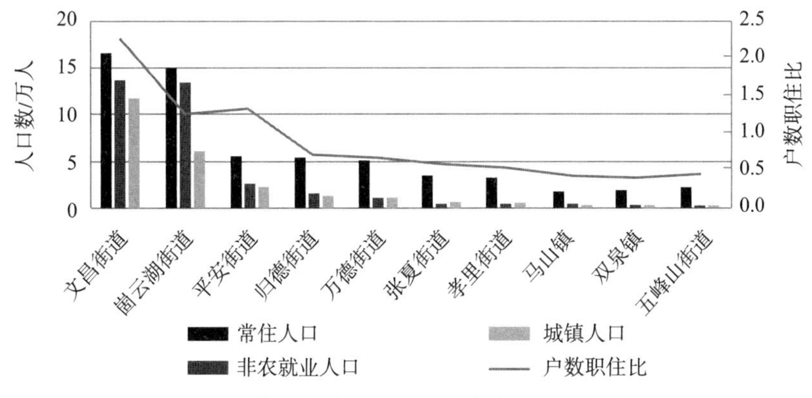

图 7-4　各街镇常住人口与非农就业人口分布图

注：创新谷街道包含在崮云湖街道之内，非农就业人口为 2018 年济南市第四次经济普查数据，常住人口数为 2020 年济南市第七次人口普查数据。

1）城区是全区的居住和就业中心，多元性的职住空间组织模式

从普查数据来看，现有非农就业岗位主要分布在城区的文昌、崮云湖和平安三个街道，占比达到 82.6%，并且这三个街道的职住比数值均超过 1.3，表明是就业优势性街道。也就是说，这三个街道内的非农就业岗位除了满足自身居民的从业需求外，还会为其他街道的居民提供就业岗位。

城区三个街道非农就业者的居住地主要是在城区。按照城区、小城镇和村庄三种居住类型的分布情况进行统计发现，城区三个街道的就业者居住在长清城区内的占比达到 77%，居住在周边村庄的占比达到 15%，居住在周边小城镇的占到 5%，另外还有 3% 的非农就业者居住在市区。这说明，在城区从事非农就业的人员绝大多数住在城区，但是也有 15% 的从业人员住在周边村庄，每日实现城乡往返通勤（图 7-5）。

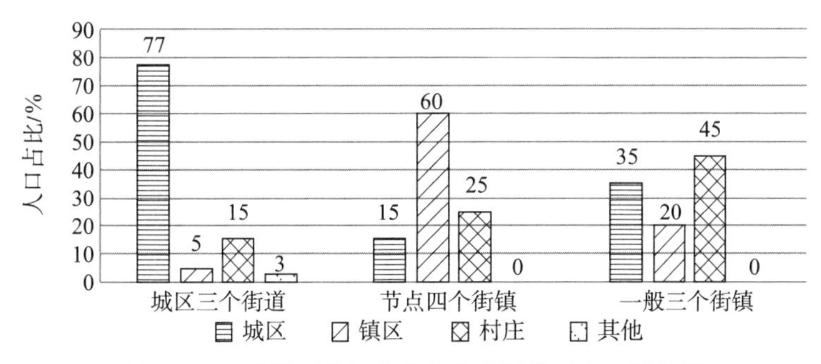

图 7-5　三种类型街镇非农从业者居住地分布统计图

从通勤指标来看，城区的街道具有较高的通勤效率。问卷统计结果显示，城区三个街道非农就业者的职住地点在同一街道的占比为 75%，通勤时间低于 30 min 的占

比达到 85%，通勤距离在 5 km 以内的占到 54%（图 7-6）。通勤工具占据前两位的分别是电动车（50%）和私家车（25%），如图 7-7 所示。城区三个街道的通勤出行满意度基本和全区一致，有 79% 的被调查者感到满意，其中不满意的原因排在前三位的也是出行路段拥挤（30%）、出行距离过远（26%）和出行时间过长（16.96%）。

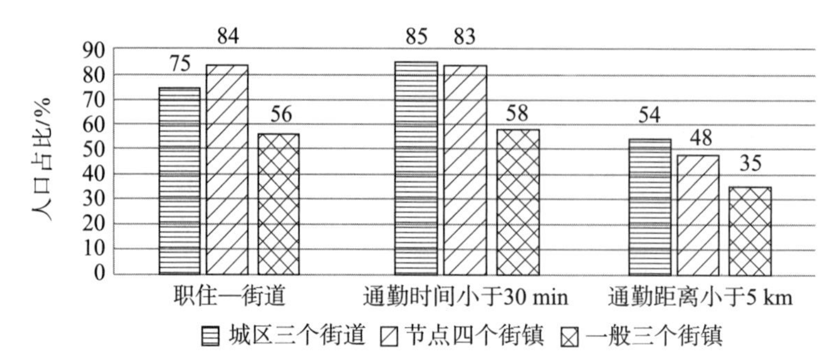

图 7-6　三种类型街镇三种职住测度结果统计分析图

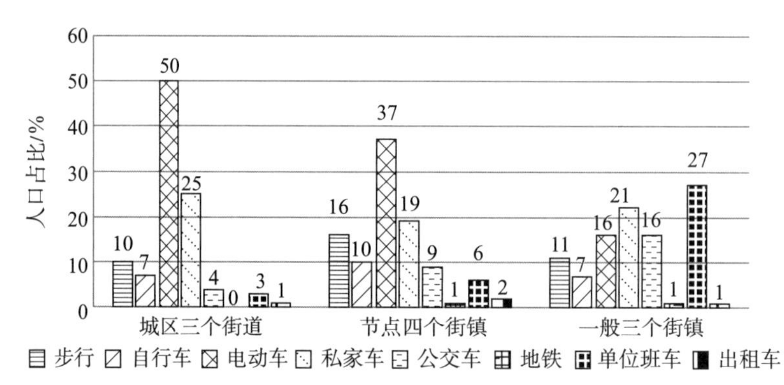

图 7-7　三种类型街镇非农就业者通勤工具构成分析图

进一步对城区三个街道的居住地分布情况进行分析，发现三个街道也存在一定的差异。

（1）文昌街道是长清区的居住和就业中心。文昌街道是原长清县的县政府驻地，现在是区政府驻地，辖区内常住人口数为 16.66 万人，非农就业从业岗位有 12 万个，职住比为 2.25。本街道能提供大量的批发和零售业、住宿和餐饮业等服务业就业岗位，也是服务设施配套较为齐全的街道，同时还具有丰富的居住类型，包括商品房和自建房，能满足不同收入就业者的住房需求。

本章以居住地点和就业地点所在的社区或村庄中心为原点，将文昌街道非农从业者的就业地点与居住地点进行起讫点（OD）连线，得到图 7-8。通过对被调查样本起讫点（OD）分布情况的分析可以发现，文昌街道的非农就业者主要是在街道内部居住，但是也有一定数量的就业者在市区、平安街道、崮云湖街道和归德街道居住。这是因为文昌街道作为长清区的就业中心，能提供大量而多样的非农就业岗位，从而也存在大量的街道外居住。据问卷统计，文昌街道有 88.2% 的非农就业者在文昌街道居住，街道通勤满意度达到 82.52%。

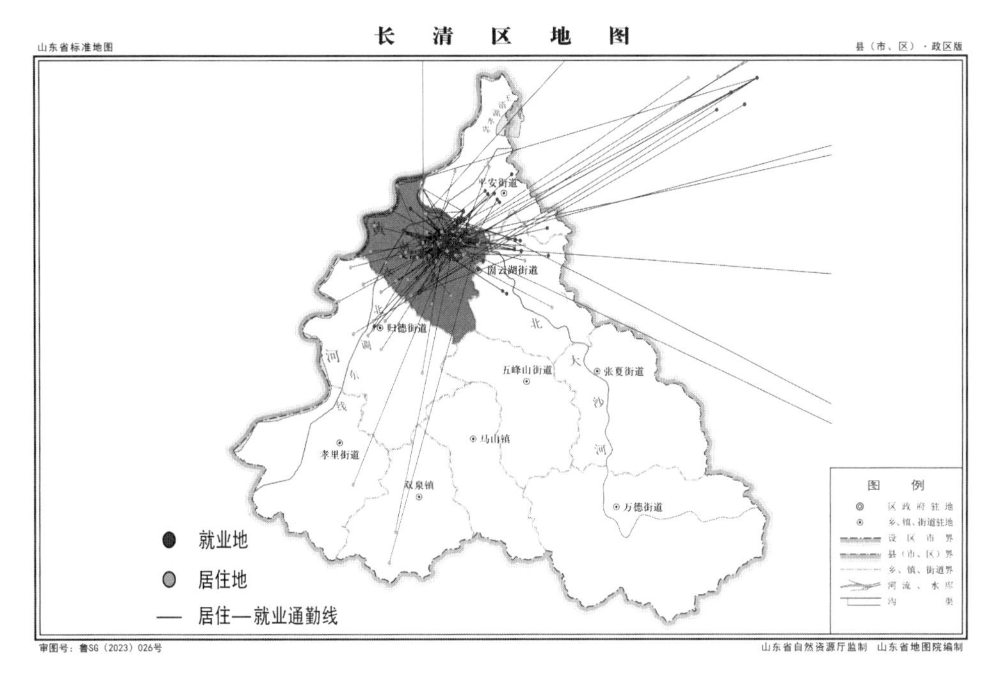

图 7-8　文昌街道非农从业人员职住连线起讫点（OD）示意图

（2）崮云湖街道是长清区高端就业和居住集中的区域。崮云湖街道位于文昌街道东侧，街道内常住人口数为 15.09 万人，是承载非农就业岗位第二的街道，非农就业岗位数为 6.04 万个，职住比为 1.25，包含了济南大学城和济南高新区创新谷两个高端功能区。崮云湖街道的职住比不高，这是由大学城内没有就业的大学生人数较多造成的。

通过对崮云湖街道非农就业者就业地点与居住地点起讫点（OD）连线分布的分析可以发现，崮云湖街道的就业者主要是在本街道内居住（图 7-9）。据问卷统计，有 84.5% 的非农就业者在崮云湖街道居住，街道通勤满意度达到 83.87%。该街道的就业者主要选择在此居住，这与本街道内的公共服务设施配套和房地产开发质量较高有一定的关联。同时，也有少量的从业者在周边的平安街道和文昌街道居住，因为崮云湖街道包含了大量的高端就业岗位和传统服务业岗位，考虑到大学城内各高校和高新区企业与主城区的内在关联，如大学城内的山东师范大学、山东工艺美术学院等高校从市区文化路迁来，所以也有一部分就业人口到主城区居住与生活。

（3）平安街道是长清区制造业就业集中的区域。如图 7-10 所示，平安街道位于文昌街道北侧，街道内常住人口数为 5.67 万人，是承载非农就业岗位数第三的街道，岗位数量有 2.38 万个，职住比为 1.31。因为该街道内含省级经济开发区——济南经济开发区，所以内部拥有大量的工业企业，可提供大量的制造业就业岗位，并且有许多企业还是由市区搬迁至此。但是街道内自身的居住配套水平较低，商品住宅开发数量有限，多是拆迁安置小区。据问卷统计，有 39.3% 的非农就业者在平安街道居住，跨街道通勤的现象较为普遍。有大量的从业人员到文昌街道和市区居

图 7-9 崮云湖街道非农就业者职住连线 OD 示意图

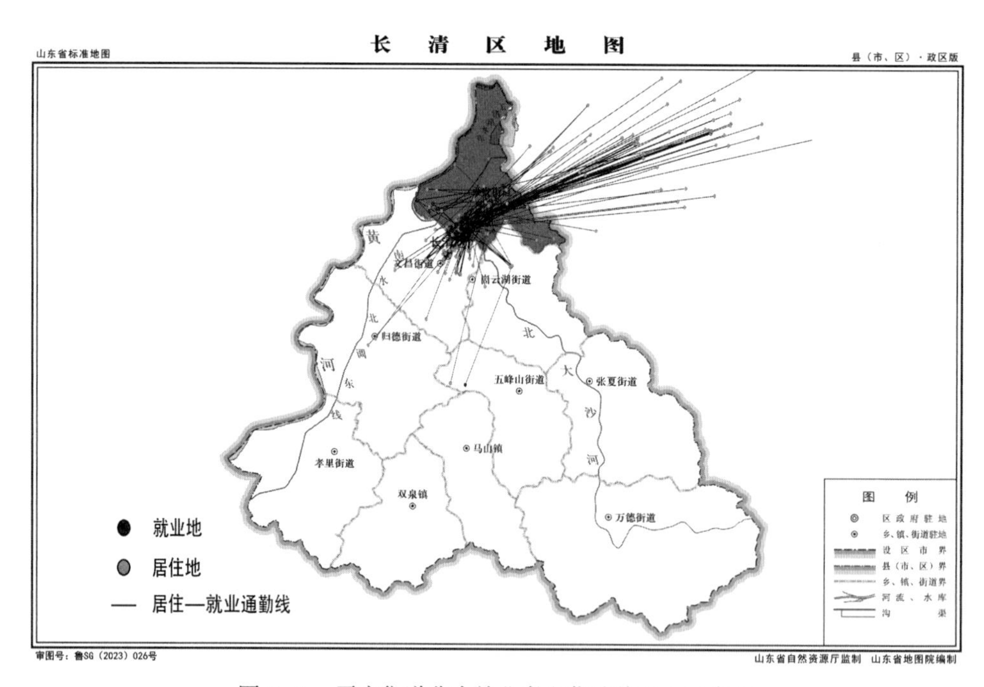

图 7-10 平安街道非农就业者职住连线 OD 示意图

住，通勤距离较长，于是通勤满意度相对较低，据统计仅为 68.62%。

2）乡镇非农就业职能弱于居住，一般型乡镇职住协同最弱

小城镇是城乡融合的重要节点，在城镇化进程中发挥了重要缓冲器、蓄水池的

作用，能够有效缓解大城市人口增速过快所带来的城市病，在德国是城镇化中重要的空间载体。在我国县域城镇化的进程中出现了一些问题，特别是中心性强化导向下，公共资源和产业投资重点向县城集中，导致县城在资源吸引力上的优势远高于小城镇，从而大量乡村人口绕过小城镇直接进入县城工作和居住。这也就带来了乡镇常住人口和非农就业机会的流失。据统计，2010—2020 年，长清区三个街道的人口增加了 7.45 万人，增长率为 25.95%，而剩余七个乡镇的人口则减少了 5.77 万人，增长率为 -19.76%。

（1）节点型城镇：承担本地职住空间分布的重要节点，职住协同效率低于城区就业者

节点型城镇是指沿着区域主要交通道路布局的城镇，包括高速公路、国道等高等级专用道路。这些城镇因为交通较为便利，会吸引较多的非农就业岗位，也会与城区形成便捷的交通联系。比如处于经十西路—济郑线与济广高速沿线的归德街道和孝里街道，处在二环南路—京岚线与京台高速上的张夏街道和万德街道，这四个街镇都可以通过便利的交通与城区形成便捷联系。

从统计数据来看，这四个街镇的常住人口为 17.58 万人，非农就业岗位数为 4.46 万个，职住比平均值为 0.61。这一数值远低于城区三个街道的职住比，说明这四个街镇能提供的就业岗位首先不能满足本街镇内劳动力的需求，同时也反映出城区非农就业中心的地位。另外，从 2010 年到 2020 年的常住人口变动可以发现，这些街镇的人口根据职住比又可以分为两类：一类是万德街道和归德街道，其职住比为 0.67（图 7-11）；另一类是张夏街道和孝里街道，其职住比为 0.55（图 7-12）。

图 7-11　归德街道非农就业者职住连线起讫点（OD）示意图

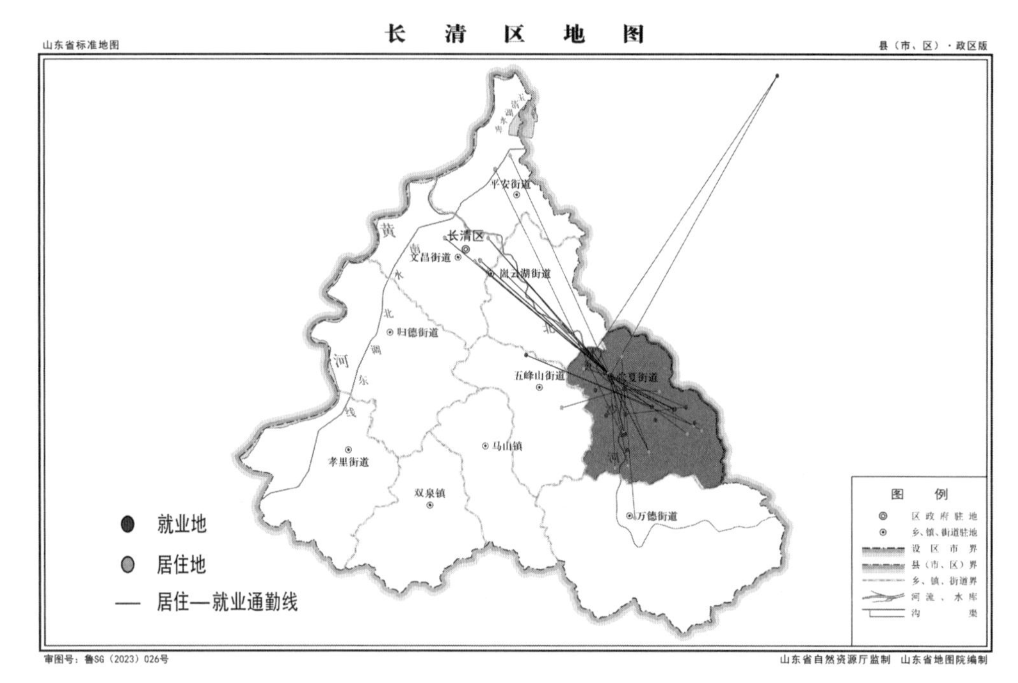

图 7-12 张夏街道非农从业人员职住连线起讫点（OD）示意图

其中万德街道和归德街道人口规模较大，集聚经济的效果相对好一些，能产生较多的非农就业岗位，但是与张夏街道和孝里街道的职住空间分布并无根本不同，本街镇能提供的非农就业岗位有限，需要向外，特别是向城区街道寻求就业机会。

同时，这四个街镇的居住空间以小城镇为主，但是也存在部分到城区和村庄居住的现象。根据问卷统计结果可知，在这四个街镇就业的非农从业人员中，在城区居住的为 15%，在镇区居住的为 60%，在村庄居住的为 25%。首先选择在本街道居住的样本达到 60%，可见镇区具有较大的吸引力；同时在选择到城区居住的人口中，有 11% 的样本选择了文昌街道。

另外，这四个街镇的职住组织效率稍低于城区，个体交通占据主流。据统计，四个街镇非农就业者的职住地点在同一街道的占比为 84%，平均通勤时间在 30 min 以内的占比为 83%，通勤距离在 5 km 以内的占比为 48%，通勤工具主要为电动车（37%）、私家车（19%）。通勤满意度为 82%，其中万德街道、归德街道为 78%，与城区基本持平，而张夏街道和孝里街道略高，数值为 82%。

（2）一般型城镇居住吸引力弱，居住流向城区和村庄两端集聚

一般型城镇是指处在交通边缘的城镇，并且内部地形起伏较大，山地丘陵较为突出，不适宜集中型的非农就业用地开发建设。这类新的城镇常住人口和非农就业岗位数量相对较少，且外出就业的人占比较大。本类型包括五峰山街道、双泉镇和马山镇三个街镇。这三个街镇的常住人口为 3.53 万人，非农从业人数为 0.76 万人，职住比数值为 0.41（图 7-13）。

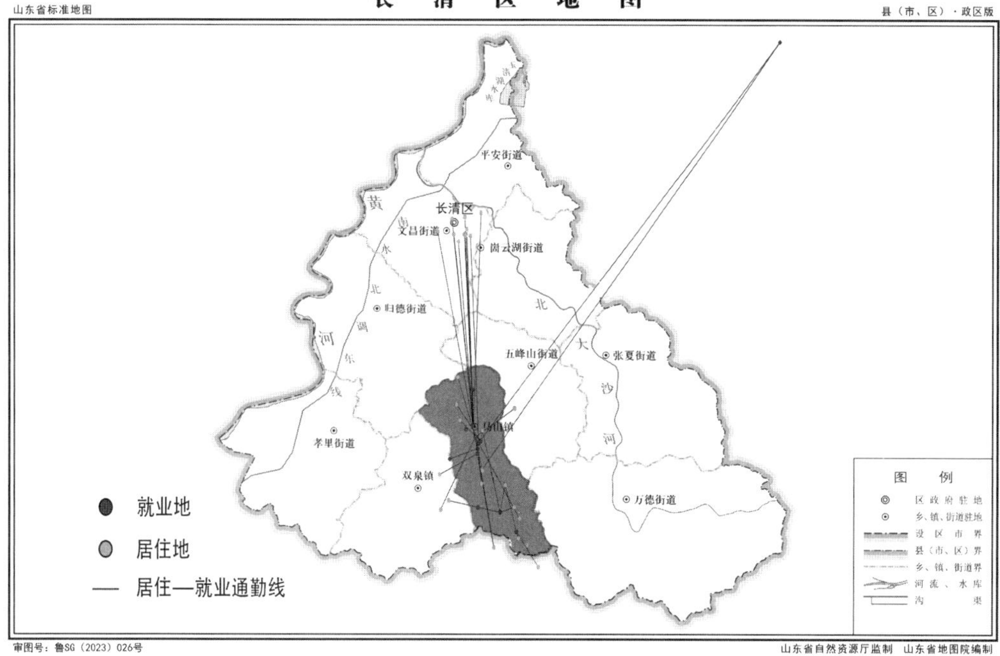

图 7-13　马山镇非农从业人员职住连线起讫点（OD）示意图

在这三个街镇的非农从业者中，居住在城区的占比为 35%，居住在镇区的占比为 25%，居住在村庄的占比为 40%。同时，这三个街镇的通勤工具较为均衡，包括单位班车（27%）、私家车（22%）、电动车（16%）、公交车（16%）。这三个街镇非农就业者的职住地点在同一街道的占比为 56%，通勤时间在 30 min 以内的占比为 58%，通勤距离在 5 km 以内的占比为 35%。根据调查可知，这三个街镇的通勤满意度达到 89%。

一般型城镇约有 30% 的人到文昌街道居住。相比于在节点型城镇工作的就业者，一般型城镇居住在周边村庄和城区的人口增加，这不仅反映了一般型小城镇的居住吸引力减弱，而且反映了这些小城镇高质量劳动力数量的缺乏。特别是行政和文教事业单位的工作人员，还有部分企业的员工，他们大多都在镇区就业，而到城区居住，因此乘坐班车、私家车和城乡公交的占比较高。

7.3.3　分群体职住空间协同特征

群体角度上的比较能反映出不同群体就业者在职住组织和意愿上的差异，同时也能为进一步推进城镇化的进程提供针对性的策略支撑；考虑到城镇化进程推进的影响因素，本章选择了不同户籍地样本对其职住组合情况进行问卷分析，通过分析得到了四种不同的职住组合模式。本节根据户籍地的差异，将区内的非农就业者分为区内城镇户籍、区内农村户籍、区外城镇户籍和区外农村户籍。经过交叉分析，得到四类户籍的非农从业人员职住空间特征（表 7-1）。

表 7-1　四类户籍非农从业人员职住空间特征归纳表

户籍类型	居住特征	就业特征	通勤特征	职住意愿调查
区内城镇户籍——中距城镇稳定型职住组合模式	以居住在城区为主（70%），住宅以商品房为主（60%），家庭单元构成中有32.5%的大家庭类型、61.7%的小家庭类型	就业地以城区为主（60%），职业以机关、企事业单位工作人员为主，同时也有近30%的人到镇区就业，月收入5 000—10 000元的人员占比最大，为38%，月入过万的人员占比较低	74%的样本通勤时间低于30 min，39.5%的样本通勤距离在5 km以内；通勤工具以私家车（33.3%）和电动车（28.6%）为主。整体上，82%的样本对通勤状态感到满意	择居：35%的人有意愿更换居住地，考虑搬到大学城的人数最多，以改善居住环境（30%）和子女入学（22%）为主。 择业：考虑以工资合适和满足自身技能为主
区内农村户籍——短距城乡非稳型职住组合模式	居住在村庄（54.3%）和城区（43.5%）相对均衡，住宅以自建房（63%）为主，家庭单元构成中有44.5%的大家庭类型、46.8%的小家庭类型	就业地以城区为主（60%），职业以服务行业人员和个体工商户为主，同时也有20%的人到镇区就业，月收入低于2 000元的人员占比最大，为40%，月入过万的人员占比较低	85.9%的样本通勤时间低于30 min，54.5%的样本通勤距离在5 km以内，通勤工具以电动车（50.5%）和私家车（19.4%）为主。整体上，79%的样本对通勤状态感到满意	择居：35%的人有意愿更换居住地，考虑搬到大学城的人数最多，以子女入学（26%）和改善居住环境（25%）为主。 择业：考虑以接送孩子方便和离家近为主
区外城镇户籍——长距市区稳定型职住组合模式	居住在城区（52%）和市区（38%）相对均衡，住宅以商品房为主（69%），家庭单元构成中有31.3%的大家庭类型、51.6%的小家庭类型	就业地以城区为主（94%），职业以企业员工和技术人员为主，月收入5 000—10 000元的人员占比最大，为39.1%，月入过万的高收入人员较多，占比为18.8%	50%的样本通勤时间低于30 min，34.4%的样本通勤距离在5 km以内，通勤工具以私家车（41.4%）和电动车（22.9%）为主。整体上，62%的样本对通勤状态感到满意	择居：40%的人有意愿更换居住地，考虑搬到市区的人数最多，以工作方便（35%）和子女入学（25%）为主。 择业：考虑以满足自身技能和工资合适为主
区外农村户籍——短距城区非稳型职住组合模式	以居住在城区为主（86%），住宅以租房为主（42%），家庭单元构成中有28.6%的大家庭类型、48.8%的小家庭类型	就业地以城区为主（80%），职业以企业员工和服务业人员为主，月收入5 000—10 000元的人员占比最大，为28.6%，月入过万的人员占比较低，其他各项收入选项较为均衡，均在23%左右	86.9%的样本通勤时间低于30 min，57.1%的样本通勤距离在5 km以内，通勤工具以电动车（47.8%）和私家车（23.9%）为主。整体上，78%的样本对通勤状态感到满意	择居：42%的人有意愿更换居住地，考虑搬到大学城的人数最多，以改善居住环境（30%）和子女入学（23%）为主。 择业：考虑以接送孩子方便和满足自身技能为主

归纳下来，长清区四种户籍的就业人群可以对应四种职住组合模式。其中，区内城镇户籍对应的是中距城镇稳定型职住组合模式，区内农村户籍对应的是短距城乡非稳型职住组合模式，区外城镇户籍对应的是长距市区稳定型职住组合模式，区外农村户籍对应的是短距城区非稳型职住组合模式。进一步分析发现，这四种模式在居住、就业和通勤方面表现出以下几种特征：

（1）协同效率：农村户籍的非农就业者其职住空间协同程度最好，区外城镇户籍的最差。农村户籍的非农就业者其职住空间组合模式的通勤效率最高，且区内农村户籍和区外农村户籍的样本差异不大。据统计，在农村户籍的非农就业者中，有86%左右的样本通勤时间低于30 min，有56%的样本通勤距离在5 km以内。区外城镇户籍的非农就业者其职住空间组合模式的通勤效率最低。区内城镇户籍的非农就业者其通勤效率位于中间。电动车是农村户籍劳动力的主要通勤工具，私家车是城镇户籍劳动力的主要通勤工具，公共交通方式在郊区并未呈现出相应的吸引力。

（2）居住特征：城区是非农就业者的首要居住地，村庄承担区内农村户籍就业者的重要居住功能。同时，区内农村户籍的非农就业者中三代同住的占比较高，且居住形式有非正规化的特征。从统计的结果发现，区内城镇户籍、区外城镇户籍和区外农村户籍三种类型的就业者均以城区为主要居住地，其中区内城镇户籍的非农就业者在城区居住的占比为70%，住宅类型以商品房为主，但是区内农村户籍就业者的住宅形式以自建房为主（63%），而区外农村户籍就业者中有超过40%的人是采用租房的形式。这说明区内农村户籍就业者的居住地点呈现出二元化的特征，城区和村庄各具有自己的优势和吸引力，但是镇区作为城乡中间的节点却没有体现出相应的地位。据统计，区内农村户籍的非农就业者的首选居住地是村庄，占比为54.3%，排在第二位的居住地点是城区，占比为43.5%。农村户籍的就业者在居住形式上还是呈现出非正规化的特征，这表现在居住在自建房或租房的占比上面。另外，不同户籍的就业者在现有家庭结构中均以父母子女两代人的核心家庭为主，不过在区内农村户籍就业者的家庭结构中，与爷爷奶奶共同居住在一起的大家庭占比也不低，达到44.5%。这说明在农村户籍的家庭中，老人在职住生活中发挥着重要作用，特别是在照顾小孩方面，表现出了代际协同的特征。

（3）就业特征：城区是非农就业者就业地点的首选，镇区也能承担一部分就业功能。据统计分析，对于四种户籍的非农就业者而言，城区都是他们的就业首选地，占比均在60%及以上，区外户籍的非农就业者在城区就业的占比在80%及以上。镇区是仅次于城区的非农就业空间，主要是区内户籍的非农就业者在使用。其中，区内城镇户籍的非农就业者中有近30%在镇区就业，区内农村户籍的非农就业者中有20%左右的人在镇区就业。不同户籍的人在就业类型上也存在差异，区内农村户籍的非农就业者在就业类型上有正规化的特征，且收入水平不高。据统计，区内农村户籍的非农就业者以服务行业人员和个体商户为主，且有40%的样本月收入水平在2 000元以下。

因此，区内农村户籍的非农就业者呈现出较为典型的特征，这些特征与城镇化的阶段性相对应。

农村户籍的劳动力其城镇化的阶段并未完成，也就是说高质量的城镇化或者健康的城镇化尚未实现。对于长清区的劳动力而言，就业的非农化大幅度实现，但在就业和居住的质量及其联系程度上面还存在更多的非正规化状态，他们是未来新型城镇化和乡村振兴的主要人员争夺对象。农村户籍的非农就业者在居住、就业的组织上面，更多受到家庭组织的约束。非农就业化并不是非农居住化，也不是非农服务化。所以，农村户籍劳动力的市民化进程还需要进一步推进实现，这也体现了城乡融合的必要性，农村还有大量的居住人口，也有相应的公共服务设施使用需求，考虑城镇高品质公共服务设施向农村延伸，满足农村人口的使用需求，从而为乡村振兴提供必要的支撑。

7.4 长清区职住协同影响因素分析

7.4.1 分析方法选择

关于职住协同状态影响因素分析的方法有很多，但方法不同其优缺点亦不同。逻辑斯谛（logistic）回归模型是目前应用最广泛的离散选择模型（周丽娟，2013），该模型是一种非线性分类统计方法，是针对二分类或多分类响应变量建立的回归分析模型，其自变量可以为定性数据或定量数据。在许多情况下，当因变量是分类变量而不是连续变量时，一般线性回归就不再适用，而逻辑斯谛（logistic）回归则能很好地解决这一问题（薛薇，2013）。因此，本章通过构建二元逻辑斯谛（logistic）回归模型来分析各属性指标变量与职住协同的相关性，以总结职住协同的影响因素。

1）逻辑斯谛（logistic）回归简介

逻辑斯谛（logistic）回归又称逻辑斯谛（logistic）回归分析模型，被广泛应用于多个领域。依据因变量的不同，逻辑斯谛（logistic）回归又可以分为二元回归和多元回归，二元逻辑斯谛（logistic）回归是指因变量为二分类变量的回归分析。现实状态下，许多现象都可以归结为两种状态，这两种状态可以用 0 和 1 表示，如果我们采用多个因素对 0 和 1 表示的某种现象进行因果关系解释，就可以运用二元逻辑斯谛（logistic）回归模型。目前，逻辑斯谛（logistic）回归已被成功运用到职住分离的影响因素研究（柴彦威等，2011；刘志林等，2011）、人口流动的影响因素研究（黄宁阳等，2010；何微微，2016）等方面。

2）逻辑斯谛（logistic）回归函数模型

在逻辑斯谛（logistic）回归分析中，因变量和自变量编码并未硬性规定，通常将二分类因变量 Y 赋值为 1 和 0，1 表示事件发生，0 则表示事件未发生，将影响因变量的多个自变量分别记作 X_1，X_2，X_3，…，X_a。

记事件发生的概率为 P（$y=1|X_i$）$=P_i$，则可以得到逻辑斯谛（logistic）回归模型（杜强等，2009）：

$$P_i = \frac{1}{1+e^{-\left(\alpha+\sum_{i=1}^{n}\beta_i\times X_i\right)}} \tag{7-1}$$

则

$$1-P_i = 1-\frac{1}{1+e^{-\left(\alpha+\sum_{i=1}^{n}\beta_i\times X_i\right)}} \tag{7-2}$$

其中，P_i 表示在第 i 个观测中事件发生的概率；$1-P_i$ 表示在第 i 个观测中事件不发生的概率。

事件发生概率 P_i 与不发生概率 $1-P_i$ 的比值 $P_i/(1-P_i)$ 被称为事件的发生比，记作 odds，对 odds 做对数变换，就可以得到逻辑斯谛（logistic）回归的线性模式：

$$\ln\left(\frac{P_i}{1-P_i}\right)=\alpha+\sum_{i=1}^{n}\beta_i \times X_i \tag{7-3}$$

即

$$\ln\left(\frac{P}{1-P}\right)=\alpha+\beta_1 X_1+\beta_2 X_2+\beta_3 X_3+\cdots+\beta_n X_n \tag{7-4}$$

其中，P 为设定事件发生的概率；α 为常数项；β_1，β_2，β_3，…，β_n 为逻辑斯谛（logistic）回归的偏回归系数；X_1，X_2，X_3，…，X_n 为解释变量。

因此，当拥有一个案例的观测自变量 X_1 至 X_n 的构成样本，并同时拥有事件发生与否（因变量）的观测值时，就能够用这些信息来分析和描述在一定条件下该事件的发生比以及发生的概率。

逻辑斯谛（logistic）回归模型的预测能力通过得到最大似然估计来评价，它包括回归系数、回归系数估计的标准差、回归系数估计的瓦尔德（Wald）统计量、回归系数估计的显著性水平和优势比。逻辑斯谛（logistic）回归系数可以被解释为对应自变量一个单位的变化所引起的因变量上的变化，若系数为正且统计显著，则表示解释变量每增加一个单位值时发生比会相应地减少（谢花林等，2008）。

发生比是事件的发生频率与不发生频率的比值，其可以在所有非负值域取值，当该值大于 1 时表示事件更有可能发生，在逻辑斯谛（logistic）回归中应用发生比来理解自变量对事件发生概率的作用是最好的办法（王济川等，2001）。

7.4.2 回归模型构建

1）因变量的选取

本章采用济南市长清区的问卷调查数据，以是否职住协同为因变量，并选用通勤指标进行职住协同的测算。通勤指标的优势在于能够从个体单位出发较为直观地显示就业与居住空间的时空协同情况，可用于小范围区域尺度的职住协同测算。

根据已有文献研究可知，通勤距离在 5 km 以内和通勤时间在 30 min 以内是通勤者所能承受的较为舒适的通勤范围。因此本章将通勤距离小于 5 km、通勤时间小于 30 min 作为指标界限，并认为同时满足两者的样本处于职住协同状态。经统计，长清区整体呈现职住分离，样本中的职住分离占比为 51.16%。

2）自变量的选取

人群的不同个体属性、家庭情况、经济条件都会对其通勤行为产生影响。为进一步研究职住协同的影响因素，本章从个体属性、经济属性、家庭属性和职住属性四个方面出发，选取指标因子共 19 个，覆盖面较为完整（图 7-14）。

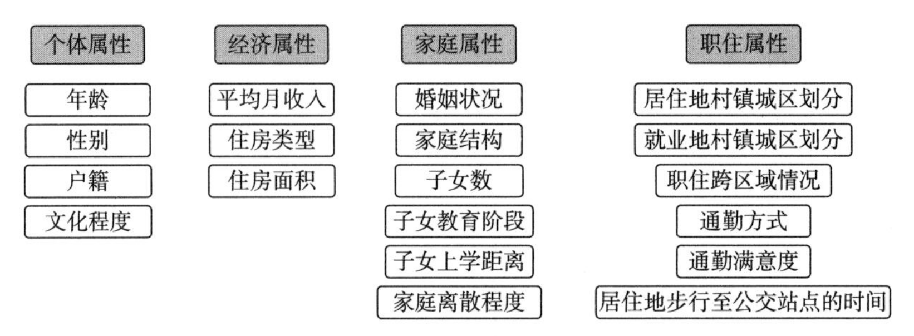

图 7-14　自变量指标体系构成图

家庭城镇化包含“分离迁居”和“家庭聚合”两个阶段，并表现为家庭由分离走向聚合的过程（周书琼等, 2020）。探究家庭城镇化过程对职住协同的影响，引用家庭离散程度指标，通过加权分析法对指标因子赋值，用于职住协同影响因素的相关性分析。

家庭离散化是指家庭成员的日常生活在区域城乡、城际或城镇内部不同板块之间不合理地分散，导致家庭成员之间只能周期性聚合；或家庭成员日常生活在一起，但其就业、居住、公共服务活动空间高度分散，导致日常超长距离通勤的现象（王兴平，2014）。本章研究的指标因子包括家庭离散情况、家庭离散类型，共计四个指标因子，具体如图 7-15 所示。

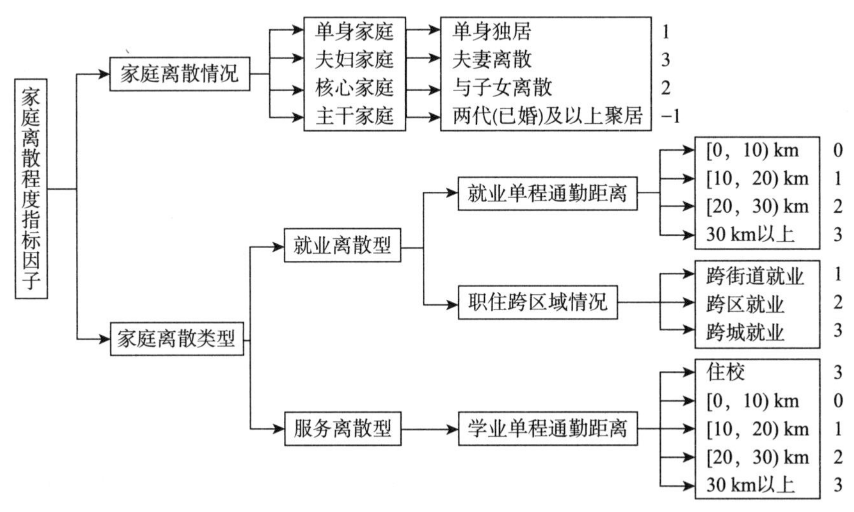

图 7-15　家庭离散程度指标因子构成图

注：右侧数值是各项指标的赋值情况。

研究家庭城镇化过程对郊区居民职住协同的影响，在家庭属性中引入家庭离散程度自变量，加权赋值后得到各样本的得分。

同时，城市居民的职住协同与分离是其在就业市场和住房市场中选择的结果，其主观因素、环境因素、经济因素均有可能对通勤行为以及职住距离的选择产生影响。因此，本章模型中同时引入样本的社会经济属性作为控制变量，包括个体属性的年龄、性别、户籍、文化程度，经济属性的平均月收入、住房类型、住房面积，家庭属性的婚姻状况、家庭结构、子女数、子女教育阶段、子女上学距离和家庭离散程度，以及职住属性的居住与就业地村镇城区划分、职住跨区域情况、通勤方式、通勤满意度和居住地步行至公交站点的时间。

7.4.3 回归结果分析

本章在卡方检验后，对除子女数和家庭离散程度变量以外的定类数据进行虚拟哑变量设置，构建二元逻辑斯谛（logistic）回归模型。经霍斯默（Hosmer）检验，模型拟合情况良好，且分类表中模型整体正确率较好，为 81.4%。多重共线性诊断结果显示容忍度均小于 0.1 且方差膨胀因子（Variance Inflation Factor，VIF）均小于 10，变量间不存在共线性干扰。由于自变量过多，为节省篇幅，本章只选择回归结果显著性较强（即显著程度 $P \leqslant 0.05$）的分类列出，其回归模型结果如表 7-2 所示。

表 7-2 长清区职住协同影响因素回归分析一览表

属性信息	自变量	偏回归系数	优势比	优势比的 95% 置信区间	
				上限	下限
常量		6.769***	870.066	—	—
个体属性	年龄 / 岁（＜ 20 岁为参照）				
	20—29	0.992**	2.696	1.034	7.032
	30—39	0.075	1.078	0.431	2.698
	40—49	0.747	2.110	0.845	5.269
	≥ 50	1.017	2.765	0.984	7.766
	文化程度（初中及以下为参照）				
	高中 / 中专	0.536***	1.710	1.154	2.534
	大专	−0.209	0.811	0.477	1.378
	本科及以上	0.182	1.200	0.610	2.360
经济属性	平均月收入 / 元（＜ 2 000 元为参照）				
	2 000—3 499	−0.526**	0.591	0.385	0.907
	3 500—4 999	−0.926***	0.396	0.245	0.641
	5 000—9 999	−1.094***	0.335	0.191	0.586
	≥ 10 000	−1.276**	0.279	0.091	0.856
	住房类型（商品房为参照）				
	自建房	0.300	1.350	0.867	2.103
	租房	−0.116	0.890	0.526	1.506
	职工宿舍	1.228***	3.415	1.417	8.230
家庭属性	婚姻状况：未婚（已婚为参照）	1.663***	5.275	1.840	15.122
	家庭结构（夫妇家庭为参照）				
	主干家庭	−6.088***	0.002	0.001	0.007
	单身家庭	−2.688***	0.068	0.020	0.231
	核心家庭	−4.002***	0.018	0.008	0.043
	子女数	1.369***	3.932	1.896	8.156

续表 7-2

属性信息	自变量	偏回归系数	优势比	优势比的 95% 置信区间	
				上限	下限
家庭属性	子女教育阶段（未入学为参照）				
	学前教育	−1.032**	0.356	0.141	0.903
	小学教育	−1.113***	0.329	0.141	0.768
	初中教育	−0.985	0.373	0.102	1.367
	高中 / 中专教育	−0.081	0.922	0.336	2.528
	本科及以上教育	1.025	2.788	0.663	11.720
	家庭离散程度	−1.013***	0.363	0.308	0.428
职住属性	居住地村镇城区划分（村庄为参照）				
	城区	0.205	1.228	0.795	1.895
	镇区	0.973***	2.648	1.537	4.562
	就业地村镇城区划分（村庄为参照）				
	城区	−0.993**	0.371	0.165	0.832
	镇区	−1.424***	0.241	0.102	0.569
	通勤方式（步行为参照）				
	自行车 / 电动车	−0.875**	0.417	0.199	0.872
	小汽车	−1.937***	0.144	0.065	0.320
	公共交通	−1.960***	0.141	0.060	0.328
	通勤是否满意：否（是为参照）	−0.678***	0.508	0.342	0.755
	居住地步行至公交站点的时间 /min（<5 min 为参照）				
	5—9	−0.391	0.677	0.439	1.043
	10—14	−0.882***	0.414	0.266	0.645
	15—29	−1.192***	0.304	0.186	0.496
	≥ 30	−1.091***	0.336	0.184	0.614

注：*** 表示显著程度 $P \leqslant 0.01$；** 表示显著程度 $P \leqslant 0.05$。表中省略了表现为不显著和 $0.05 < P \leqslant 0.1$ 的变量。

1）家庭属性

在四种变量属性中，家庭属性对职住协同的影响最大，其偏回归系数的绝对值最大。在婚姻状况中，以已婚为参照，未婚人群的职住协同可能性约是已婚人群的 5.3 倍，这体现出中国家庭对成员的牵绊，同时未婚人群的自由度更高，对居住地的选择权更多。家庭结构中以夫妇家庭为参照，表现为家庭结构越复杂其职住协同的可能性越低，其中主干家庭的职住协同可能性最低，是夫妇家庭的 0.002 倍。

在子女方面，子女数与职住协同可能性呈现显著正相关，其偏回归系数为 1.369，并表现为每增加一个子女其职住协同的可能性约增加 3.9 倍。考虑到与子女需要照顾的需求相关，子女数越多的人群对家庭的依赖性越高。而子女教育阶段与职住协同可能性呈现负相关趋势，学前教育阶段与小学教育阶段子女的职住协同可能性分别是未入学子女的 0.356 倍和 0.329 倍，其他教育阶段与职住协同可能性不呈现显著关系。

在家庭城镇化方面，家庭离散程度与职住协同可能性呈现显著的负相关，偏回归系数为 -1.013，表现为家庭离散程度每增加 1 其职住协同可能性降低 0.363 倍，说明家庭城镇化过程中家庭的离散化对职住协同可能性产生负效应，家庭聚合过程对职住协同可能性产生正效应。

2）个体属性与经济属性

在个体属性中，年龄与职住协同可能性呈现大体正相关。年龄在 20—29 岁的人群其职住协同可能性高于年龄小于 20 岁的人群。经过进一步交叉分析得知，年龄在 20—29 岁的群体其住房类型以租房和职工宿舍为主，其通勤距离较短。以初中及以下文化程度作为参考，高中 / 中专文化程度的群体其职住协同的可能性更高，这是由于高中 / 中专学历人群所从事的职业为企业职工和技术人员的占比高，工作较服务行业与个体商户稳定。

在经济属性中，平均月收入对职住协同可能性的影响显著，并呈现负相关趋势，即职住协同可能性随着平均月收入的增高而降低。其他研究中也表示家庭收入水平与通勤时间呈现明显的正相关（魏海涛等，2017），收入越高的人群往往具有更便利的交通通勤工具，具有长距离通勤的能力和更舒适住区的选择权。在住房类型中，职工宿舍的职住协同可能性是商品房的 3.415 倍，显示出商品房所带来的自由化与分散化。住房面积对职住协同可能性的影响不显著，不存在明显的线性关系。

3）职住属性

在镇区居住的人群其职住协同可能性高于在村庄居住的人群，而在镇区就业的人群其职住协同可能性低于在村庄就业的人群，这体现出镇区能够提供更多的就业岗位与机会，吸引周边村庄的人群来此就业。通勤方式对职住协同可能性为显著负相关，并呈现随着交通方式的通行能力增加其职住协同的可能性降低，其中步行的职住协同可能性最高，公共交通的职住协同可能性最低。在通勤满意度调查中，通勤满意的人群其职住协同可能性更高，约是不满意人群的 2 倍，这表明职住协同影响着人群的主观感知，提高职住协同程度有利于增加居民的通勤幸福感。居住地步行至公交站点的时间显示出居住地周边交通设施的便捷程度，其与职住协同可能性呈现负相关趋势，步行时间越长其职住协同可能性越低。

7.5 长清区职住空间规划对策

大都市区的郊区（县）有着自身的发展特征和发展规律，职住空间的组织也应该尊重这一规律并重视发展阶段中的重要特征，同时要结合时代形势和当地实际做出针对性的规划调控策略。

7.5.1 规划目标设定

所谓目标是指职住协同，但是不能脱离现在城镇化的大阶段，包括济南市和长清区所处的阶段，及其未来城镇化发展的方向和潜力。整体目标要体现职住协同和都市区空间组织的一体化。在此基础上，进一步提出长清区在职住协同上发展指标值，具体可以包括职住协同系数和通勤时长圈层。

职住协同是一个动态平衡的观念，是产城融合和职住平衡的综合。长清区作为济南都市区的重要组成部分，郊区的特征表现明显。到 2035 年，长清区居住人口和非农就业人口的数量仍然会增加，特别是城镇化水平还不高，还存在较大的增长空间。因此，居住和就业空间在增长的过程中有一个协同的过程，以职住系数和通勤时间为指标进行目标阶段性控制。到 2025 年长清区的职住系数为 1.4，通勤时间在 30 min 以内的就业者占比为 80%；到 2030 年职住系数为 1.3，通勤时间在 30 min 以内的就业者占比为 85%；2035 年职住系数为 1.2，通勤时间在 30 min 以内的就业者占比为 90%。从现有城乡功能空间职住协同发展的角度来看，未来在长清区内部城区、镇区和村庄三者之间会形成一个网络化布局，三者之间在居住和就业功能上形成有机分工，共筑职住协同的网络活力空间体系。围绕公共服务设施配套和交通设施体系支撑，城区着重打造 15 min 生活圈，街镇着重打造 30 min 生活圈，培育多元选择和与收入水平相匹配的住房与就业空间体系。

7.5.2 空间干预原则

围绕这一个目标，长清区职住空间的规划干预需要把握四个原则。

1）城乡融合原则

新型城镇化和乡村振兴发展是国家近年来持续推进的两个重要发展战略，而城乡融合则是实现二者高质量发展的有效方式，也是郊区（县）职住空间实现高效组织的关键所在。在郊区（县）推进城乡融合，需要认清城—镇—村一体化发展的趋势，并架构三者之间的便捷交通体系。根据我国城镇化发展的进程和发展趋势，城市区域作为新型城镇化推进的一种重要策略，其重点并不是为了消灭村庄，而是在一体化的大格局下，形成城区、小城镇和村庄高效协同的网络体系。所以在大都市区郊区（县）地区的发展目标应该还是新型城镇化与乡村振兴双战略并行。对于职住空间而言，其在空间上的分布应该顺应这一发展态势，一个是顺应城镇化的趋势，居住和就业空间向城镇集中，形成规模经济效应；一个是结合乡村振兴战略，振兴乡村产业，走三产融合的道路，创造适合乡村特色的就业岗位和居住空间。因此，未来大都市区郊区的职住空间分布应该是有机分布在城区、园区、小城镇和村庄这些功能区块之内的，但是各个区块之间又会通过发达的交通网络形成便捷的联系。

2）人岗匹配原则

以人为本就是强调尊重人的需求，在职住空间的组织中需要注重人岗匹配，也是郊区非农就业者市民化进程中的重要一环。所谓人岗匹配是指郊区（县）劳动力的技能水平能适应本地的就业岗位需求。多措并举增加就业和居民收入，政府通过加大基础设施建设、重点项目谋划推进、产业集群的推动和中小企业的发展拉动来增加就业量。作为大都市区郊区，其原有的产业从业岗位以传统的建筑业和制造业为主，劳动力素质相对较低，而随着中心城区的创新及高端产业功能的转移，郊区也产生了相应的劳动力需求，但是现有的劳动力素质难以满足岗位的需求，这就造成了人岗不匹配，或者造成了郊区劳动力在郊区内的被动失业，转而向区外追求低档次的就业岗位。问卷调查显示，有 26.6% 的被调查者认为适宜的岗位较少是一个重要的问题。这是政府需要进行调控的第一个方面的问题，需要在定期满足企业岗位需求的基础上，有针对性地对郊区（县）内的劳动力展开职业技能培训。在通过本地劳动力挖潜仍然解决不了的情况下，就会产生较大比例的区外劳动力来此就业，由此产生跨区通勤。因此，打造职住协同的空间模式，为不同层次的外来劳动力提供靠近就业的适宜住房是一个重要的策略。区外吸引他们落户，不能落户的话，针对长距离通勤，会提供周转或者临时性的住房和公共服务，以缓解不便，也更加人性化。

3）组织高效原则

组织高效是指围绕通勤时间目标遵循的原则，即打造城区—街镇 30 min 区通勤圈、全区 45 min 通勤圈、跨区 60 min 通勤圈的通勤支撑体系。打造公共客运系统与个体交通系统相结合的通勤工具体系，实现多圈层、多层级的交通网络协同。首先提倡公交优先、鼓励公交出行。在就业中心和居住中心之间建构公交通勤走廊，通过轨道交通、快速公交系统（BRT）、普通公交之间的层层延伸，实现职住之间的便捷联系。同时，积极打造公共客运和个体交通工具之间的无缝换乘体系，实现不同层级交通系统的“点融合”，在郊区的大型公交换乘枢纽，积极探索停车换乘（Park and Ride，P+R）模式。围绕公共交通车站推进公共交通导向型发展（TOD）模式建设，鼓励用地功能混合开发，提高郊区的土地利用效率，以公共交通可达性水平和周边人群需求为基础，科学布局居住、就业及服务设施单元，实现用地的“有效复合”，形成职住协同的空间组织结构。在街镇内部，推动城乡公交网络的完善，实现城区与镇区和村庄之间的快速联系，同时加强对个体交通出行工具使用的规范性治理，保障出行安全有序。改善街镇内部群众的交通出行条件，在城乡公交网络使用便捷的基础上，提升街道、乡镇的公共交通服务水平，以交通引领经济的可持续发展。

4）分类施策原则

分类施策、分区施策、分人施策是城市治理的重要原则，在郊区进行职住协同的规划调控也需要尊重这一原则。分类施策是针对不同功能类型的空间采取不同的调控策略，从居住空间、就业空间和通勤设施三个大类出发，提出针对性的改善策略。该策略的导向在于居住和就业的配比相对平衡，通勤设施的支撑更加有力。分区施策是针对城区、镇区和村庄三类不同区域的差异做针对性的处理，尤其是注意城乡之间的关系，城镇区域作为非农就业密集的区域虽然应该受到重视，但是村庄的作用已经不能单单作为一个只是农民居住的地点来对待，在乡村振兴战略的推动下，村庄在居住的人口构成上和提供的就业岗位上也在向非农形态或者混合形态转变。另外，城区街镇、交通型节点城镇和一般性城镇的非农就业人员表现出了差异化的职住协同特征，要考虑三种类型街镇的发展基础和发展愿景，提出针对性的策略，包括城区内的三个街镇也有各自的职住特色。分人施策是针对前文不同户籍的四类人群所做的针对性策略，城镇户籍和农村户籍的非农就业者在职住状态上表现出了较大的差异，特别是对于农村户籍的非农就业者而言，解决好他们的职住协同问题是提升城镇化质量的关键环节，有利于加快市民化进程的推进。

7.5.3 空间干预策略

1）整体如何建构：三维＋三区＋四群

规划应对策略在着眼上述目标，在非农就业规模持续增加的前提下，围绕四个原则，应该基于三维、三区、四群相结合的框架进行策略体系构建。

何为三维？三维就是职住协同调控的三个城市功能要素，分别是居住、就业和交通。这也是职住空间组合在城市中的物化体现，是空间结构的要素。在城市规划中通常会对居住、就业和交通进行系统的安排，但是以往均采用指标性的用地总量平衡，采取人均用地指标和用地结构进行两个方面的控制，这是计划经济时代的调控策略，忽略了市场在其中发挥的作用，更忽略了人的自主选择性，由此造成职住不协调，从而带来了许多城市病，如交通拥堵等。

何为三区？三区是指城区、镇区和村庄三种居民区，都是承载居住和就业功能的区域，也是地域功能集合的实体区域，要在综合考虑生态承载力的基础上，结合规划对各自发展的预期定位，进行居住和就业功能的合理布局，并在三者之间通过建立便捷的网络交通体系，实现公共交通工具和个体运行交通工具的高效运行。围绕公交城市的目标，以中心城区与郊区、郊区内部城乡之间的通畅联系为目标，建构轨道交通—大运量公交—普通公交—乡村公交的公交体系，规划高公交覆盖率的站点布局，在枢纽站点加强与个体交通工具的换乘效率。

何为四群？四群是指四类不同户籍的非农就业人群，分别是区内城镇户籍、区内农村户籍、区外城镇户籍、区外农村户籍四种类型的人群，根据城镇化规律的推进，其中必将有一部分农村户籍的人口会以市民化为目标加快实现城镇化进程，他们的职住状态是反映城镇化质量的重要体现，需要重点考虑。同时，区外城镇户籍的非农就业者数量是体现郊区与中心城区联系强度的关键指标，如何提供相应的优化策略去提升这些人的职住效率，是一个需要直面的问题。

2）空间上的整体架构是什么

空间上的架构需要处理好两个空间的关系：第一个是区域职住空间协同的关系，这表现为长清区与周边区域的职住联系。一个是与济南主城区，这是济南都市区发挥整体功能的体现，需要整体处理好长清区与主城区的职能分工，合理界定长清区的居住和就业职能；一个是与其他周边区域，如平阴、齐河等区县，这些区县是济南都市区的外围区县，他们对高品质居住和就业的需求可以通过长清区来实现，进而为长清区的城镇化提供人口支撑。同时，无论是与济南主城区，还是与其他外围区域，都要积极建构区域通勤大快速通道，利用高铁、高速公路等快速通道，为区域内居住就业功能的协同提供条件。第二个是长清区内部的职住空间协同关系。在这个区域内，要协调好城区、镇区和村庄之间的职住功能分工。整体形成一城四片、四街三镇的职住协同空间格局。在通勤廊道上，形成三纵四横一环的区域通勤走廊，在街镇内部形成便捷的联系通道。

一城四片、四街三镇：一城是长清新城，包括四个职住协同的片区，分别是北部的经济开发区平安片区、中部的文昌片区、西部的大学城片区、南部的创新谷片区，打造 45 min 的职住协同单元。四街三镇，是指张夏、万德、归德、孝里四个街镇，属于交通节点型城镇，还有五峰山、马山和双泉三个普通街镇（三镇是三个街镇的简称，既包括街道又包括乡镇，以镇为主），结合周边村庄形成 30 min 的职住协同单元（图 7-16）。

三纵五横一环的区域通勤走廊，它们是贯穿整个区域的通道。其中，三纵是指二环南路—京岚线（G104）、刘长山路—海棠路、经十四路—北郑线（G220）；五横是指西外环路—平安南路、沃德大道—通发大道—紫薇路、中川街—大学路、龙泉街—丁香路、芙蓉路—丹桂路；一环是指绕城高速二环线。要保障这些通道的畅通，在公交客运站点形成良好的交通换乘。

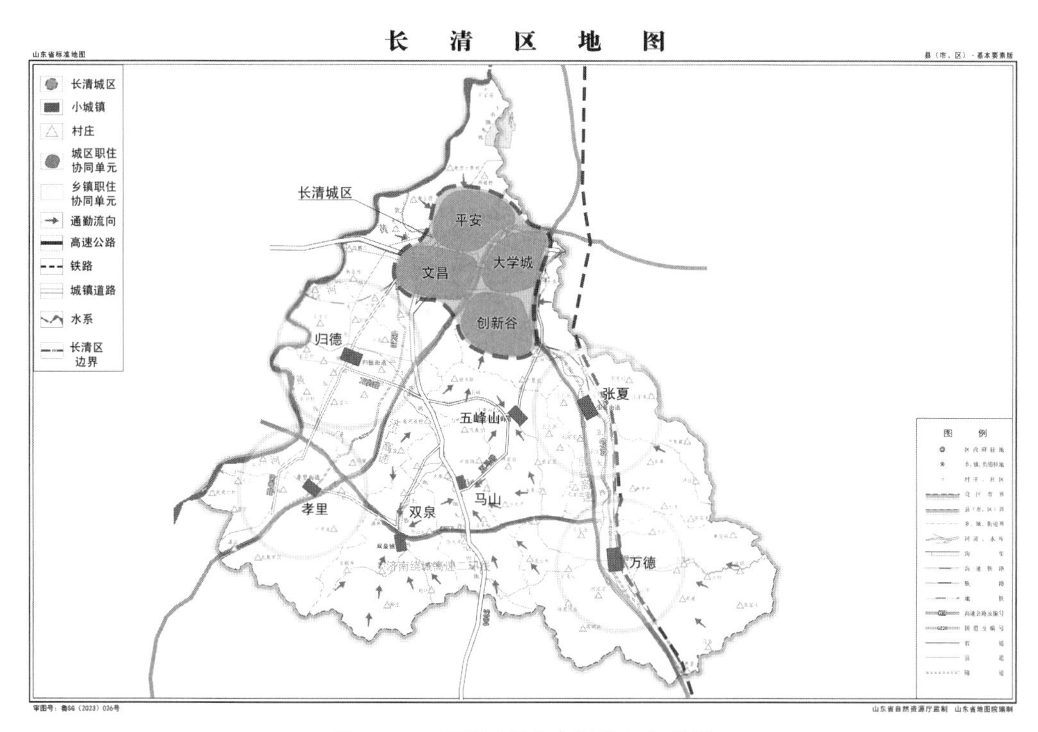

图 7-16　长清区职住空间单元划分图

3）城区职住系统优化策略

城区是长清区职住分布的中心，聚集了超过半数的居住和非农就业岗位。城区现存的问题主要是上下班时间交通拥堵较为严重，同时存在大量非正规居住的就业人员。结合四个片区的发展定位，针对三个街道要承担大量的非农就业人口，而城区房价较高，且受到城镇化阶段的约束，需要为非农就业人员，特别是为大学毕业生和农村户籍非农就业人员提供住房保障体系。着力发展以规范完善公租房政策为基本、推动政策性租赁住房建设为重点、持续开展棚户区和老旧小区改造为补充的住房保障体系，逐步建立政府引导、企业和其他组织共同参与的多主体供应、多渠道保障、租购并举且具有长清特色的住房保障制度。积极推进政策性租赁住房试点工作，按照小户型、低租金标准向非户籍常住人口和新落户的新就业大学生出租。长清城区作为济南都市区的一部分，其就业的层次与济南市的城市能级有着较为密切的关系。因此，围绕文昌片区、平安片区（经济开发区）、崮云湖片区（大学城片区）和创新谷片区的功能定位，针对性发展就业空间，要注意高端就业人才的引进，与当地劳动力的职业培训工作相结合，积极培育地方劳动力就近工作（表7-3）。同时，围绕“三纵四横”的通勤廊道实施畅通工程，结合居住和就业中心的布局调整公交站点的设置密度，积极实行公共交通导向型发展（TOD）模式，在中心商圈和大型居住中心形成高密度的土地混合开发模式。在站点及周边地区开发的基础上，依托城区通勤廊道形成串珠形的空间形态。

表 7-3　长清新城四个片区职住发展思路分析表

片区	功能定位	居住发展思路	就业发展思路
文昌片区	政治经济中心，商贸服务中心，综合交通枢纽，黄河文化旅游观光区。全力打造以老城区为重点的大学城商业服务中心	文昌街道作为多个档次的居住密集区，凭借其较为完善和多元的公共服务水平，能为多个层次的就业人口提供住房	全面统筹城区商业服务规划，推进“四馆一中心”、世茂综合体、长清“宽厚里”建设，尽快实现开放和运营。不断融合提升城区建设水平，打造功能完善、设施齐全、生活便捷的商业服务体系，切实增强城区商业的吸引力、承载力和辐射力，持续壮大商业服务功能
平安片区（经济开发区）	全力打造以经济开发区为重点的智能制造中心，智能制造基地，现代物流中心，产学研融合发展示范区，黄河文化旅游观光区	平安街道主要作为制造产业基地，其居住应该视为主导产业服务的，因此其居住的类型应该是为产业工业服务的	大力推进高端装备制造、节能环保、电子信息、现代服务业等主导产业发展。着力打造集科技创新与现代智造于一体的“齐鲁智造谷”，使之成为研发设计、生产制造、企业孵化、智能服务聚集的高质量发展载体
崮云湖片区（大学城片区）	积极建设人才聚集型、知识密集型、创新引领型的“双创”示范区，努力实现大学城“科教新高地、生态智慧城”的目标定位：创新创业基地，文化创意产业集聚地，产学研融合发展示范区，长清国际会客厅，生态旅游基地，医养康养基地	崮云湖街道作为高档居住密集区，为高端就业人口提供居住和公共服务	聚焦“西兴”战略定位，全力打造以大学城为重点的创新创业高地。合理规划利用京岚线（G104）东侧 20 km^2 区域，精心打造集文化创意、产品研发、成果转化于一体的“齐鲁文化中央商务区（CBD）”
创新谷片区	建设工作、生活、休闲“三位一体”、国际领先的第四代科技园区，成为支撑济南西部新区崛起的重要增长极、济南战略性新兴产业的重要策源地和都市圈产业升级转型的动力源	创新谷为研发和高新技术产业从业人员提供居住设施，居住形式主要为配套住宅小区，可供 5 万人居住；人才公寓，可容纳 2 万人居住	集高端研发、成果转化、智能系统（嵌入式系统）研发、“云物”应用、信息服务于一体，园区内未来将聚集 25 万名研发人员，形成济南市创新发展的重要增长极

4）村镇职住协同优化策略

村镇是一个有机体，郊区虽然出现了村庄与城区直接联系的现象，但是在就业和居住地点的选择上面经常会绕过小城镇。比如，在调查中出现了大量在城区就业而在村庄居住的人口。同时，村庄的居民在寻求医疗、教育等公共服务的时候也直接到长清城区或者济南市区寻求服务，而不是到镇区。但是，镇区作为距离村庄最近的城镇型功能节点，是村庄获取基本公共服务的基础性保障。如今倡导的城乡融合，也是把小城镇作为一个重要的节点，辐射周边的村庄，在职住之间形成城乡劳动力的自由便捷流动。

小城镇能够承担一定的非农就业，为街镇范围内的居民提供非农就业岗位，且在基本医疗、义务教育、行政管理等方面具有完整的配套设施，能为街镇范围内的居民提供基本的公共服务。以镇区作为街镇的就业和公共服务中心，是维持街镇稳定的必然措施。但同时又不得不面对镇区居住生活吸引力不足的现实，当前街镇内部的非农就业者，要么跨过镇区直接到城区去寻找高质量的公共服务或住宅，要么利用便捷的个体交通工具把城镇的非农就业岗位和村庄的居住组织起来，而不在镇区实现居住。面对镇区的发展定位，需要继续引导在镇区就业的非农劳动力在镇区实现居住，这就需要继续提升两个方面的工作：一个是居住的适宜性，一个是公共服务的质量。单纯就生活成本而言，镇区比城区具有更大的经济优势，但是镇区正规住宅楼的开发数量和质量明显不足，相应的市场开发模式也没有得到鼓励，并且由于供暖与污水处理设施的配套环境欠缺，开发商单独建设成本过高，因此需要提升镇区的基础设施配套水平，发挥城乡融合的优势，将城区的基础设施向镇区延伸。同时，提升镇区的医疗和义务教育配套水平，加强优质的人力资源配置，提升公共服务质量，增强镇区的吸引力。

镇区作为街镇非农就业岗位相对集中的区域，应该结合地方资源优势和特色进行产业培育，突出一镇一品的发展思路。七个镇区可以分为两类：一类是交通节点型城镇，包括归德、万德、张夏和孝里四个街镇，这四个街镇具有一定的非农就业基础，特别是工业制造业，因此在镇区要打造就业板块特色就业，积极扶持个体从业，借助信息化和物流的发展，拓展电商行业，打造特色小镇。打造万德制造产业园、张夏产业振兴区、孝里中小企业产业园、归德建筑产业示范园区，结合生态资源，大力发展张夏、万德、五峰山、马山和双泉的医养康养产业和文化旅游休闲产业，创造相应的就业岗位。对于村庄就业发展而言，应结合村庄发展分类，适应乡村振兴的发展思路，推动三产融合发展，打造一村一品、一村一特色，形成特色文旅结合的村庄，如五峰山街道东莱园村明陵杏园、万德街道马套村采茶民宿、双泉镇孟庄村的田园综合体、文昌街道的西李村苗圃种植等。

偏远的村镇一定要形成与通勤走廊的有效联系，形成干线与支线的网络体系。依托三条纵向的通勤走廊，加强 104 省道和崮五路、万归路、漩刘路和燕傅路这些县乡级道路的服务水平，提升公共交通服务能力，提供强大的公共客运支撑。同时，协调好个体交通与公共交通的衔接。

7.6 本章小结

长清区属于济南都市区的郊区，通过官方统计数据和问卷调研数据的结合，本章从区县和街镇两个层次入手，初步识别了其职住空间协同状态，分析了其主要影响因子，并从整体、城区和村镇三个方面提出了针对性的规划干预策略。

（1）长清区的职住空间协同呈现出以下几个特征：① 在区县层面，长清区作为济南郊区（县）的地位应该得到认可，其职住空间规模配比值虽略低于济南市平均水平，但职住组织效率要高于济南市主城区。② 在街镇层面，城区是全区的居住和就业中心，职住空间组织模式呈现出多元型。同时，乡镇非农就业职能弱于居住，一般型乡镇职住协同最弱。另外，根据户籍地的差异可分为四种职住组合模式。其中，区内城镇户籍对应的是中距城镇稳定型职住组合模式，区内农村户籍对应的是短距城乡非稳定型职住组合模式，区外城镇户籍对应的是长距市区稳定型职住组合模式，区外农村户籍对应的是短距城区非稳定型职住组合模式。

（2）通过架构四个方面的因子，引入模型对长清区职住空间协同水平的影响因素进行分析发现，家庭属性对职住协同的影响最大。比如，未婚人群、子女较少的家庭其职住协同可能性更好；同时，家庭离散程度与职住协同可能性呈现显著的负相关。另外，在个体属性中，年龄在20—29岁、高中/中专学历的群体其职住协同水平较高；在经济属性中，平均月收入高的、住在商品房的群体，其职住协同水平相对较低；在职住属性中，在镇区居住、乘坐公共交通、居住地步行至公交站点的时间三个因素与职住协同水平呈现出负相关的特征。

（3）从目标设定和结构调整两个方面对长清区的职住空间协同发展进行规划干预。在目标设定方面，整体目标要体现职住协同和都市区空间组织的一体化。在此基础上，进一步提出长清区在职住协同上的发展指标值，具体可以包括职住协同系数和通勤时长圈层。在结构调整方面，从大区域到行政区内，要协调好城区、镇区和村庄之间的职住功能分工，规划整体形成一城四片、四街三镇的职住协同空间格局。在通勤廊道上，积极打造三纵四横一环的区域通勤走廊，在街镇内部形成便捷的联系通道。

第7章注释

① 如果按照传统职住比系数计算，根据家庭户数和就业岗位数计算，职住比应以1.5左右为最佳。如果区域内的职住比达到该数值，相当于一个三口之家有2个人在此区域工作。这说明，区域内的居住人口和就业岗位数基本持平，属于职住平衡的区域。

② 从城镇化发展水平来看，长清区代表山东省县级行政单元的平均水平，同时也是国家城乡融合发展试验区的重要部分。据《济南统计年鉴：2019》统计，2018年长清区常住城镇化率为52.6%，与全省55个行政县与县级市常住城镇化率的平均水平（52.8%）基本持平，但高出自身户籍城镇化率近15个百分点，也超出山东省县市单元平均水平8个百分点。也就是说，有大量农民工在实现进城镇常住的同时并未实现户籍的迁移。同时，2020年长清区作为“山东济青局部片区”的一分子被成功纳入国家城乡融合发展试验区范围，对其职住空间组合特征和规划策略的研究能为试验区的工作推进提供有效支撑。

8 济南乡村职住空间协同与干预研究

乡村是大都市区有机构成的一部分。与单纯强调城市或者城区的概念不同，大都市区从来没有将乡村地域排除在外。这是因为，界定大都市区的一个重要原则是劳动力日常的通勤半径。也就是说，无论是城区的劳动力还是乡村的劳动力，只要在大都市区范围内实现了日常的通勤活动，就可以被认定为大都市区的有机组成部分。特别是国家与地方政府近年来着重推行新型城镇化和乡村振兴战略的落实，城乡之间的流动日渐紧密，在城镇就业和在村庄居住的人群形成了一定的规模。由此，乡村职住空间的协同研究就成了无法避免的话题。

乡村是中国传统人口分布的重要空间载体，在中国社会的稳定和安全格局中发挥了重要的作用。在生态文明建设和传统文化传承成为国家发展的重要内容的时候，乡村的地位被重新认可。根据城镇化进程的统计，2000 年全国城镇化率约为 36%，2010 年约为 50%，2020 年约为 64%。也就是说，2010 年以前，仍有超过一半的人居住在乡村。在快速城镇化的过程中，稳定的土地承包责任制和乡村宅基地使用制度为乡村劳动力提供了基本的生产和生活保障，是防止城镇化过程中出现极端问题的底线保障。十八大以来，习近平总书记提出“绿水青山就是金山银山”的发展理念，这是对乡村发展思路的重大启示，也促使乡村成为近年来大城市资本的一个重要流向，由此乡村的发展迎来了新的活力。三产融合的就业机会和舒适的居住条件成为新时代乡村的特征，这也对传统的职住空间协同模式产生了巨大的冲击。

与传统城镇化单纯强调人口从乡村向城镇集中的特征不同，新型城镇化更加强调的是人的城镇化，人在就业和居住上的获得感和舒适感。城乡之间的通勤之所以存在，也有众多的解释，其中一个比较有力的解释就是面对城镇居住的高成本代价，东部地区的乡村劳动力通过较为便捷的个体交通工具实现了在城镇就业和在家居住的协同。在这个过程中，需要注意劳动力及其家庭成员在城镇化中的分工和协同。城镇化的状态已经不是一个单一劳动力的城镇化，而是家庭成员共同参与的城镇化过程，有些专家把这一特征归纳为家庭分工、代际协同。在当今新型城镇化的阶段，政府也在考虑如何对劳动力及其家庭成员的城镇化待遇进行协同，这也是新型城镇化成本的一部分。

本章以济南市章丘市为例，在对其辖区内 16 个村庄、2 007 户居民中的 5 898 个乡村就业人口的职住状态进行调研的基础上，考虑家庭和代际的影响，分别从整体、家庭和代际三个角度出发对这些样本的职住空间协同特征进行分析，并提出针对性的干预对策。

本章基于就业地与居住地的匹配性来建构乡村就业人口职住协同的研究方法，

研究乡村就业人口的职住协同情况。技术路线主要体现在两个方面：一是对乡村就业人口分视角、分代际精细划分；二是对城乡职住状态精细划分（城镇地区可细分为乡镇、县城、市区和市外四种类型），进而研究不同视角下乡村就业人口的职住协同状态特征（图 8-1）。

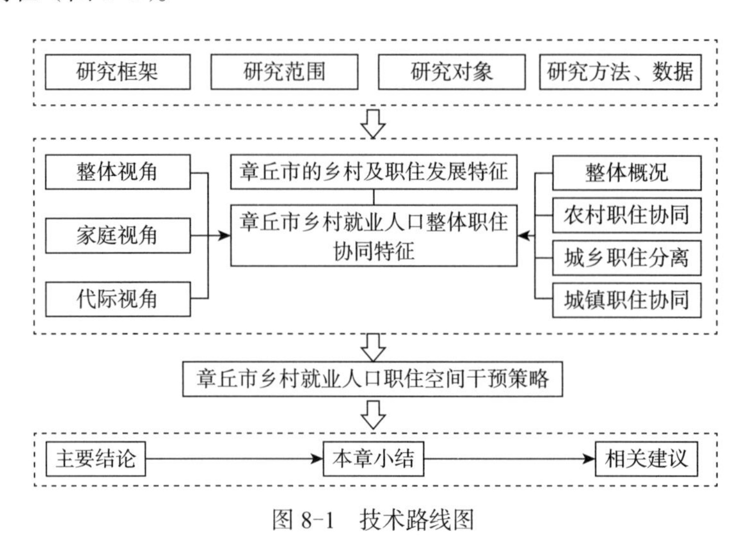

图 8-1　技术路线图

8.1　章丘市的乡村及职住发展特征

2014 年，济南市辖六区一市三县（章丘市于 2016 年 12 月撤市设区），常住人口达到 706.69 万人，户籍人口为 621.61 万人，乡村总人口为 357.38 万人，劳动力达 199.75 万人。2015 年，济南城镇化率达 67.96%。从表 8-1 的统计信息可以看出，济南市乡村总人口和乡村劳动力占比呈现四周高、中间低的特征，其中章丘市乡村总人口和乡村劳动力均最多。根据统计学理论可知，研究章丘市的乡村就业人口最具代表性。

表 8-1　2015 年济南市各县（市、区）乡村总人口、乡村劳动力占比一览表

地区	历下	市中	槐荫	天桥	历城	长清	平阴	济阳	商河	章丘
乡村总人口占比 /%	—	4.0	3.3	2.4	18.1	12.4	8.2	13.6	14.8	23.2
乡村劳动力占比 /%	—	3.5	3.3	2.3	18.3	11.6	8.1	14.2	14.3	24.4

本次调研一共涉及济南市两区一市三县。职住协同比的计算方法为：职住协同比 = 就业城镇化 / 居住城镇化。其中，就业城镇化是指所有乡村户籍居民中非农就业者所占的比重；居住城镇化是指所有乡村户籍居民中居住在城镇地区者所占的比重。从表 8-2 可以看出，济南市东部地区的职住协同比数值较大，北部地区次之，西部地区较低。其中，章丘市乡村就业人口的就业与居住不协调问题最为突出，其职住协同比最大，即乡村就业居民居住地与就业地的不协调程度最严重。

表 8-2　调研县（市、区）乡村居民职住协同比一览表

地区	章丘市	历城区	济阳县	商河县	长清区	平阴县
职住协同比	4.16	3.15	2.49	1.79	1.59	1.05

本章涉及的调研数据主要包括两个部分：其一为 16 个抽样自然村的调查数据；其二为 3 个抽样企业的农民工调查数据。关于章丘市乡村人口的研究，采用抽样调查的方法，具体指章丘市 16 个抽样自然村的乡村就业人口，其空间分布特征见图 8-2。

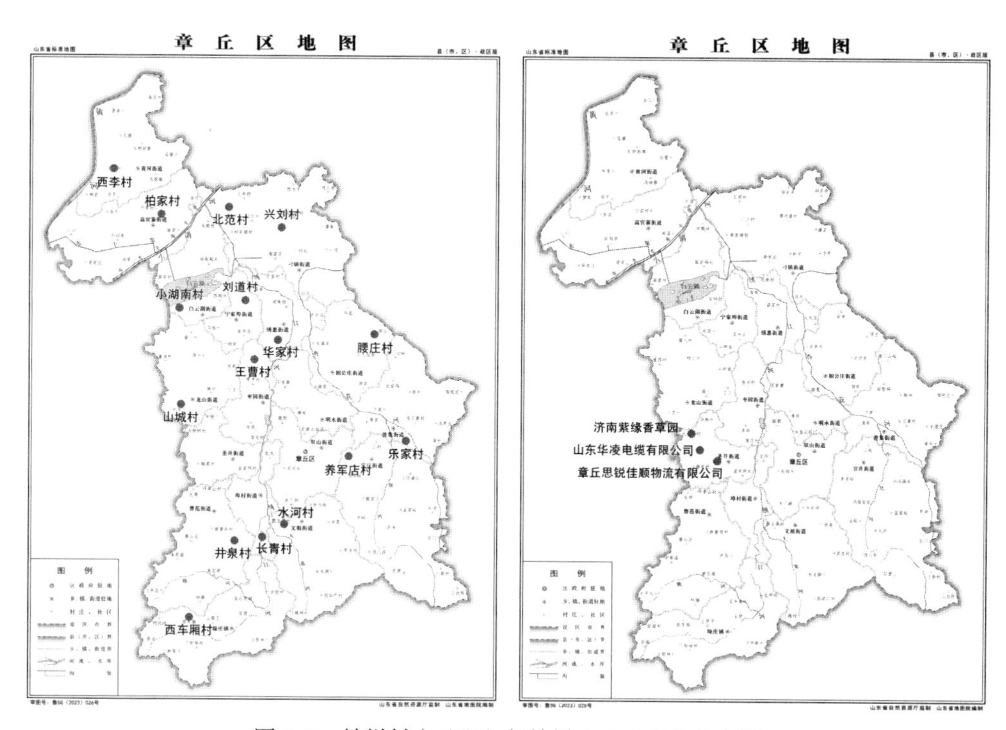

图 8-2　抽样村庄（左）与抽样企业（右）分布图

8.2　章丘市乡村就业人口整体职住协同特征

本章首先以济南市整体乡村人口为对象，对其职住情况、人口特征进行简单分析和描述。其次以章丘市为例对其乡村就业人口的职住协同特征进行研究，主要从整体、家庭、代际三个视角着手研究各层面的职住协同状态特征（数量特征和空间特征）。

整体样本是指全部样本，共调研乡村居民 2 007 户，涉及 5 898 个乡村就业人口的个体信息，即整体样本数为 5 898 人。其中，乡村职住协同样本为 2 694 人，城乡职住分离样本为 1 251 人，城镇职住协同样本为 1 953 人。

家庭样本是指代际家庭样本，分为一代家庭和二代家庭。一代家庭是指以有子女和孙辈的一代人为主要家庭成员的家庭。本章划定家庭主要成员在 46 岁及以上

的家庭为一代家庭。结合联合国世界卫生组织划分的45岁以下为青年人以及上文一代家庭的划分标准，本章划定二代家庭指符合法定结婚年龄并已完婚且家庭主要成员在45岁及以下的家庭（若实际情况为家庭主要成员小于46岁，但其已有孙辈，则将其划归为一代家庭；若实际情况为小于结婚年龄但确已成婚的人员则将其划归为二代家庭）。

代际样本是指代际个体样本，是在代际家庭划分的基础上进一步划分的，分为一代人、二代人、三代人和2.5代人。一代人指有子女和孙辈的一代人，本章主要指一代家庭中的主要家庭成员；二代人指有父母和子女的一代人，本章主要指二代家庭中的主要家庭成员；三代人指上述第二代人的子女辈；2.5代人指的是在代际家庭到代际个体细分的同时还存在的另一类群体，他们为一代家庭主要成员的年轻未婚子女，属于一代家庭的成员，按族系家庭关系其应为第二代人，但二代人为有子女的一代人，同时考虑到此类群体与二代人、三代人之间均有一定的年龄差距，其年龄段处于二代人和三代人之间的过渡带，本章为便于研究将此类人定位为“2.5代人”。

关于各视角的内容，主要从整体概况、乡村职住协同、城乡职住分离、城镇职住协同等方面来阐述。

8.2.1　整体视角职住协同特征

1）整体协同特征分析

（1）协同度：职住协同度虽然较高，但仍有1/5为城乡通勤人口

章丘市乡村就业人口整体职住协同度较高，大约有21%的人为城乡通勤人口。本章所称职住协同度是指职住协同者的样本数量占样本总数的比值，计算公式为$Z_i=J_i/H_i\times 100\%$（其中，Z_i代表职住协同度；J_i代表职住协同者的样本数量；H_i代表总样本数量），其可用来描述乡村就业人口的职住协同状态特征，并反映乡村就业人口的城乡通勤情况。由图8-3可知，章丘市乡村就业人口的职住协同度为78.79%，协同度相对较高。此外，仍有21.21%的乡村就业人口城乡职住分离，根据前文对职住协同的界定，可知这类群体处于城乡往返流动状态，即属于城乡通勤人口[①]。

（2）协同度空间特征：沿发展轴线外围村庄高、近城村庄低

章丘市乡村就业人口职住协同度在空间上表现为沿发展轴线外围村庄高、近城村庄低的特征。如图8-3所示，章丘市域边缘村庄西李村、西车厢村、腰庄村等职住协同度均较高，同时这三个村庄分别为三个发展方向的最外围村庄；而近城区的养军店村、乐家村、长青村的职住协同度则相对较低，同时养军店村、长青村是发展方向上最近城的村庄。以章丘市区为中心，做章丘市职住协同度抽象模式图[②]，可直观地看出沿三个发展方向均表现为外围村庄职住协同度高、近城村庄职住协同度低的特征。这主要与村庄和城区间的空间距离有关，随着空间距离的增加通勤距离增加，人们的通勤承受能力降低，通勤人口则逐渐减少，故而职住分离者的占比降低，以致职住协同度增加。

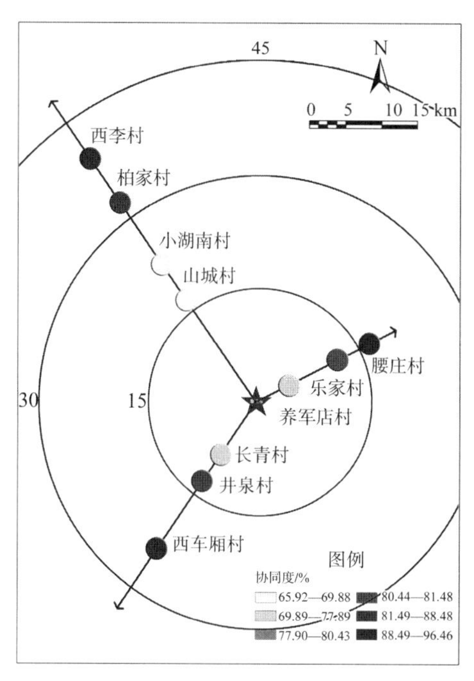

图 8-3　村庄职住协同度空间模式图

（3）协同模式：乡村职住协同为主，居住与就业空间分异明显

章丘市乡村就业人口的职住模式以乡村职住协同为主，城镇职住协同次之，城乡职住分离者最少（图 8-4）。这与我国目前多数乡村主流的“半工半耕”的家庭生计模式相符，即家庭中一部分劳动力外出打工以增加家庭经济收入，另一部分劳动力在家务农（贺雪峰，2015）。另外，由乡村职住协同占比（45.68%）、城乡职住分离占比（21.21%）、城镇职住协同占比（33.11%）可知，居住地在乡村者的占比为66.89%，就业地在城镇者的占比为54.32%。可见，乡村就业人口的居住地与就业地已出现城乡分化，其居住地仍以乡村地区为主，但就业地则转变为以城镇地区为主，表明乡村居民的就业特征已由传统的家庭小农经济向非农就业转变。

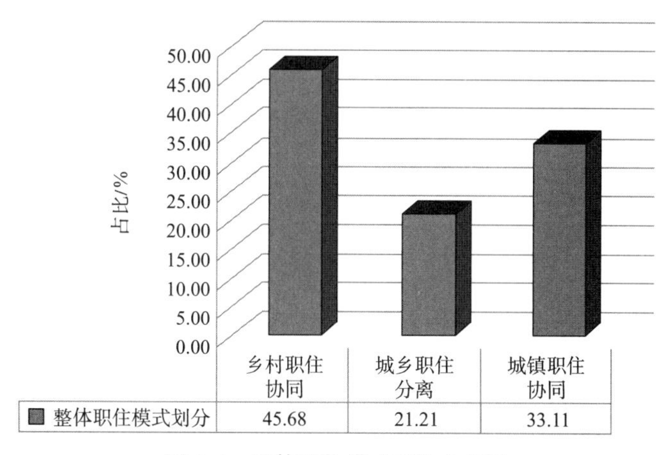

图 8-4　整体职住模式对比分析图

（4）协同模式空间特征：多数抽样村庄以乡村职住协同为主

章丘市乡村就业人口协同模式在空间上表现为多数抽样村庄以乡村职住协同为主，且占比几乎都在 40% 以上（图 8-5）。仅水河村一村较为特殊，其以城镇职住协同为主，占比为 58.7%，乡村职住协同占比仅为 21.7%，原因主要有以下几点：一是该村土地种植效益较低，亩产值仅为 500 元左右，多数村民放弃在本村务农而进入城镇寻求高收入就业。二是该村土地以出租、入股的形式基本全部流转给聚合乡村旅游产业开发有限公司，用于采摘、观光。三是该村户数少，仅 64 户，但村集体收入较高，2015 年村集体收入达 28.18 万元。由于土地已基本流转且本村人均集体收入较高，因此本村居民没有了土地羁绊而可以放心进入城镇务工，且其已有灵活选择居住地的资本，故本村多数人转向城镇非农就业并在城镇居住。

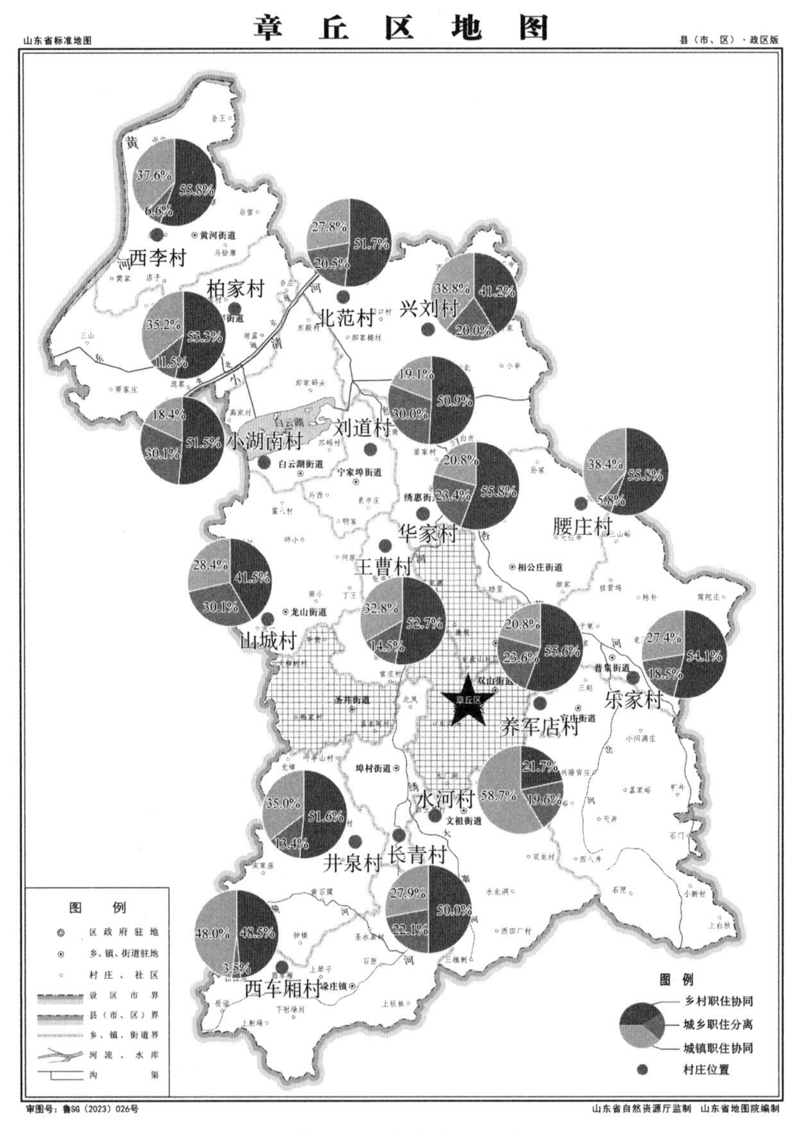

图 8-5 抽样村庄职住协同模式对比图

2）乡村职住协同群体特征分析

（1）村居—村业—务农状态占绝对优势

从上文已知，乡村职住协同分为村居村业务农、村居村业非农两种状态。通过分析可知，在属于乡村职住协同的乡村就业人口中，村居村业务农者和村居村业非农者的占比分别为 83.59% 和 16.41%，可见，村居村业务农状态依旧占绝对优势。这与我国城乡资源配置不均衡、限制乡村地区工业发展使得乡村地区非农就业机会较少有关，同时也从侧面反映出近年来国家鼓励农民工返乡创业，使得即使职住均在乡村地区的人们也在积极寻求除务农之外的其他非农就业方式。

（2）空间上整体表现为东高西低、北高南低的特征

章丘市乡村就业人口在乡村职住协同空间上并无明显特征，但整体上表现为东部村庄高西部村庄低、北部村庄高南部村庄低（图 8-6）。另外，将乡村职住协同空间与主要交通路网叠合可发现，靠近交通干线的华家村、养军店村的乡村职住协同占比较高，靠近交通干线的山城村、长青村的乡村职住协同占比较低。同理，远离交通干线的村庄乡村职住协同占比亦有高有低。这说明乡村职住协同受村庄区位和交通干线的影响并不十分显著，其亦受其他经济、社会等因素的制约。

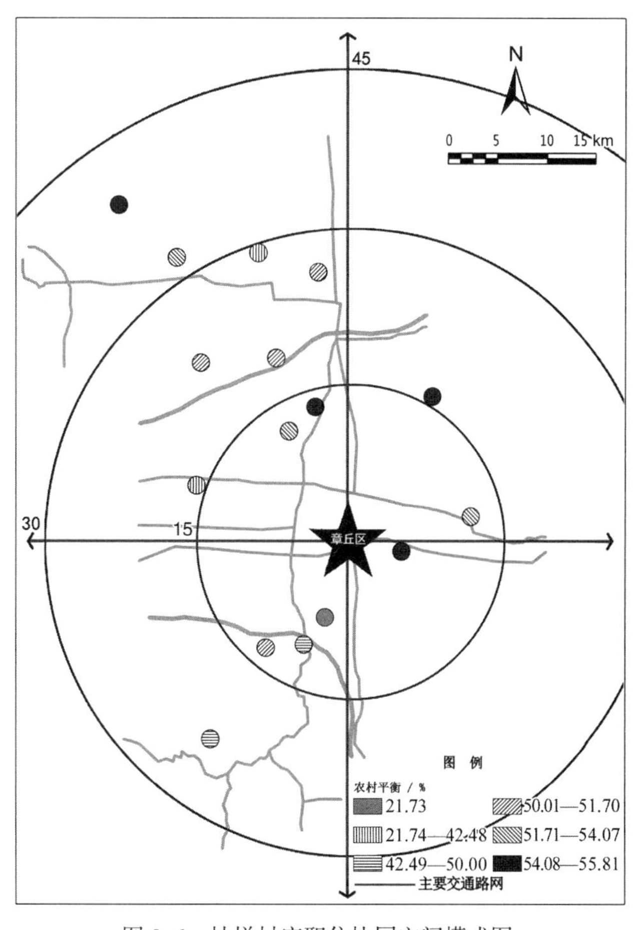

图 8-6　抽样村庄职住协同空间模式图

3）城乡职住分离群体特征分析

（1）乡村—乡镇分离主导，分离率以乡村为中心呈圈层式向外降低

由理论分析部分可知，城乡职住分离包含乡村—乡镇分离、乡村—县城分离、乡村—市区分离和乡村—市外分离四种状态（图 8-7）。在空间上，城乡职住分离率表现为由乡村—城镇分离、乡村—县城分离、乡村—市区分离、乡村—市外分离逐渐降低的态势，因此其一般特征可抽象为以居住地乡村为中心呈圈层式向外递减的模式（图 8-8），即随着乡村与不同城镇地区间距离的增加，往返于乡村与城镇地区之间的通勤人口逐渐减少，可见乡村就业人口的职住空间关系受通勤距离的影响较大。

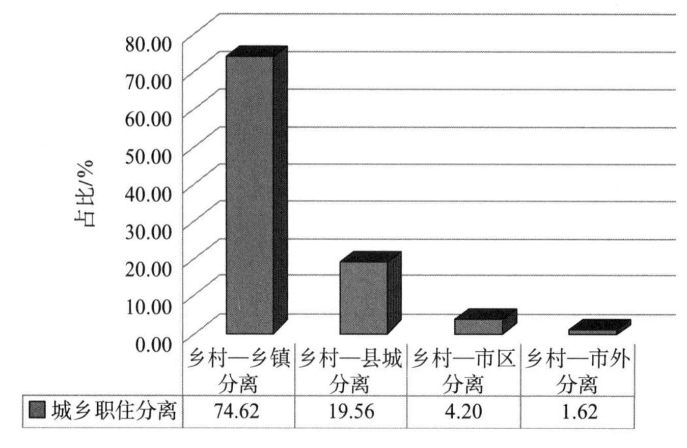

图 8-7　各城乡职住分离状态占比图

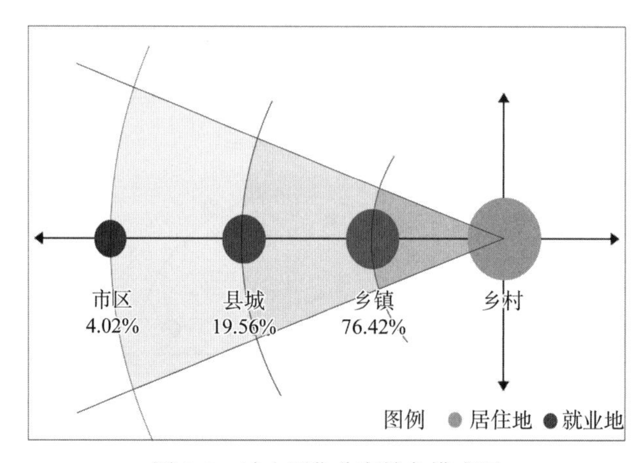

图 8-8　城乡职住分离抽象模式图

基于通勤距离的职住调查可知，被调查者的通勤距离与乡村—乡镇分离者的平均空间分离距离基本一致。以章丘市三个抽样企业的农民工为研究对象，分析其通勤距离可知，以就业地为中心，分布在 5 km 以内的居住者占 66.98%，5—10 km 的占 13.21%，10 km 以外的占 19.81%，可见近七成的就业者居住在距就业地 5 km 范围以内的地区。

基于通勤距离的研究对象，其居住地亦表现为以就业地为中心呈圈层式分布，

且随着通勤距离的增加居住样本占比逐渐减少。章丘市农民工的居住地以就业地为中心呈圈层式分布，且随着通勤距离的增加，居住者越来越少、越来越分散，这与基于就业地、居住地匹配的职住协同特征中城乡职住分离以乡村为中心呈圈层式向外递减的特征一致（图 8-9）。

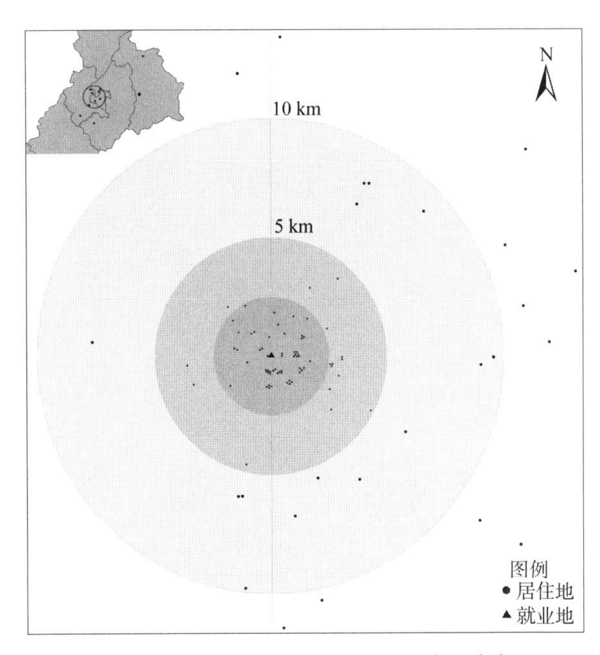

图 8-9　抽样企业农民工职住空间关系分布图

（2）城乡职住分离度呈现出距离衰减现象

章丘市乡村就业人口城乡职住分离度在空间上呈现出距离衰减现象，但其并非表现为简单的圈层式递减，而是沿发展轴线呈外围村庄低、近城村庄高。章丘市域边缘村庄西李村、柏家村、西车厢村、井泉村、腰庄村等城乡职住分离度均较低，同时西李村、西车厢村、腰庄村分别为三个发展方向的最外围村庄；而近城区的养军店村、华家村、长青村、水河村的城乡职住分离度则相对较高，同时养军店村、长青村是发展方向上的最近城村庄。以市区为中心，将城乡职住分离模式做抽象图，可直观看出沿三个发展方向均表现为外围村庄城乡职住分离度低、近城村庄城乡职住分离度高的特征（图 8-10）。这主要与村庄与城区间的城乡空间距离有关，随着城乡空间距离的增加，通勤距离亦有所增加，通勤人口则逐渐减少，使其职住分离者的占比降低。

4）城镇职住协同群体特征分析

（1）职住空间集中分布在县城，就近城镇化特征明显

根据理论分析与研究部分，本章将城镇职住协同划分为乡镇职住协同、县城职住协同、市区职住协同和市外职住协同四种状态。通过分析可知，在属于城镇职住协同模式的乡村就业人口中，其职住空间分布以县城为主，占比高达 41.25%（图 8-11），表现出明显的就近城镇化特征。另外，在属于城镇职住协同的乡村就业人口中，市外职住协同的占比也较高，为 23.96%，换算为整体样本的占比为 7.93%，

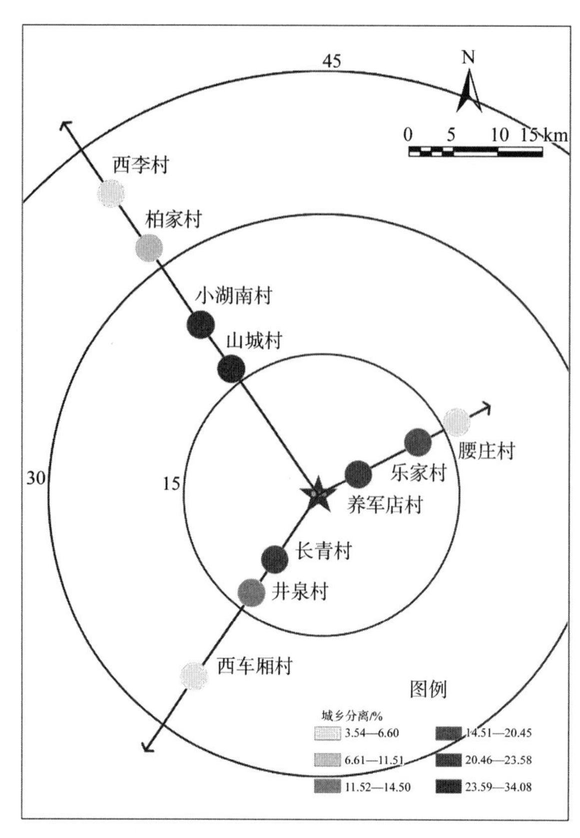

图 8-10　抽样村庄职住分离度空间模式图

这与山东省第六次全国人口普查数据显示的章丘市外出半年以上户籍人口占比为10.53% 相接近。有分析认为，这主要与章丘的区位条件有关，章丘东临淄博、滨州（邹平），其中淄博为全国重要的石油化工基地、国内重要的现代工业城市，邹平为中国综合实力百强县、中国棉纺织名城、中国食品工业强县，其能提供较多的非农就业岗位且消费水平相对济南低，因此章丘东部街镇的乡村居民多去本市外的淄博、邹平务工并居住。乡镇职住协同和市区职住协同占比较低，分别为 18.11%

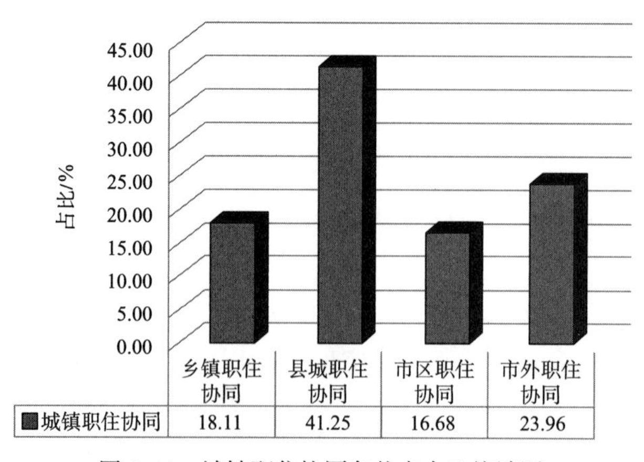

图 8-11　城镇职住协同各状态占比统计图

和 16.68%，乡镇职住协同占比较低的主要原因为在乡镇务工人员距离家近多选择回家居住。据统计分析，在乡镇务工人员中有 72.49% 的人选择回乡村居住。

（2）在空间上整体表现为南北远城村庄高、中部近城村庄低的特征

同乡村职住协同一样，章丘市乡村就业人口在城镇职住协同空间上亦无明显特征，但整体上表现为南北远城村庄高、中部近城村庄低（图 8-12）。如中部靠近城区的养军店村、乐家村、山城村的城镇职住协同度均较低，南北远离城区的西李村、北范村、西车厢村的城镇职住协同度均较高。另外，将城镇职住协同度在空间上与主要交通路网叠合可发现，距离交通干线较近的养军店村、华家村、山城村的城镇职住协同度较低，远离交通干线的腰庄村、西李村、西车厢村的城镇职住协同度则较高；但也有近交通干线村庄的城镇职住协同度高，远离交通干线村庄的城镇职住协同度低，如水河村、小湖南村。这说明城镇职住协同仅在一定程度上受村庄区位和交通干线的影响。

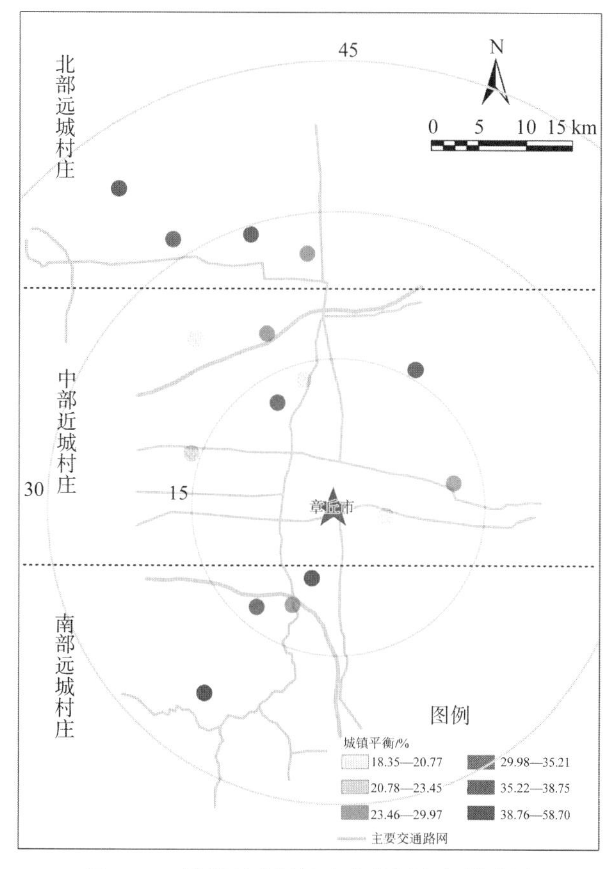

图 8-12　抽样村庄城镇职住协同空间模式图

8.2.2　家庭视角职住协同特征

有关家庭视角的职住协同特征，本章主要分析两个部分内容：其一为家庭成员

的居住“离散—耦合”状态分析，其二为家庭主要成员（丈夫、妻子）的职住协同特征分析。本章将户口本家庭精细为代际家庭和代际个体两个视角，故此处家庭视角的职住协同特征只分析家庭主要成员（表 8-3）。

表 8-3　家庭样本数统计表

代际家庭	户数 / 户	性别	样本数 / 人
一代家庭	1 593	男（丈夫）	1 401
		女（妻子）	1 390
二代家庭	944	男（丈夫）	873
		女（妻子）	776

1）整体概况

（1）协同度：夫妻职住协同度均较高，妻子明显高于丈夫

由图 8-13 可知，一代家庭中丈夫和妻子的职住协同度分别为 80.73% 和 89.93%，二代家庭中丈夫和妻子的职住协同度为 72.97% 和 79.77%。一代家庭中丈夫和妻子的职住协同度均在 80% 以上，二代家庭则均在 70% 以上，因此两代家庭中丈夫和妻子的职住协同度均较高。在性别差异方面，一代家庭、二代家庭中妻子的职住协同度分别比丈夫高 9.2 个百分点和 6.8 个百分点，说明妻子的职住协同度更优，也就是说，丈夫的就业流动能力、城乡通勤能力强于妻子。

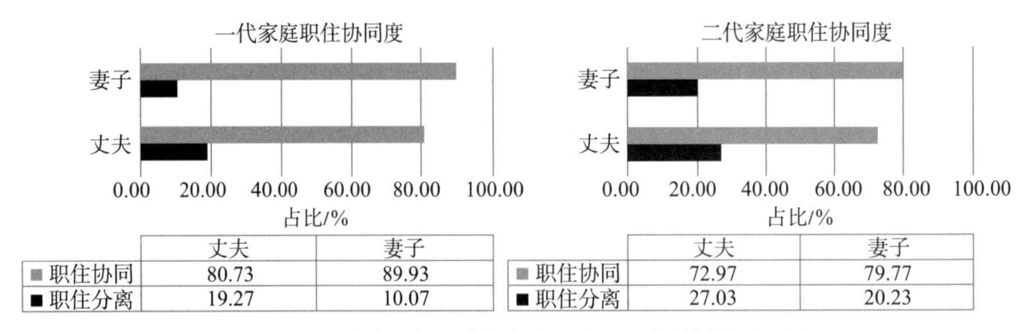

	丈夫	妻子
职住协同	80.73	89.93
职住分离	19.27	10.07

	丈夫	妻子
职住协同	72.97	79.77
职住分离	27.03	20.23

图 8-13　一代家庭与二代家庭主要成员职住协同度对比图

另外，就协同度空间特征来看，丈夫与妻子均与整体职住协同度空间特征保持一致，即表现为沿发展轴线上外围村庄职住协同度高、近城村庄职住协同度低的特征（图 8-14）。

（2）协同模式

在涉及城镇地区的职住协同模式中，丈夫的占比高于妻子，二代家庭中夫妻职住协同模式分异明显。在一代家庭中，丈夫、妻子均以乡村职住协同为主，占比分别为 65.52%、75.47%（表 8-4）。在二代家庭中，丈夫与妻子的职住协同模式分异特征明显，妻子以乡村职住协同为主，占比为 41.37%，丈夫则以城镇职住协同为主，占比为 44.79%。可见，丈夫的就业地、居住地在空间上明显向城镇地区转移，这与就业特征中涉及城镇地区的就业地时丈夫的占比均高于妻子的特征相符（图 8-15），也验证了乡村地区基于家庭分工的“半耕半农”的家庭生计模式。

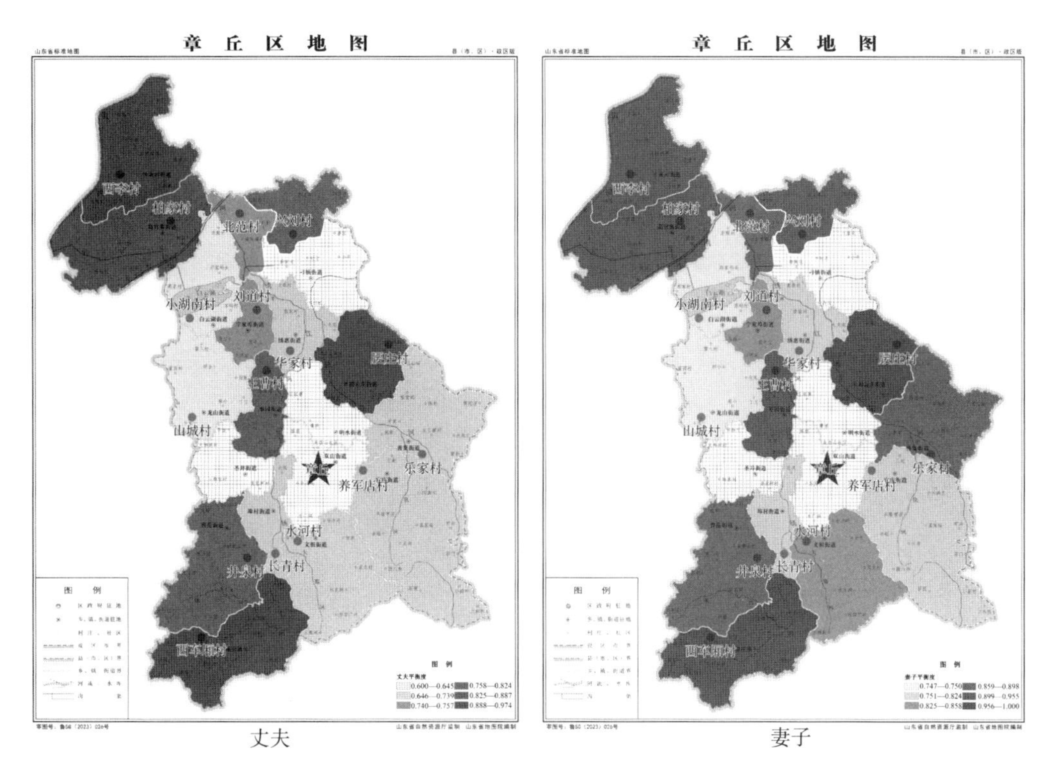

图 8-14　抽样村庄夫妻职住协同度对比图

表 8-4　代际家庭主要成员职住协同模式对比一览表

单位：%

类别	一代家庭			二代家庭		
	乡村职住协同	城乡职住分离	城镇职住协同	乡村职住协同	城乡职住分离	城镇职住协同
男	65.52	19.27	15.21	28.18	27.03	44.79
女	75.47	10.07	14.46	41.37	20.23	38.40

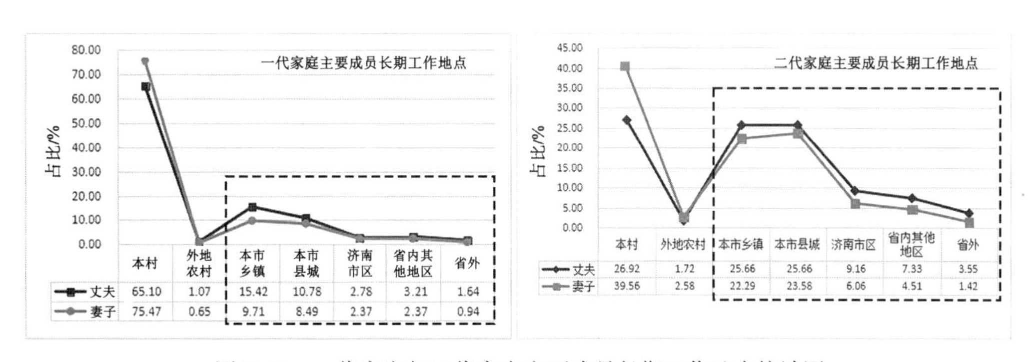

图 8-15　一代家庭与二代家庭主要成员长期工作地点统计图

代际家庭协同模式在空间上呈现多数村庄以乡村职住协同为主，少数村庄以城镇职住协同为主。就妻子的职住模式空间特征来看（图 8-16），其与整体职住模式空间特征保持一致。丈夫的职住模式空间特征已出现分异（图 8-17），即虽然多数村庄以乡村职住协同为主，但是北范村、山城村与整体特征不符，处在由乡村职住协同为主向城镇职住协同为主的过渡阶段。据统计，在北范村和山城村的职住模式中，排在第 1 位的分别是城镇职住协同和城乡职住分离，占比分别为 38.9% 和 40.0%，并且两村的职住模式排在第 2 位的均是乡村职住协同，占比分别达到 36.1% 和 39.0%，排在第 1 位和第 2 位的协同模式占比差异并不明显。

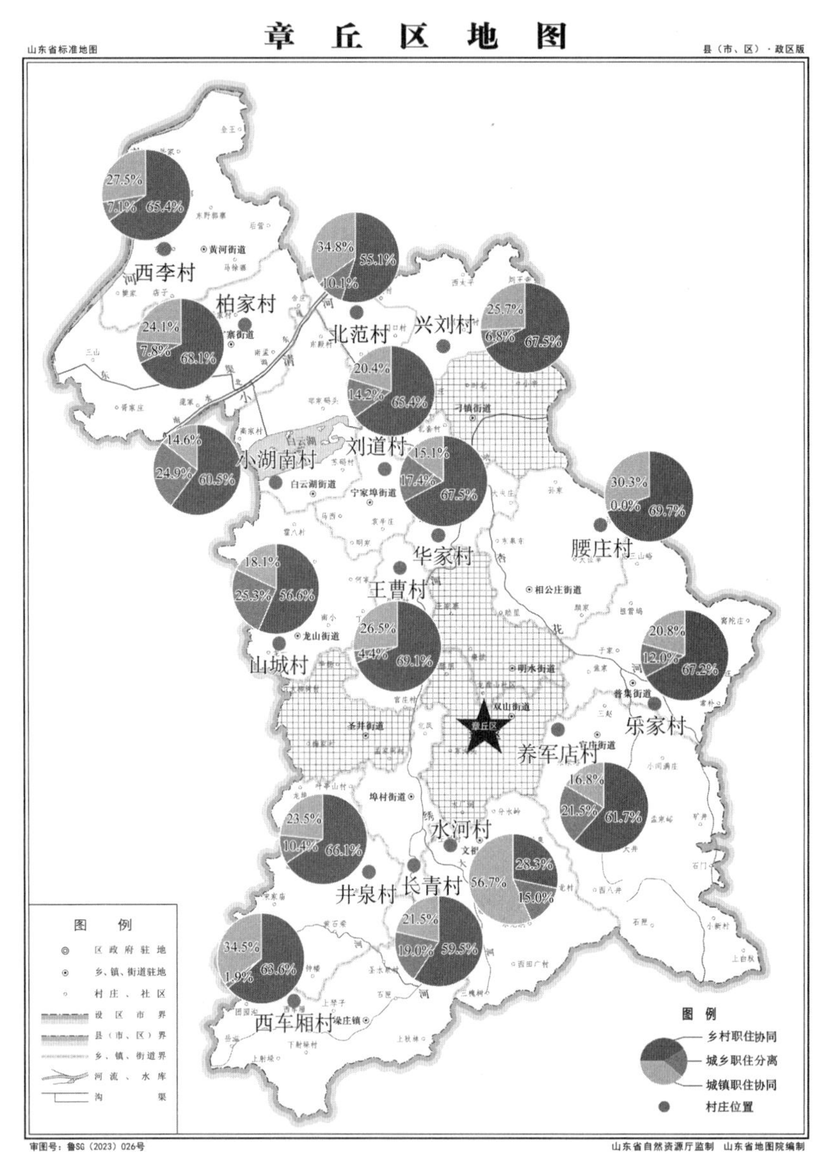

图 8-16　抽样村庄妻子职住协同模式对比分析图

（3）家庭成员居住“离散—耦合”特征分析

本节中的家庭成员居住“离散—耦合”状态特征分析主要包括两个部分：家庭中的“丈夫—妻子”离散耦合状态分析和家庭中的“夫妻—子女”离散耦合状态分析。需要指出的是，在“丈夫—妻子”离散耦合分析时可直接将丈夫与妻子的居住

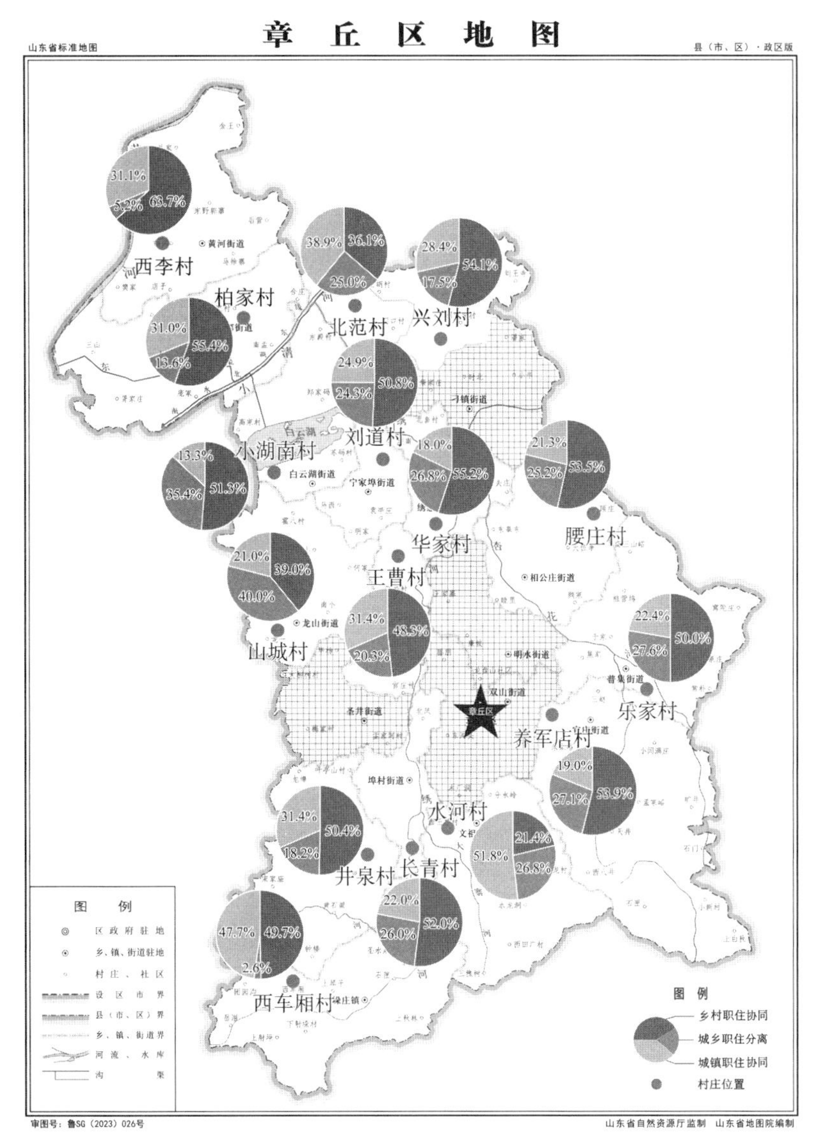

图 8-17 抽样村庄丈夫职住协同模式对比分析图

地进行交叉分析；而在“夫妻—子女”离散耦合分析时，如家庭中仅有一个孩子，则直接交叉分析夫妻居住地与该孩子的居住地，如家庭中有一子一女，则交叉分析夫妻居住地与儿子的居住地。

由理论分析可知，乡村就业人口家庭状态可分为乡村聚合家庭、城乡离散家庭、城镇耦合家庭三类。所谓“离散家庭”即家庭成员在空间上呈分离状态，也就是说，同一家庭中不同家庭成员的日常生活不在同一地区，因此“家庭居住离散”则可以表述为家庭成员在空间上的居住分离状态。利用统计产品与服务解决方案软件（SPSS 17.0）分别对一代家庭、二代家庭中的“丈夫—妻子”“夫妻—子女”做居住离散耦合分析，得表 8-5 至表 8-8。

表 8-5　一代家庭"丈夫—妻子"常住地点、就业地点交叉分析表　　单位：人

类别		妻子常住地点		合计	类别		妻子常住地点		合计
		乡村	城镇				乡村	城镇	
丈夫常住地点	乡村	985	22	1 007	丈夫就业地点	乡村	736	36	772
		82.22%	1.83%				61.43%	3.01%	
	城镇	45	146	191		城镇	175	251	426
		3.76%	12.19%				14.61%	20.95%	
合计		1 030	168	1 198	合计		911	287	1 198

表 8-6　二代家庭"丈夫—妻子"常住地点、就业地点交叉制表　　单位：人

类别		妻子常住地点		合计	类别		妻子常住地点		合计
		乡村	城镇				乡村	城镇	
丈夫常住地点	乡村	198	23	221	丈夫就业地点	乡村	424	2	426
		26.86%	3.12%				57.53%	0.27%	
	城镇	121	395	516		城镇	34	277	311
		16.42%	53.60%				4.61%	37.59%	
合计		319	418	737	合计		458	279	737

表 8-7　一代家庭"夫妻—子女"常住地点交叉分析表　　单位：人

类别		一代孩子常住地点		合计
		乡村	城镇	
一代夫妻常住地点	乡村	113	249	362
		26.71%	58.87%	
	城镇	1	60	61
		0.24%	14.18%	
合计		114	309	423

表 8-8　二代家庭"夫妻—子女"常住地点交叉分析表　　单位：人

类别		二代孩子常住地点		合计
		乡村	城镇	
二代夫妻常住地点	乡村	268	87	355
		47.43%	15.40%	
	城镇	30	180	210
		5.31%	31.86%	
合计		298	267	565

①"丈夫—妻子"离散程度较小，聚合类型差异明显

二代家庭的丈夫—妻子居住离散度较一代家庭小，但差异并不显著，两代家庭的丈夫—妻子居住离散度均在 5% 左右，居住离散度均较小。另外，两代家庭均以乡

村聚合家庭为主，但占比差异明显，二代家庭比一代家庭低24.69个百分点（表8-5、表8-6）。因此，与一代家庭相比，二代家庭的丈夫—妻子向城镇耦合状态转变明显。

②“夫妻—子女”离散程度较大，二代家庭向城镇耦合状态转变明显

同丈夫—妻子居住离散度相比，夫妻—子女的居住离散度较大，且一代家庭以夫妻—子女居住离散家庭为主，占比高达59.11%。二代家庭以乡村聚合家庭为主，占比为47.43%，但与一代家庭相比其城乡离散度减少了38.4个百分点，城镇耦合家庭增加了17.68个百分点。因此，与一代家庭相比，二代家庭由城乡离散向城镇耦合状态转变明显（表8-7、表8-8）。

2）乡村职住协同特征分析

（1）妻子的乡村职住协同占比高于丈夫，丈夫就业向非农转移明显

由表8-9可知，家庭视角的乡村职住协同样本数为2 534人，其中丈夫1 164人，妻子1 370人。在这一类型的调查者中，两代家庭中妻子的乡村职住协同占比分别为75.47%和45.37%，丈夫的乡村职住协同占比分别为65.52%和28.18%，可见两代家庭中妻子的乡村职住协同占比均明显高于丈夫。

另外，一代家庭中丈夫、妻子均以村居村业务农状态为主，无明显差异（图8-18）。二代家庭中丈夫、妻子也均以村居村业务农状态为主，而在非农就业者占比中，丈夫比妻子高10.52个百分点，说明即使状态同为村居村业，丈夫的就业类型也在向非农转变。

表8-9　家庭视角乡村职住协同样本概况一览表

单位：人

一代家庭		二代家庭	
丈夫	妻子	丈夫	妻子
918	1 049	246	321

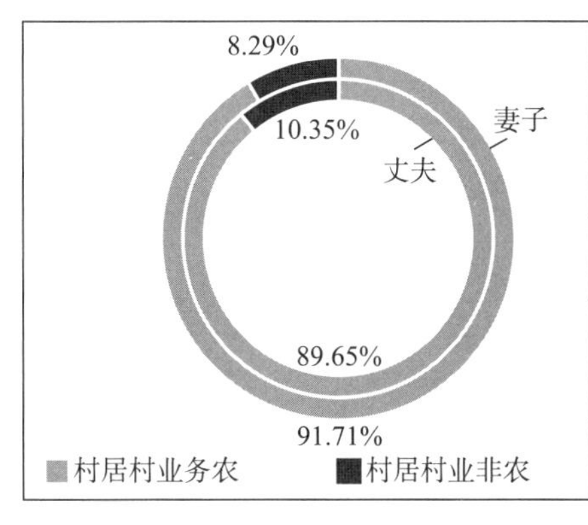

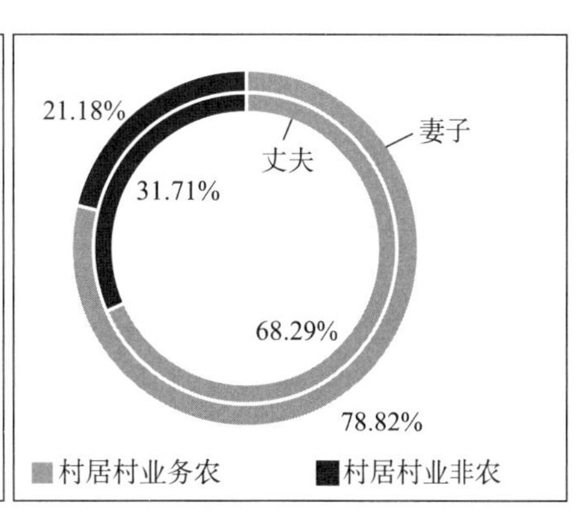

图8-18　一代家庭与二代家庭夫妻乡村职住协同模式对比图

（2）空间上各村差异明显，整体表现为北高南低的特征

就家庭视角的乡村职住协同来看，章丘市各抽样村庄的乡村职住协同程度差异相对明显，但在空间上并无明显特征，整体表现为城区以北村庄的乡村职住协同占比高，城区以南村庄的占比低（图8-19）。在性别差异方面，丈夫表现为西李村的

乡村职住协同占比最高、水河村占比最低，妻子则表现为腰庄村、王曹村乡村职住协同占比最高、水河村占比最低。另外，将乡村职住协同在空间上与主要交通路网叠合可发现，远离交通干线和近邻交通干线的村庄其乡村职住协同占比均有高有低，说明乡村职住协同受村庄区位和交通干线的影响并不显著。

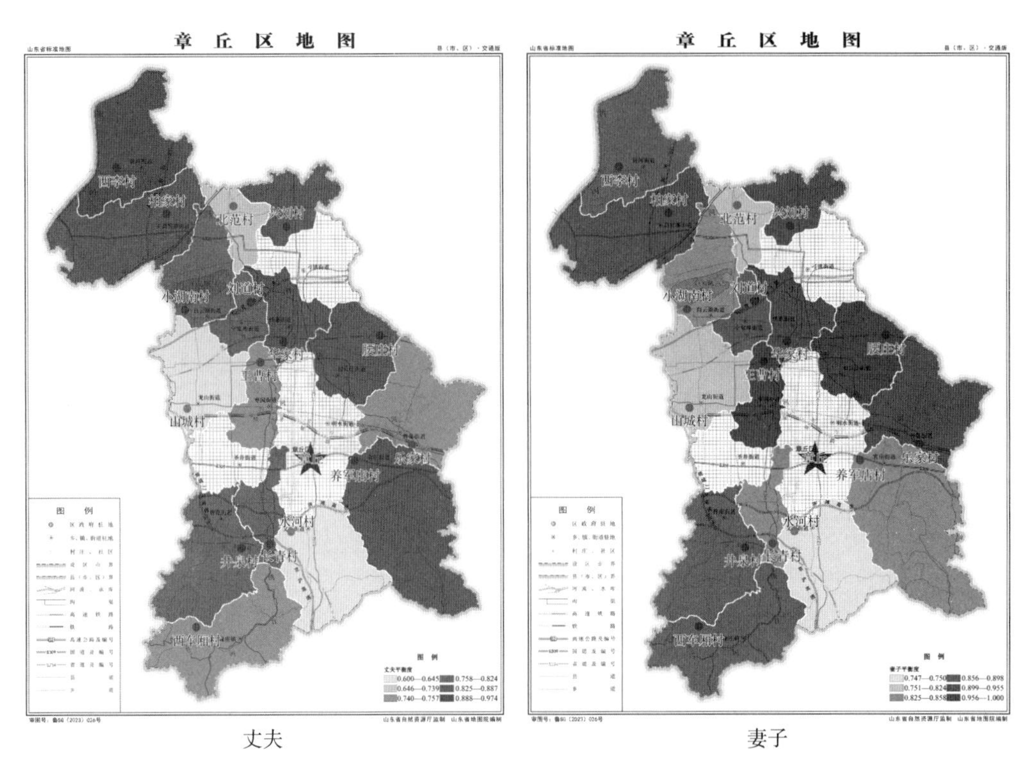

图 8-19　抽样村庄夫妻乡村职住协同状态对比图

3）城乡职住分离特征分析

（1）丈夫、妻子均以乡村—乡镇分离为主，丈夫的通勤能力强于妻子

在一代家庭的城乡分离状态中，丈夫和妻子均以乡村—乡镇分离为主（图8-20），其次为乡村—县城分离，乡村—市区分离和乡村—市外分离的占比均较少。但在乡村—乡镇分离状态中，妻子的占比比丈夫高 8.61 个百分点；而在乡村—县城分离、乡村—市外分离状态中，妻子的占比分别比丈夫低 7.19 个百分点和 1.47 个百分点，这说明在长距离通勤中丈夫的占比较多，即丈夫的通勤能力强于妻子，就业流动性高于妻子。这与徐艺轩等（2014）认为男性通勤距离一般大于女性的结论相符，主要原因为女性需承担更多照顾家庭的责任，因而其往往选择在居住地附近就业。

在二代家庭的城乡分离状态中，丈夫和妻子仍均以乡村—乡镇分离为主，其次为乡村—县城分离（图 8-20）。由此可见，在县城范围内，二代家庭中丈夫、妻子的通勤能力已基本无差异。另外，在乡村—市区分离、乡村—市外分离状态中，丈夫的占比分别比妻子高 3.86 个百分点和 1.48 个百分点，由此可见，超出县城范围后丈夫的通勤能力和就业流动性仍高于妻子。

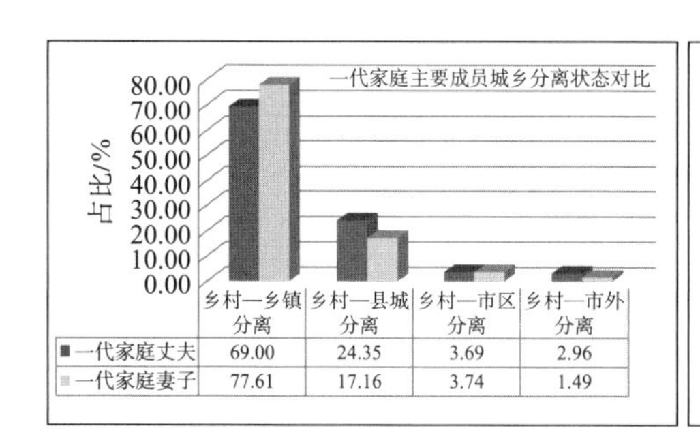

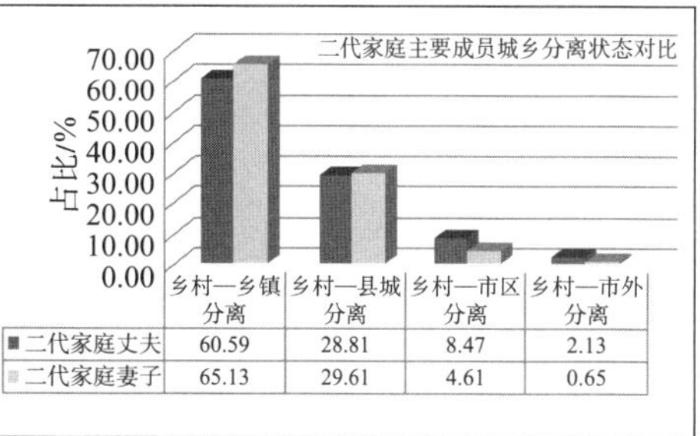

图 8-20　一代家庭与二代家庭城乡职住分离各状态对比图

（2）城乡职住分离度沿发展方向表现出外围村庄低、近城村庄高的特征

在家庭视角的城乡职住分离空间上，丈夫与妻子均与整体城乡职住分离空间特征基本一致，即表现为沿发展轴线上外围村庄城乡分离度低、近城村庄城乡分离度高的特征（图 8-21）。

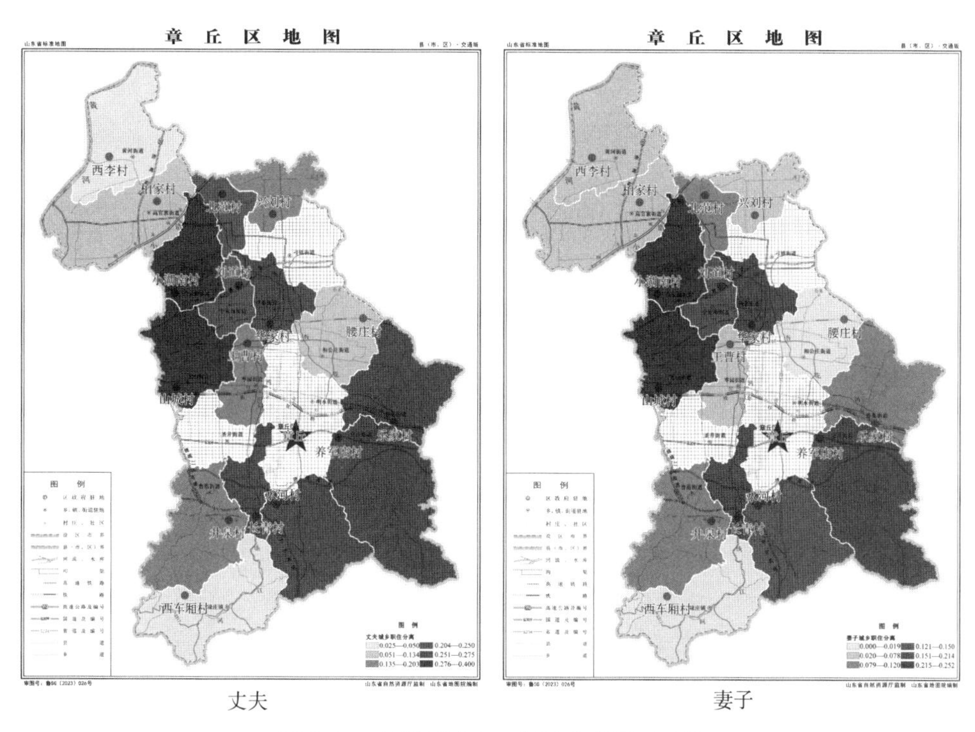

图 8-21　抽样村庄夫妻职住分离度对比图

4）城镇职住协同特征分析

（1）职住空间集中分布在县城，丈夫的职住活动范围广于妻子

家庭视角城镇职住协同者的职住集中分布在县城，就近城镇化特征明显，但丈夫的职住范围广于妻子。在一代家庭城镇职住协同状态中，丈夫和妻子均以县城职住协同为主，其次为市外职住协同（图 8-22）。另外，在乡镇职住协同和市区职住协同状态中，丈夫和妻子的占比均相对较低且差异均不明显，但丈夫的占比均高于妻子。因此可知，在属于城镇职住协同的一代家庭中，丈夫、妻子的职住主要集中

于县城，但丈夫就业地、居住地的分布范围广于妻子。

二代家庭的丈夫和妻子亦均以县城职住协同为主（图 8-22），较一代家庭无差异；其次为乡镇职住协同，丈夫和妻子较一代家庭均有明显提升，而在市外职住协同中，丈夫和妻子较一代家庭均有明显下降，说明与一代家庭相比，二代家庭的职住分布更集中于县城内部（包含乡镇）。另外，在乡镇职住协同、县城职住协同状态中，妻子的占比均高于丈夫，而在市区职住协同、市外职住协同中，丈夫的占比则均高于妻子，说明二代家庭丈夫职住地的范围亦广于妻子。

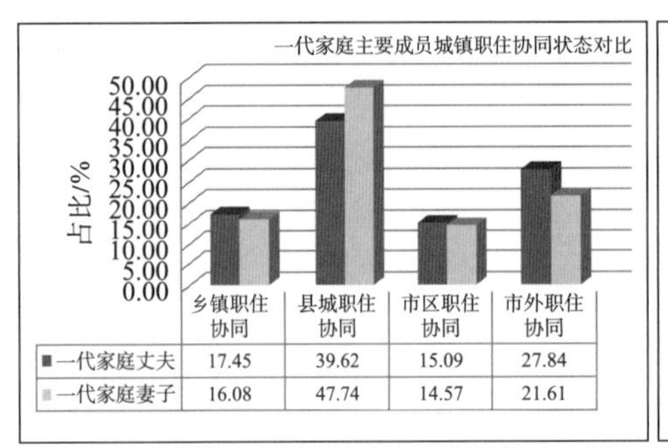

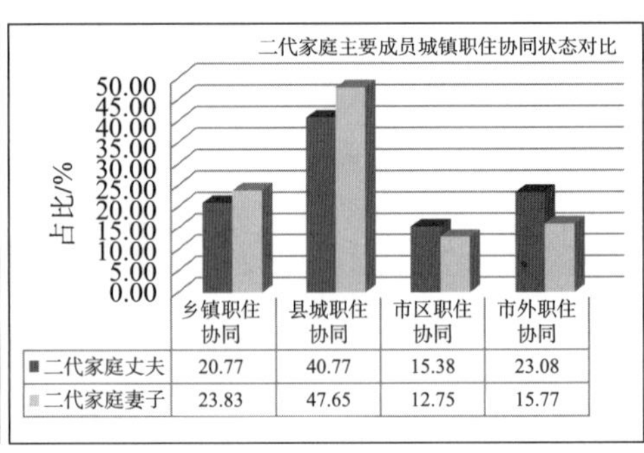

图 8-22　一代家庭与二代家庭城镇职住协同状态对比图

（2）空间上整体表现为南北远城村庄高、中部近城村庄低的特征

在家庭视角的城镇职住协同空间上，丈夫、妻子均与整体视角的城镇职住协同空间特征一致，且性别间无差异，即整体表现为南北远城村庄高、中间近城村庄低的特征（图 8-23）。另外，将城镇职住协同在空间上与主要交通路网叠合可发现，

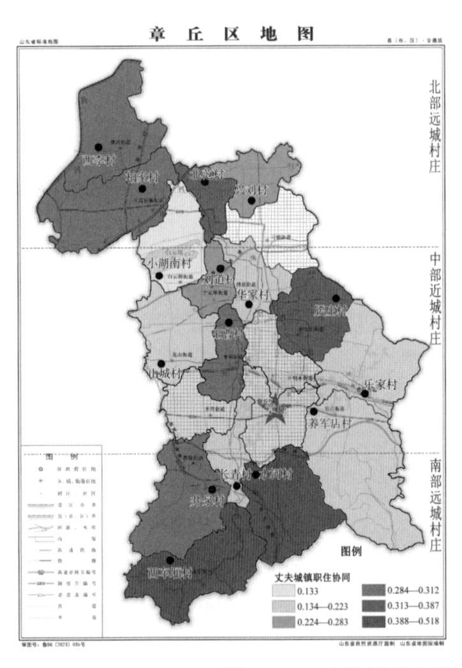

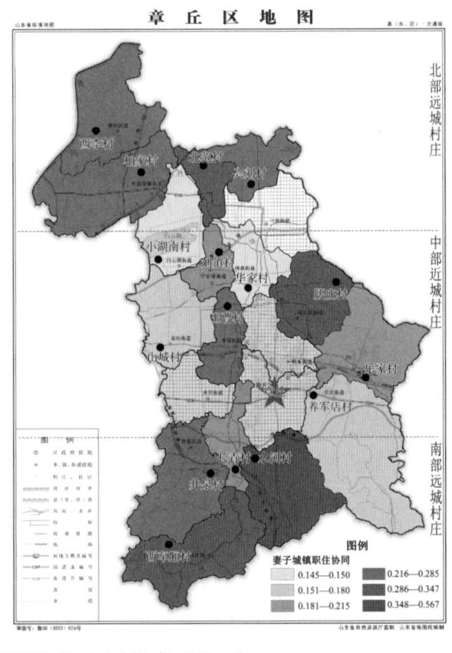

图 8-23　抽样村庄夫妻城镇职住协同状态对比图

远离交通干线和近邻交通干线的村庄其城镇职住协同占比均有高有低，因此家庭视角的城镇职住协同受村庄区位和交通干线的影响并不明显。

8.2.3 代际视角职住协同特征

目前，我国乡村家庭的主流家庭生计模式表现为以代际分工和家庭分工为基础的“半工半耕”模式（刘升，2015），即“男主外、女主内，年轻人进城、老年人留守乡村”的现象，这从侧面表明代际不同其就业性质及就业地点也有较大差异，因此在职住特征方面随代际变化亦表现出多元化的特征，本节主要分析代际个体的职住协同特征及其变化规律。

1）整体概况

（1）协同度：随代际变化（年龄减少）整体下降

章丘市代际个体职住协同度呈现出随年龄减小逐渐降低的态势，具体表现为一代人最高，三代人最低，2.5 代人高于二代人的特征（图 8-24）。由于受年龄、劳动技能以及就业单位的招工限制，一代人的非农就业途径较少，多留守乡村务农，因此其表现出较高的乡村职住协同特征（70.48%），且其通勤能力较弱，故而职住协同度较高。二代人为家庭主力，担负家庭的主要责任，单纯务农已难以满足其经济需求，因此二代人多主动寻求进城务工或经商，但为了减少支出且方便照顾家庭，部分二代人并不在城镇居住，而是早出晚归，因此二代人的职住协同度较一代人低。2.5 代人的就业性质以在外打工和上学为主，在外打工者由于年龄尚小且未成婚，其对就业性质有较高的要求且不需承担家庭主要责任，因此其多不选择早出晚归而是在城镇地区租房居住，上学者则多处于大学阶段故而在校住宿，所以 2.5 代人较二代人的职住协同度有所提高。由于三代人所处的特殊年龄段和职业，其职住状态受客观条件限制（教育设施布局），三代人的平均年龄为 12.12 岁，多处于小学阶段，由于小学多位于乡镇，因此在三代人的职住模式中，乡村—乡镇分离状态的占比较多，造成其职住协同度最低。

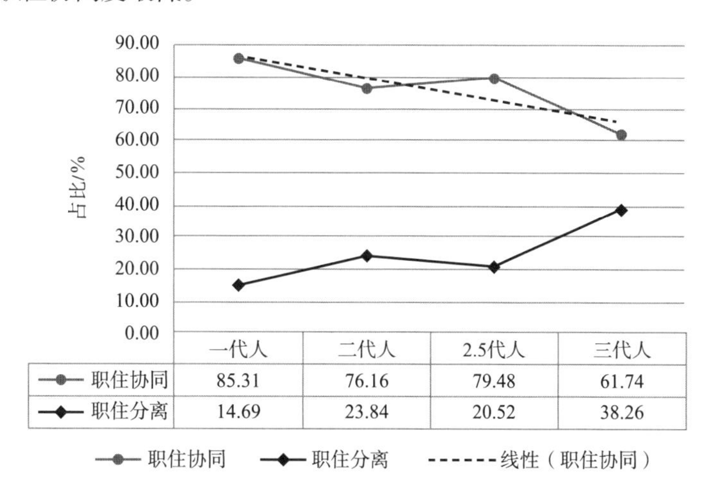

	一代人	二代人	2.5代人	三代人
职住协同	85.31	76.16	79.48	61.74
职住分离	14.69	23.84	20.52	38.26

图 8-24　代际个体职住协同度对比图

另外，从协同度空间分布特征[③]来看，代际个体与整体职住协同度的空间特征基本保持一致，也表现为沿发展轴线上外围村庄职住协同度高、近城村庄职住协同度低的特征（图 8-25）。

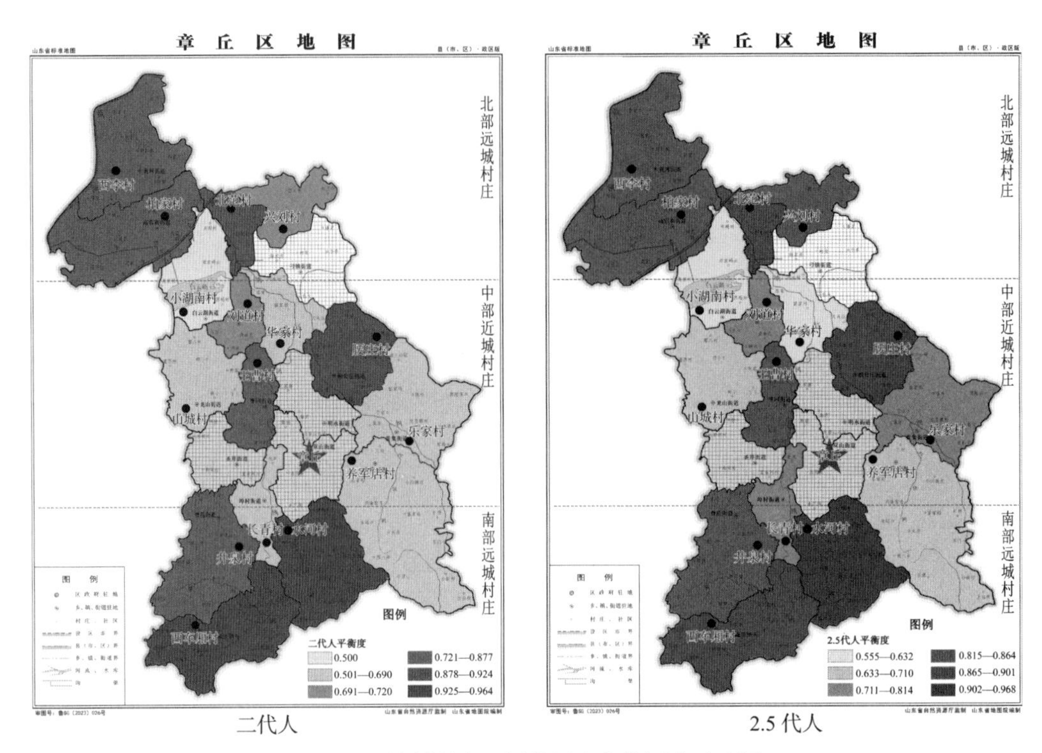

图 8-25　抽样村庄不同代际职住协同度对比图

（2）协同模式

① 城镇职住协同为主，代际占比差异明显

代际个体职住协同模式主要以城镇职住协同为主，但代际占比差异明显。具体表现为一代人以乡村职住协同为主，二代人、2.5 代人和三代人均以城镇职住协同为主（图 8-26）。

通过对就业特征中当前职业的分析可知，章丘市乡村就业人口代际分工明显，一代人以务农为主，占比高达 64.28%，因此其乡村职住协同占比突出。二代人以在外打工为主，占比为 57.67%，其担负家庭的主要经济来源，而单纯务农难以满足其家庭需求，因此二代人多进城务工或经商，以此来获得家庭利益最大化，故二代人就业、居住在城镇地区者多，以致城镇职住协同占比增加。2.5 代人根据就业性质主要可分为两类，即在外打工者和上学者，其占比分别为 41.84% 和 38.77%。其中，在外打工者虽不像二代人那样需承担家庭的主要经济来源，但由于城乡的发展差距及乡村就业机会少、务农收入低等原因，2.5 代人多不愿留守务农，其多进入城镇寻求更好的发展机会，同时因没有婚姻的限制故多在城镇居住、就业；另一类为上学者，多处于大学阶段并在校留宿。因此，2.5 代人中城镇职住协同占比突出。三代人以上学为主，占比高达 85.58%，但其所处的特殊年龄段和职业，使其乡村—乡镇分离状态占比增多，故就业、居住在城镇地区的占比有所降低，即城镇职住协同占比降低。

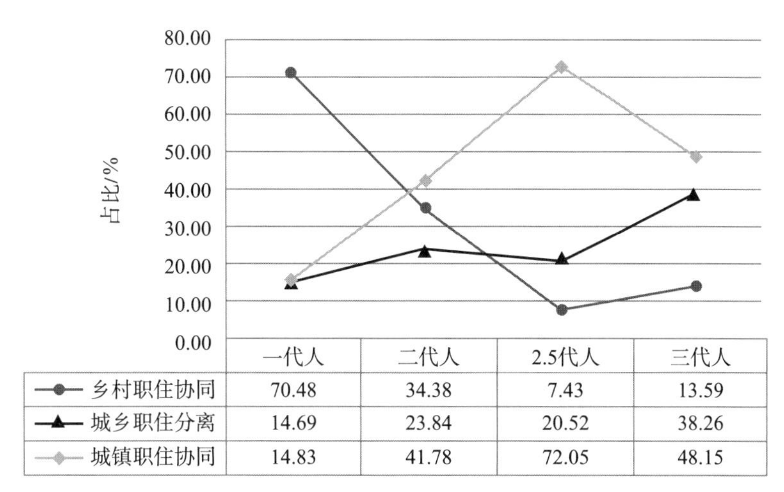

	一代人	二代人	2.5代人	三代人
乡村职住协同	70.48	34.38	7.43	13.59
城乡职住分离	14.69	23.84	20.52	38.26
城镇职住协同	14.83	41.78	72.05	48.15

图 8-26　代际个体职住协同模式对比图

② 空间上代际差异明显，随年龄减小向城镇职住协同转化

从代际个体职住模式空间特征来看，一代人与整体视角职住模式空间特征一致；从二代人的职住模式空间特征来看，其村庄分异特征明显，与一代人相比，二代人由乡村职住协同向城镇职住协同转化，但空间上并不同步，分异特征明显；从2.5 代人的职住模式空间特征来看，其空间上并无差异，16 个样本村庄均以城镇职住协同为主。可见，与二代人相比，2.5 代人进一步向城镇职住协同转化（图 8-27、图 8-28）。由于三代人受教育设施布局限制，其职住模式空间特征在此处不做分析。综上，在代际个体职住模式的空间特征上，代际差异明显，具体表现为随代际变化（年龄减小）向城镇职住协同转化，但各村庄并不同步，分异特征明显。

2）乡村职住协同特征分析

（1）乡村职住协同程度随年龄减小整体下降，就业、居住向城镇转移

章丘市代际个体乡村职住协同呈现出随年龄减小逐渐降低的态势，具体表现为一代人、二代人、2.5 代人随年龄减小逐渐降低，三代人占比高于 2.5 代人的特征（图 8-29）。乡村职住协同随代际变化占比降低，主要是因为随代际变化新生代农民工已基本不从事务农职业，他们不像父辈那般依赖乡村，他们大多由乡村涌向城市，追求城市生活，其心理预期将来也不会返回乡村（黄荣，2012）。通过分析就业特征，乡村职住协同的代际特征主要表现为：一代人当前职业以务农为主，乡村职住协同突出，其乡村依赖性较强，就业流动性偏弱；二代人以在外打工为主，乡村依赖性减弱，就业、居住由乡村向城镇转移；2.5 代人以在外打工、上学为主，乡村依赖性最弱，就业、居住进一步由乡村向城镇转移，其所涉及的城镇地区职住模式占比最高；三代人的乡村职住协同转折上升，其原因在于三代人多处于幼儿园、小学阶段，部分乡村有其所需的教育设施，故其乡村职住协同占比有所增加。

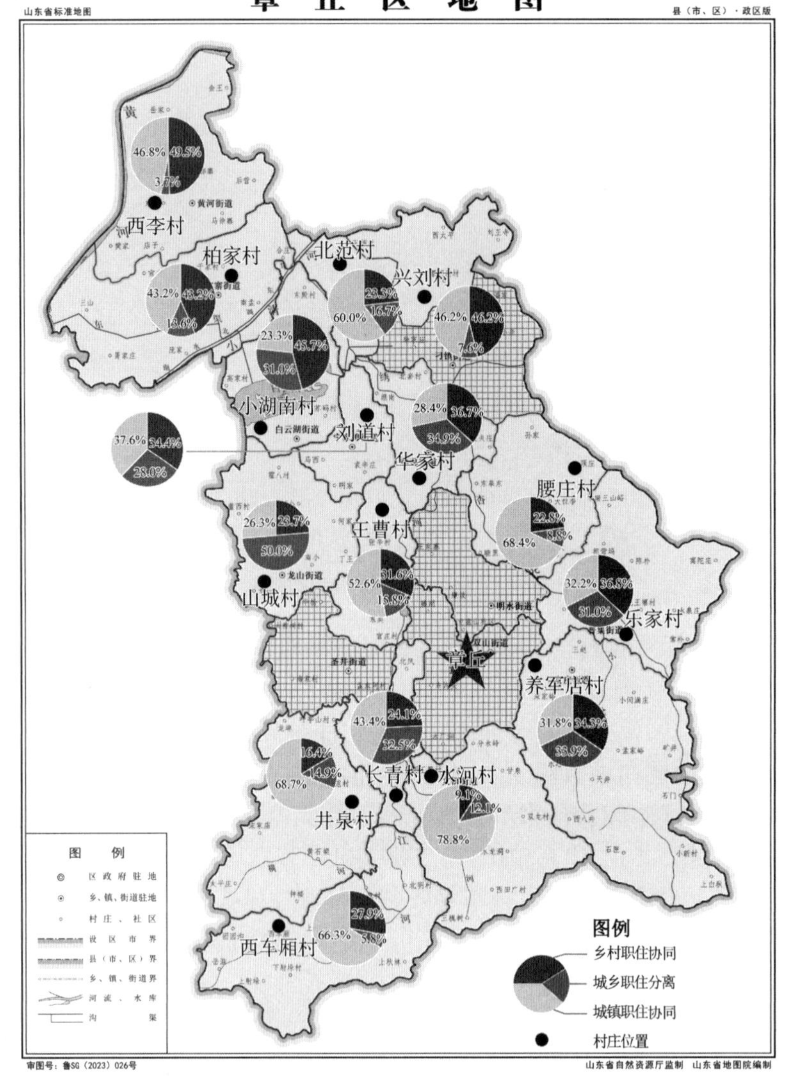

图 8-27 抽样村庄 2 代人职住协同模式对比图

在属于乡村职住协同的代际个体中，村居村业务农状态的占比随代际变化逐渐减少，村居村业非农状态的占比随代际变化逐渐增多（图 8-29），这表明代际年龄越小，职住均在乡村地区的乡村就业人口寻求非农就业的意愿越强。

（2）在空间上整体表现为北高南低，但代际差异明显

从代际个体乡村职住协同空间特征来看，一代人、二代人与家庭视角的乡村职住协同空间特征一致，表现为城区以北村庄的乡村职住协同占比高、城区以南村庄的占比低（图 8-30）。2.5 代人整体亦表现为城区以北村庄的乡村职住协同占比高、城区以南村庄的占比低，但其北部的西李村、柏家村、兴刘村的占比较低，与一代人、二代人相比差异明显（图 8-31）。

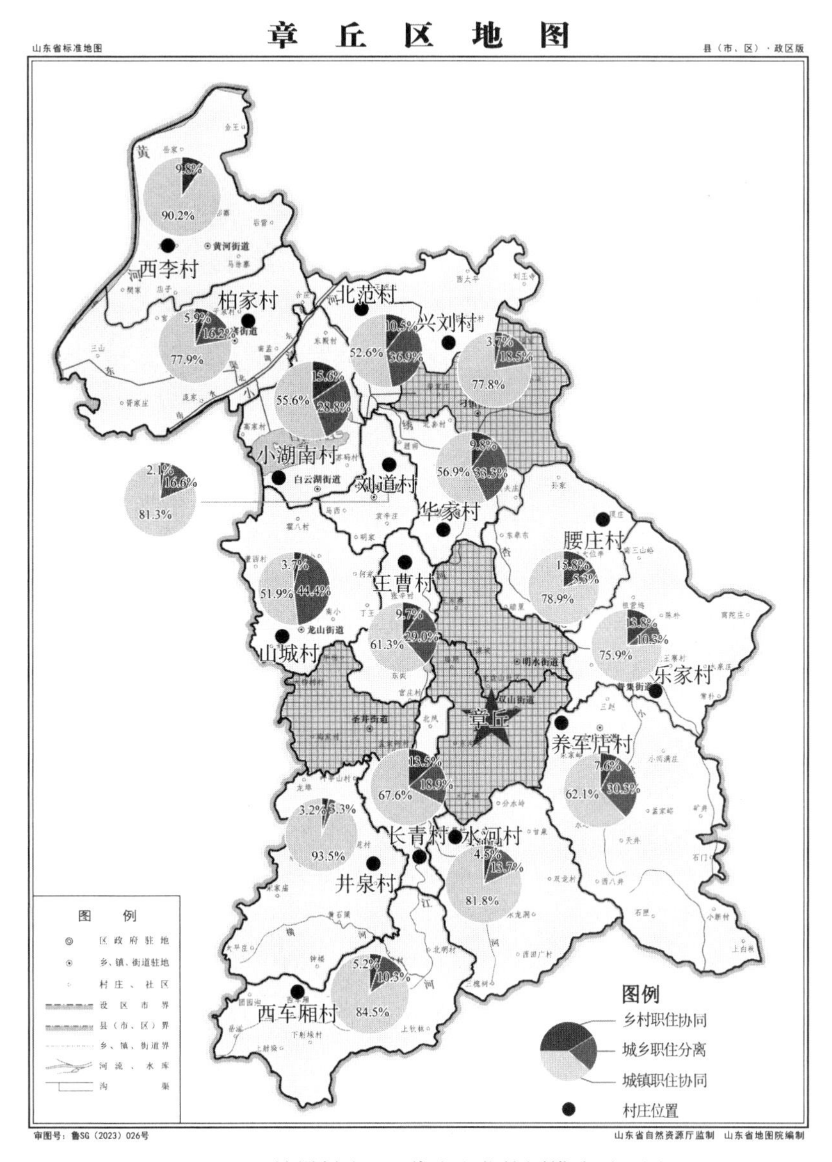

图 8-28　抽样村庄 2.5 代人职住协同模式对比图

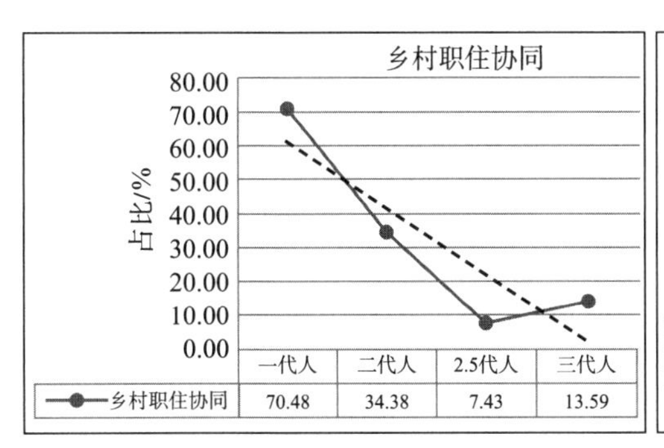

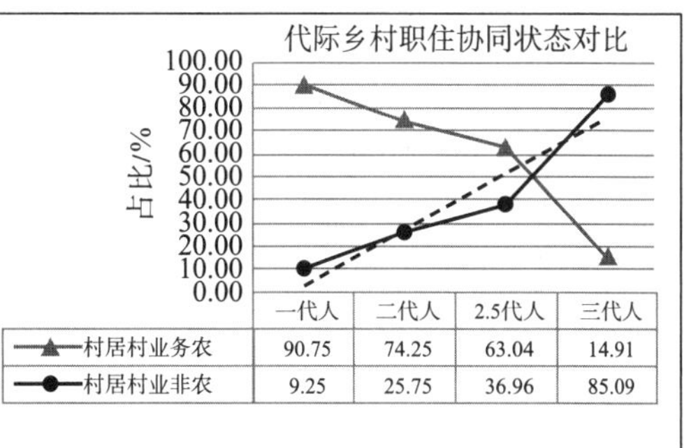

图 8-29　代际个体乡村职住协同变化特征及状态对比图

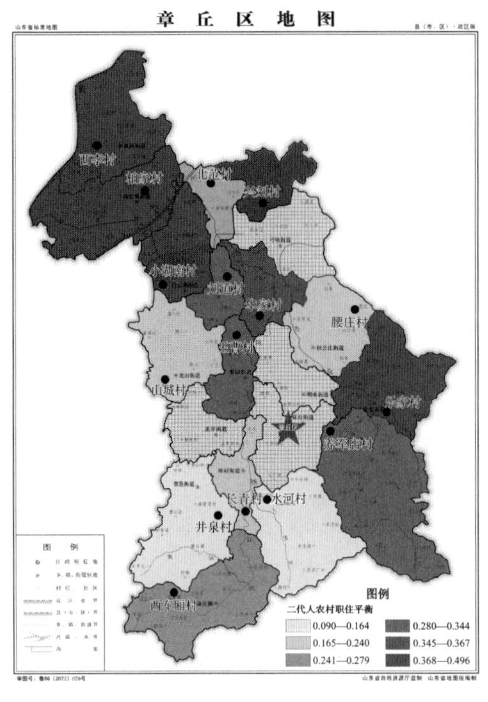

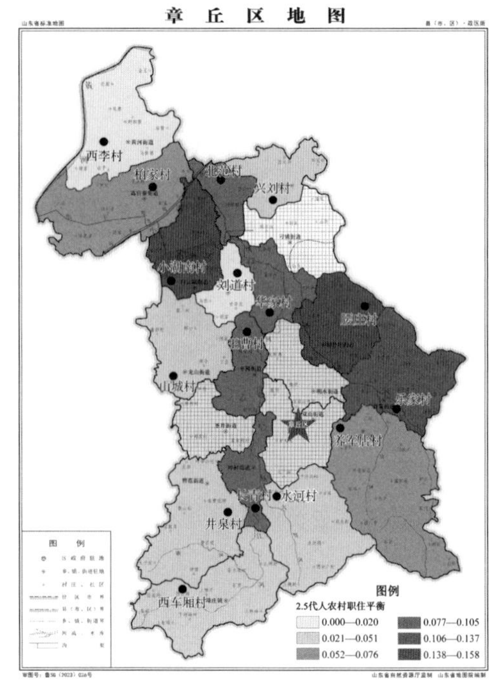

图 8-30　抽样村庄二代人乡村职住协同分布图　图 8-31　抽样村庄 2.5 代人乡村职住协同分布图

3）城乡职住分离特征分析

（1）城乡职住分离度随代际变化整体表现为上升态势

章丘市代际个体城乡职住分离程度呈现出随年龄减少整体上升的态势，具体表现为三代人占比最高，一代人占比最低，2.5 代人低于二代人的特征（图 8-32）。一代人居住、就业以本村务农为主，其城镇就业机会的可获得性和所能承受的通勤能力有限，因此其城乡职住分离者占比最少；二代人由于特殊的家庭角色，为实现家庭利益的最大化多进城务工，但由于其家中有老人需要赡养、子女需要抚育，故而部分二代人早出晚归，造成二代人城乡职住分离占比较高；2.5 代人虽多进城寻求更好的发展机会，其城镇职住模式的占比最高，但由于没有婚姻和家庭情况的限制，不必保持城乡间往返通勤，故城乡分离状态者占比较二代人少；三代人由于乡村地区的教育设施多分布在镇驻地，而其多处于小学阶段，因此其乡村—乡镇分离模式的占比较多，即城乡职住分离者较多。

（2）乡村—乡镇分离为主，就业流动性、通勤范围差异明显

在属于城乡职住分离的代际个体中，各代际均以乡村—乡镇分离为主，但代际占比差异明显（图 8-32）。一代人的乡村—乡镇分离占比突出，高达 71.85%，通勤流向以乡镇为主，乡村—县城分离次之；二代人亦以乡村—乡镇分离为主，但占比较一代人减少 9.48 个百分点，乡村—县城分离、乡村—市区分离则分别增加了 7.14 个百分点和 3.26 个百分点，即二代人的就业流动性、通勤范围较一代人增强；2.5 代人亦以乡村—乡镇分离为主，占比较二代人增加了 9.99 个百分点，乡村—县城分离、乡村—市区分离较二代人均有所降低；三代人由于教育机构多位于乡镇驻地，故其乡

村—乡镇分离状态的占比独大。

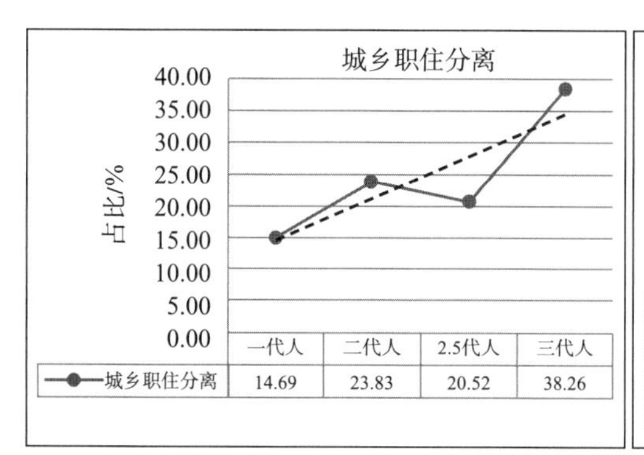

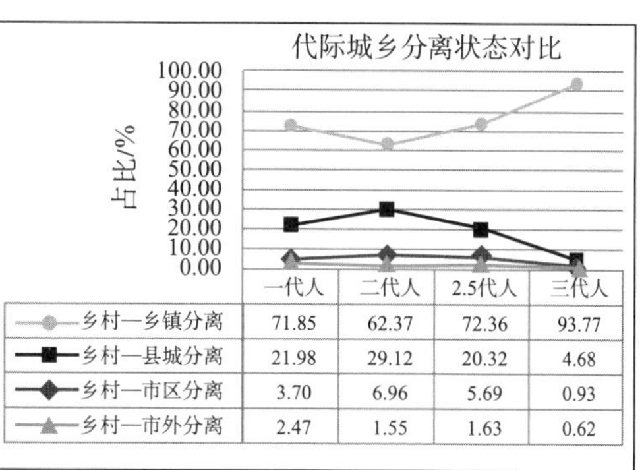

图 8-32　代际个体城乡职住分离变化特征及状态对比图

（3）城乡职住分离度呈现距离衰减现象

从代际个体城乡职住分离度的空间特征来看，其与整体城乡职住分离空间特征基本保持一致，表现为沿发展轴线上外围村庄城乡分离度低、近城村庄城乡分离度高的特征（图 8-33、图 8-34）。

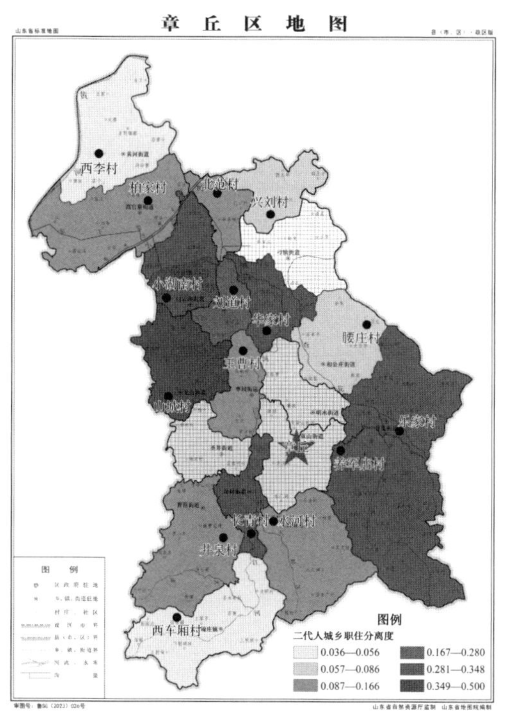

图 8-33　抽样村庄二代人职住分离度分布图

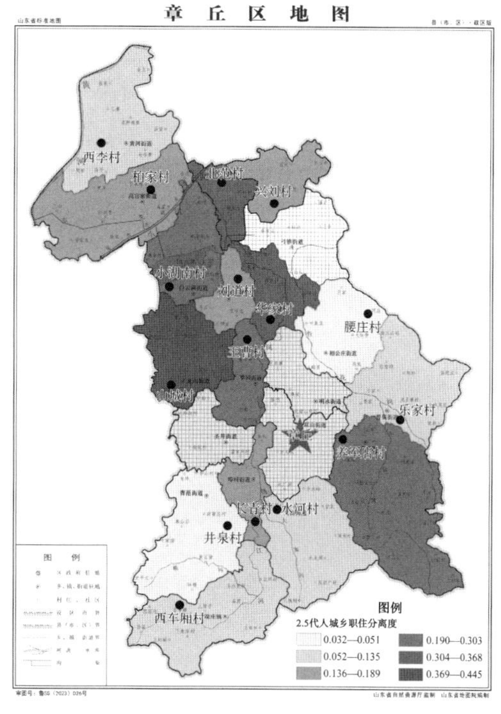

图 8-34　抽样村庄 2.5 代人职住分离度分布图

4）城镇职住协同特征分析

（1）城镇职住协同程度随年龄减小整体上升，就业、居住向城镇转移

章丘市代际个体城镇职住协同呈现出随年龄减小逐渐增加的态势，具体表现

为一代人、二代人、2.5 代人随年龄减小逐渐增加，三代人占比低于 2.5 代人的特征（图 8-35）。目前我国多数乡村处于基于代际分工和家庭分工的“半工半耕”的家庭生计模式，一代人受年龄、劳动技能、通勤能力等的限制，非农就业途径少，因此其就业、居住多在乡村，乡村职住协同占比突出，城镇职住协同则较少。二代人为家庭主要劳动力，为家庭生计多进城寻求更高收入的工作机会，进而城镇职住协同占比也有所增加。2.5 代人根据就业性质可分为在外打工者和求学者两类，由于城乡二元差距，乡村资源配置不均、就业机会少、务农收入低等原因，2.5 代打工者多进入城镇寻求更好的发展机会，同时其不受婚姻的限制故多在城镇就业地附近租住；另一类上学者多处于大学阶段故在校留宿，因此 2.5 代人的城镇职住协同占比突出。三代人受教育设施布局的影响，城乡职住分离者占比较多，城镇职住协同占比下降。

（2）职住空间主要分布在县城，就近城镇化特征明显

在属于城镇职住协同的代际个体中，各代际多以县城职住协同为主（图 8-35），表现出明显的就近城镇化特征。其中，一代人以县城职住协同为主，就业、居住的分布范围较广，跨市职住特征明显。二代人亦以县城职住协同为主，较一代人的职住空间范围缩小，其就业地、居住地由市外向乡镇转化，这与二代人的家庭角色和义务有关。2.5 代人则以市外职住协同为主，其占比高达 35.87%，为代际个体中最高，经分析认为主要原因有两点：一是其求学者多处于大学阶段，因此市外、省外求学者多；二是根据就业特征分析，其在外打工者的长期工作地点为省外的占比最高。因此，2.5 代人较二代人的职住空间范围向市区、市外扩张。三代人则以县城职住协同为主，占比为 45.54%；其次为乡镇职住协同，占比为 23.76%。

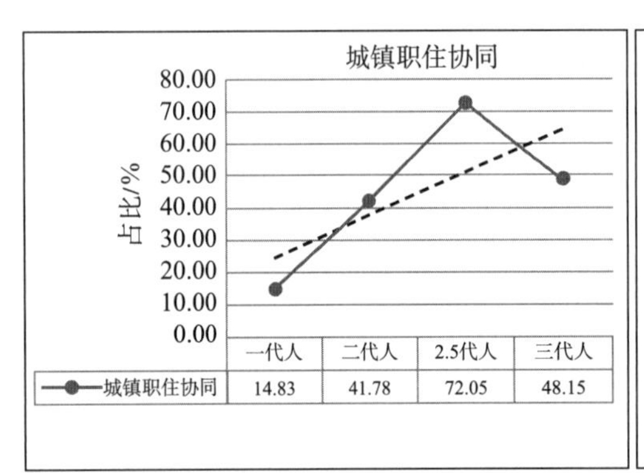

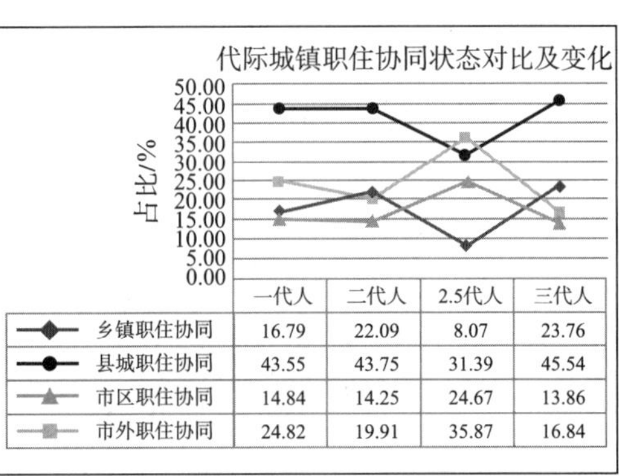

图 8-35　代际城镇职住协同变化特征及状态对比图

（3）空间上整体表现为南北远城村庄高、中部近城村庄低的特征

章丘市代际个体视角的城镇职住协同在空间上各代际均与整体视角的城镇职住协同空间特征基本一致，即整体表现为南北远城村庄高、中间近城村庄低的特征（图 8-36、图 8-37）。如靠近城区的养军店村、乐家村等城镇职住协同度均较低，远离城区的西车厢村、井泉村、西李村等城镇职住协同度均较高。

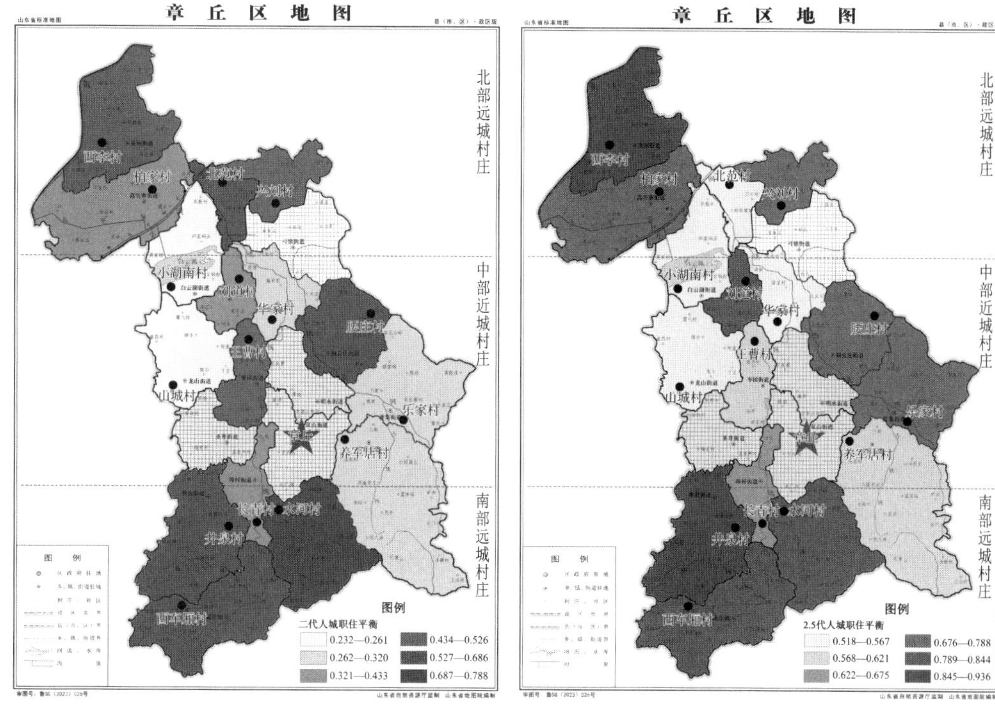

图 8-36　抽样村庄二代人城镇职住协同状态分布图

图 8-37　抽样村庄 2.5 代人城镇职住协同状态分布图

8.3　章丘市乡村就业人口职住空间干预策略

根据章丘市乡村就业人口表现出的不同职住协同状态特征，本章就改善城乡关系、促进城镇职住协同实现城镇化，从不同角度提出以下规划干预策略：

8.3.1　阶段干预策略

1）继续推进城镇化，促进乡村职住协同向城镇职住协同转变

（1）以家庭为基本单元推进城镇化进程

随着新型城镇化的推进，乡村聚合家庭不断向城镇耦合家庭转变，家庭化转移将成为乡村就业人口由乡村向城镇地区转移的新趋势。夫妻是一个家庭中的主要成员，夫妻城乡离散会带来一定的家庭矛盾，而夫妻联合共同迁居城镇可以增加乡村家庭在城镇地区的就业稳定性和居住稳定性，并减少城乡流动的成本。另外，工作岗位和居住的长期稳定可以提高乡村就业人口中夫妻双方的工资和“城市福利”（吐尔孙，2016），进而对其家庭定居城镇有积极的推动作用。

① 建立城镇地区“常住家庭”同等社会保障制度

我国城乡家庭社会保障存在较大差距，城镇地区的乡村家庭或安置区家庭的社会保障也明显低于城镇家庭（胡雪倩等，2014），这也是造成乡村就业人口家庭难

以在城镇定居的重要原因。因此，政府需建立城镇地区乡村户籍常住家庭与城镇家庭同等的社会保障制度。确保转移家庭和城镇家庭享有同等的职工、医疗、养老的社会保障制度。

② 确保家庭随迁子女平等就学的权利，解决随迁子女就学问题

子女是一个家庭的未来，子女的教育问题更是一个家庭最为关注的，而目前由于学龄人员较多导致部分教育设施饱和、大班化现象普遍存在，加之学区的划分以及迁移家庭的经济条件有限，随迁子女就学难时有发生。因此，教育部门需根据实际情况制定解决乡村家庭随迁子女的入学办法，确保乡村家庭子女顺利就学。

③ 针对乡村迁移家庭，提供“家庭式公租房”保障

乡村就业人口作为弱势群体，无力支付城市较大的居住成本，多租住在城市边缘区或城中村，而政府实施的公租房建设工程，城镇地区乡村就业人口群体受惠的比例并不大（汪海龙，2015）。即便申请获得公租房，其面积也均在 40 m^2 左右，难以满足家庭式居住的需求，因此，政府部门应增加对乡村就业人口住房制度的支持和资金投入，应针对这一特殊群体提供针对性公租房保障，其面积也应满足家庭需求做到 70 m^2 左右。同时，政府部门还应拓宽保障渠道，建设廉租房或经济适用房等，让他们能够住得起房、买得起房。另外，政府部门还应针对乡村就业人口的特殊性，探索多途径的保障方式，如免除房屋购置税、设定租房最高价、提供租房补贴等，多渠道解决乡村就业人口的城镇住房问题。

（2）差异化推进代际人口城镇化进程

受代际分工和职业技能的影响，乡村就业人口的代际职住协同模式分异明显，其就业、居住空间分布差异明显，老年群体的职住空间以乡村为主，将来也会终老乡村，年轻群体则以城镇地区为主。

① 加强新生代农民工（21—40 岁）的职业技能培训

新生代农民工的就业、居住多趋于城镇地区，但由于知识、技能有限，其只能从事劳动密集型产业，且就业多不稳定。因此亟须完善此类人群的就业技能、提升劳动素质，特别是 21—40 岁年龄段的乡村就业人口。分析认为，可从以下方面进行改善：首先，重视乡村职业技术教育，新生代农民工中学毕业后即步入社会，多无一技之长，需在市场经济对劳动力需求的基础上加强其职业技能教育，使其掌握一定的职业技能，提高转移就业的能力。其次，加强就业技能的再培训，在各街镇设立定期就业技能培训班，对外出的乡村就业人口进行就业技能再培训。最后，政府和企业均应设立足够健全的服务信息机构，为乡村就业人口提供就业岗位信息和咨询服务。城镇就业是乡村居民享受城市发展机会的基本标志之一，是乡村转移人口融入城镇发展的重要组成部分和途径，因此，完善乡村就业人口的就业技能并增加其就业渠道意义重大。

② 放宽年轻群体的城镇落户政策

户籍制度是造成我国城乡二元分割的重要原因，受其限制，许多有能力、愿意在城镇地区定居的乡村就业人口不符合硬性条件，而频繁在城乡间流动（寿纪云，2015），最终导致其不得不返乡定居，户籍制度已成为我国乡村就业人口进城稳定

职住的一道限制。因此，必须加快户籍制度改革，但户籍制度在我国根深蒂固，改革不可能一蹴而就，需采取梯度性、差异化的措施。不同等级规模的城市、县、乡镇，应根据自身的综合人口承载能力和所能提供的就业、居住匹配度制定符合自身发展的制度。其一，中心镇、小城镇应全面放开落户，使有就业和落户意愿的乡村就业人口均可落户；其二，县城是乡村就业人口转移的主要地区，应灵活放开落户，拒绝一刀切政策，其可以根据乡村就业人口的就业性质、居住意愿、收入水平等提供差异化落户条件；其三，市区仍是乡村就业人口转移的重要地区，应限制性放开落户，其可根据工作或居住年限、参保情况、城市居住就业匹配能力设定落户条件；其四，户籍制度改革不应该只是出现在政府文件里的改革，而应积极践行。

2）放权乡村土地流转，消除村民进城的“后顾之忧”

土地是否流转对各职住模式影响显著。土地制度改革滞后，使得农民工不能放开对土地的依赖，导致其在城市和乡村间往返（寿纪云，2015）。有研究显示，土地权益是农民离开乡村进城的主要障碍（刘岱宁，2014）。土地制度改革的关键是建立适宜的土地流转制度，可从以下方面着手：第一，对乡村土地进行精准确权，一旦农民进城，允许其将土地流转或转让。第二，对于乡村宅基地，在一定条件下，村民可以对自己的宅基地进行租赁、转让或买卖。第三，允许乡村土地和城市建设用地一样进行市场化流转。第四，在政府征地方面，要协同政府与农民的利益，及时与其沟通，了解其意愿、给予其足够的补偿。第五，可以尝试利用乡村土地换取城市部分保障机制。有研究显示，稳定的工作、合适的住房和社会保障是乡村流动人口愿意以农地换城市定居的关键因素（汤爽爽等，2015）。

8.3.2 空间干预策略

1）构建 30 min 城乡通勤圈，合理对待城乡职住分离群体

交通是城乡互动的纽带，在城乡关系变迁中类似于助推器的作用，其直接影响是促进非农就业人口从乡村中转移出来（王继峰等，2015）。研究发现，到县城的距离对各职住模式影响显著。目前，章丘市仍存有约 21% 的城乡通勤人口，如何解决这部分乡村就业人口的通勤对城乡可持续发展至关重要。近年来，随着城镇化的快速发展，城乡联系日益密切、城乡居民的流动规模和频率日渐增大，城乡职住分离的乡村就业人口亦在增多，因此对城乡交通建设和管理也提出了更高的要求。2016 年，章丘城乡公交有明水—辛寨、明水—文祖、明水—高官寨等 9 条线路，而镇村公交只有文祖、白云湖、普集、高官寨、官庄共 5 个镇合计 6 条线路（普集镇有 2 条），这显然难以满足本地乡村居民的出行需求。因此，章丘市需在当前城乡公交、镇村公交体系的基础上加大力度发展城乡公交和镇村公交，构建镇村、镇县两级通勤圈，以 30 min 原则合理布局县域生产、生活空间，并在人流量大的节点增设大运量快速通勤，结合实际需求发展定制公交和无缝接驳班车等多元化的交通方式，以使乡村和城镇更充分的连接、人员更便捷的流动，这也是近年来城乡一体化、城乡公共服务均等化的要求。

在镇村公交发展方面，以镇驻地为中心站场，实现公交村村通工程，且每条线路的单程运行时间控制在 15 min 以内，构建镇村 15 min 通勤圈；同理，在镇县公交发展方面，以县城为中心，实现镇县 30 min 通勤圈（图 8-38）。城乡公共交通是城乡一体化发展的纽带，构建镇村、镇县通勤圈对促进乡村就业人口城乡流动或向城镇地区转移有不可替代的作用。

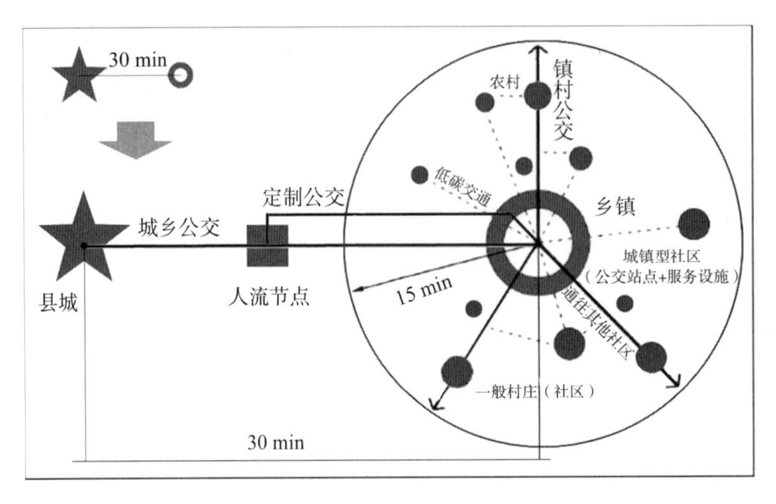

图 8-38　城乡、镇村公交模式图

2）构建 15 min 生活圈，注重城市边缘区用地的混合开发

分析发现，由于租金低廉和居住空间分异，乡村就业人口多集聚租住在城市边缘区或城乡接合部地带，其由城市边缘区到市区、县城就业，亦需要在居住地与就业地之间长距离奔波。因此，规划者在规划时需注重城市边缘区城市功能的混合和城市用地的混合，构建 15 min 生活圈。在空间上合理配置生产用地与居住用地，并测度每个片区的就业岗位和就业者数量，使其基本在协同范围内，还要注重质量的协同，即每个片区的就业者自足性。同时要做到用地适度混合，可布置一些无污染或微污染的企业在相应居民点或居住区附近（图 8-39）。另外，在城市更新或城市改造过程中应考虑在就业密集区附近安置员工居住，在居住密集区附近增加就业岗位。

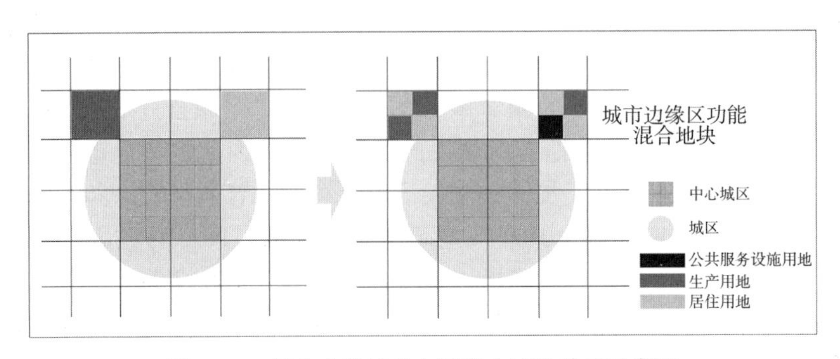

图 8-39　复合功能城市空间基本结构单元示意图

3）以县城为依托，加强产城人融合，承接乡村转移劳动力

章丘市乡村就业人口城镇职住协同者的就业、居住主要集中于县城，就近城镇化特征明显。而当城市发展到一定水平，决定城市增长的便是城市自身集聚劳动力、技术等生产要素的能力（何立春，2015）。章丘市乡村就业人口的就近城镇化明显，因此县城地区需要一定的产业来支撑与承接乡村转移劳动力，而统筹产业发展和城镇布局、推进产城融合便是其有效途径之一。所谓产城融合，是指产业与城市融合发展，以城市为基础，承载产业空间和发展产业经济，以产业为保障，驱动城市更新和完善服务配套，以达到产业、城市、人之间有活力、持续向上发展的模式（裘东来，2014），其内涵首先是居住与就业的融合（林华，2011），其发展的核心是就业结构与人口结构的匹配（李文彬等，2012）。因此，以县城为依托，着力优化产业结构、提升优势产业、发展壮大服务业，促进产城融合，可增加非农就业机会，促进乡村转移劳动力在县城非农就业，使城镇、人、产业协同发展（图 8-40）。

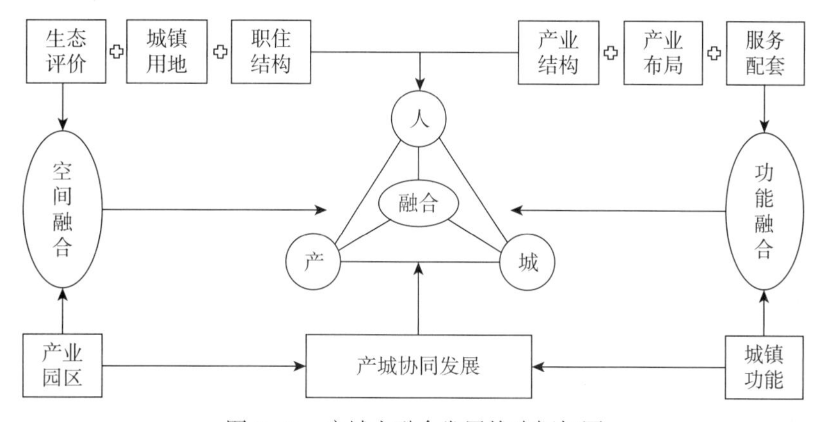

图 8-40　产城人融合发展战略框架图

8.4　本章小结

本章主要从济南章丘市整体、家庭、代际三个视角研究各层面的职住协同状态特征及代际变化规律，其状态特征主要从整体概况、乡村职住协同、城乡职住分离、城镇职住协同四个角度进行分析，得出初步结论如下：

（1）目前章丘市乡村就业人口的职住处于由乡村向城镇转移的过渡阶段。在这个阶段，乡村职住协同的占比已开始降低，但是仍大于城镇职住协同，同时有一部分城乡职住分离的就业人口存在。经过问卷统计，目前章丘市的乡村就业人口中属于乡村职住协同模式的占比为 45.68%，属于城镇职住协同模式的占比为 33.11%，同时还有 21.21% 的人口属于城乡职住分离模式。另据统计，目前在乡村职住协同模式和城乡职住分离模式的群体中，从事非农就业的人员占比较高。因此在该阶段，随着城镇化的持续推进，乡村职住协同模式的占比还会进一步下降，向城镇职住协同模式和城乡职住分离模式转化。

（2）在章丘市乡村就业人口中，以家庭为单元进行统计，虽然当前家庭成员的整体职住协同度均较高，但两代家庭中女性的职住协同程度（89.93%、79.77%）均高于男性（80.73%、72.97%），这说明男性的通勤能力更强，可以适应到更远距离的地方去就业，这与文章前面的理论基本一致。同时，随着城镇化的推进，非农就业机会的增加，家庭中男性成员外出就业，与妻子分离的态势应当比较明显。但是在实际的统计分析中发现，在章丘市乡村就业人口中，虽然两代家庭代际家庭成员间居住空间分离的占比（59.11%、20.71%）较高，如爷爷与爸爸的职住空间分离、爸爸与孩子的职住（学）空间分离，但家庭中夫妻二人居住空间分离的占比却较低（5.59%、4.88%）。

（3）在章丘市乡村就业人口中，按照代际划分的标准分析，随着代际年龄的递减，其职住协同的模式呈现出由乡村职住协同向城镇职住协同转化的特征。目前，年龄大的第一代人其职住协同模式以乡村职住协同为主（70.48%），这说明年龄大的人居住和就业主要是在乡村解决；而年龄小的一代人其职住协同模式以城镇职住协同为主（72.05%），他们的居住和就业主要在城镇解决，未来也有较为强烈的留城发展意愿。另外，通过对城镇职住协同模式的调查进行统计分析发现，乡村就业人口的居住和就业地点多数分布在章丘市的市区（县城）（41.25%），这体现了章丘市乡村就业人口在城镇化的空间选择上偏好县城的特征，而不是小城镇和济南市区。

第 8 章注释

① 通勤人口，即工作地点与居住地点分离于两地，该类人口早上从农村涌入城镇工作，晚上由城镇返回农村居住，往返于工作地点与居住地点之间。

② 参考相关研究（湛东升等，2013），以县城为中心，以 15 km 为基数将章丘市村庄划分为近、中、远三个圈层。

③ 因一代人职住空间基本稳定，三代人受客观限制，代际个体空间特征主要分析二代人和 2.5 代人。

参考文献

· 中文文献 ·

柴彦威，张艳，刘志林，2011. 职住分离的空间差异性及其影响因素研究［J］. 地理学报，66（2）：157-166.

程鹏，唐子来，2017. 上海中心城区的职住空间匹配及其演化特征研究［J］. 城市规划学刊（3）：62-69.

崔功豪，魏清泉，陈宗兴，1999. 区域分析与规划［M］. 北京：高等教育出版社.

丁成日，2009. 高度集聚的中央商务区：国际经验及中国城市商务区的评价［J］. 规划师，25（9）：92-96.

丁成日，宋彦，克纳普，等，2005. 城市规划与空间结构：城市可持续发展战略［M］. 北京：中国建筑工业出版社.

丁甲宇，2010. 转型期深圳市居住空间分异现象研究［D］. 哈尔滨：哈尔滨工业大学.

丁万钧，2004. 大都市区土地利用空间演化机理与可持续发展研究［D］. 长春：东北师范大学.

杜浩，2012. 都市区新城就业与居住空间研究：以河西新城为例［D］. 南京：南京大学.

杜宁，2010. 汽车使用税费与城市空间发展的关联性研究：基于城市土地租金竞价函数的分析方法［J］. 城市规划，34（12）：64-70.

杜强，贾丽艳，2009. SPSS 统计分析从入门到精通［M］. 北京：人民邮电出版社.

方创琳，2021. 新发展格局下的中国城市群与都市圈建设［J］. 经济地理，41（4）：1-7.

冯国强，2015. 浅议新型城镇化与中国经济发展的关系［J］. 农村·农业·农民（B 版）（5）：40.

冯健，2004. 转型期中国城市内部空间重构［M］. 北京：科学出版社.

干迪，王德，朱玮，2015. 上海市近郊大型社区居民的通勤特征：以宝山区顾村为例［J］. 地理研究，34（8）：1481-1491.

高翔，2020. 发展型都市圈就业空间格局研究：以济南都市圈为例［D］. 济南：山东建筑大学.

郭永昌，2007. 上海社会阶层空间错位研究［D］. 上海：华东师范大学.

国家统计局，2011. 统计单位划分及具体处理办法［EB/OL］.（2011-10-24）［2023-02-13］.http：//www.stats.gov.cn/sj/tjbz/gjtjbz/202302/t20230213_1902747.html.

何立春，2015. 产城融合发展的战略框架及优化路径选择［J］. 社会科学辑刊（6）：123-127.

何微微，2016. 新生代农村劳动力转移动因研究：1 109 份调查数据的实证分析［J］. 现代财经（天津财经大学学报），36（11）：11-20.

贺传皎，王旭，李江，2017. 产城融合目标下的产业园区规划编制方法探讨：以深圳市为例［J］. 城市规划，41（4）：27-32.

贺雪峰，2015. 中国农村家庭代际分工分析［N］. 学习时报，2015-07-20（A3）.
胡娟，胡忆东，朱丽霞，2013. 基于“职住平衡”理念的武汉市空间发展探索［J］. 城市规划，37（8）：25-32.
胡雪倩，谢亚，吴迪，等，2014. 快速城镇化背景下的大都市边缘区的家庭城镇化研究：以南京禄口地区为例［J］. 现代城市研究，29（12）：110-116.
黄宁阳，龚梦，2010. 农村劳动力跨省转移意愿的个体特征及家庭因素分析：基于农户调查的 Logit 回归模型［J］. 中国农村观察（2）：27-33，62.
黄荣，2012. 新生代农民工的社会认同研究：基于消费视角的社会学分析［D］. 合肥：安徽大学 .
黄亚平，林小如，2013. 欠发达山区县域新型城镇化路径模式探讨：以湖北省为例［J］. 城市规划，37（7）：17-22.
黄耀福，李郇，2022. 粤港澳大湾区空间一体化历程［J］. 中国名城，36（5）：16-22.
济南市统计局，2021. 济南市第七次全国人口普查公报［EB/OL］.（2021-06-16）［2023-11-03］.http：//jntj.jinan.gov.cn/art/2021/6/16/art_57208_4742898.html.
济南市自然资源和规划局，2016. 济南市城市总体规划（2011—2020 年）［EB/OL］.（2016-08-29）［2023-11-03］.http：//nrp.jinan.gov.cn/art/2016/8/29/art_43843_3510694.html.
姜文婷，2014. 北京亦庄新城：面向职住平衡的开发区转型发展规划研究［D］. 北京：清华大学 .
康盈，桑东升，李献忠，2015. 大都市区范围与空间圈层界定方法与技术路线探讨：以重庆市大都市区空间发展研究为例［J］. 城市发展研究，22（1）：22-27.
李文彬，陈浩，2012. 产城融合内涵解析与规划建议［J］. 城市规划学刊（S1）：99-103.
李文彬，张昀，2014. 人本主义视角下产城融合的内涵与策略［J］. 规划师，30（6）：10-16.
李秀敏，刘冰，黄雄，2007. 中国城市集聚与扩散的转换规模及最优规模研究［J］. 城市发展研究，14（2）：76-82，87.
梁倩，2022. 换挡提质　新一轮新型城镇化开启［EB/OL］.（2022-06-08）［2023-02-24］. http://www.news.cn/fortune/2022-06/08/c_1128721830.htm.
林华，2011. 关于上海新城“产城融合”的研究：以青浦新城为例［J］. 上海城市规划（5）：30-36.
凌莉，2018.“体系衔接与治理创新”：上海市单元规划的演进与探索［J］. 上海城市规划，4（4）：80-85.
刘长岐，王凯，2004. 影响北京市居住空间分异的微观因素分析［J］. 西安建筑科技大学学报（自然科学版），36（4）：403-407，412.
刘岱宁，2014. 传统农区人口流动与城镇化模式研究：以河南为例［D］. 开封：河南大学 .
刘定惠，朱超洪，杨永春，2012. 国外过剩通勤研究进展及其对中国的启示［J］. 世界地理研究，21（4）：31-38.
刘定惠，朱超洪，杨永春，2014. 西部大城市居民通勤特征及其与城市空间结构的关系研究：以成都市为例［J］. 人文地理，29（2）：61-68.

刘升，2015. 家庭结构视角下的“半工半耕”及其功能［J］. 北京社会科学（3）：75-81.
刘维奇，韩媛媛，2014. 城乡非农就业结构、人口转移方式与城镇化水平的关系：基于中国数据的研究［J］. 统计与信息论坛，29（8）：85-92.
刘洋，2012. 基于产业发展视角的高新区用地分类与用地构成比例研究［D］. 武汉：华中科技大学.
刘志林，王茂军，2011. 北京市职住空间错位对居民通勤行为的影响分析：基于就业可达性与通勤时间的讨论［J］. 地理学报，66（4）：457-467.
麻承琛，2022. 产城融合导向下高新区空间优化研究：以枣庄市高新区为例［D］. 济南：山东建筑大学.
马亮，2017. 基于轨道交通刷卡数据的城市通勤圈范围研究［J］. 城市轨道交通研究，20（8）：80-84.
马向明，陈洋，陈昌勇，等，2020.“都市区”“都市圈”“城市群”概念辨识与转变［J］. 规划师，36（3）：5-11.
马燕坤，肖金成，2020. 都市区、都市圈与城市群的概念界定及其比较分析［J］. 经济与管理，34（1）：18-26.
孟晓晨，吴静，沈凡卜，2009. 职住平衡的研究回顾及观点综述［J］. 城市发展研究，16（6）：23-28，35.
裘东来，2014. 长三角开发区产城融合发展研究：以嘉兴经济技术开发区为例［J］. 江南论坛（2）：18-20.
任鹏，彭建东，杨红，等，2021. 武汉市轨道交通站点周边地区职住平衡与建成环境的关系研究［J］. 地球信息科学学报，23（7）：1231-1245.
山东省发展和改革委员会，2021. 省会经济圈“十四五”一体化发展规划［Z］. 济南：山东省发展和改革委员会.
单卓然，黄亚平，2013.“新型城镇化”概念内涵、目标内容、规划策略及认知误区解析［J］. 城市规划学刊（2）：16-22.
申犁帆，张纯，李赫，等，2019. 城市轨道交通通勤与职住平衡状况的关系研究：基于大数据方法的北京实证分析［J］. 地理科学进展，38（6）：791-806.
寿纪云，2015. 新型城镇化对农民工城乡间流动影响分析［D］. 西安：陕西师范大学.
孙斌栋，等，2009. 我国特大城市交通发展的空间战略研究：以上海为例［M］. 南京：南京大学出版社.
孙斌栋，李南菲，宋杰洁，等，2010. 职住平衡对通勤交通的影响分析：对一个传统城市规划理念的实证检验［J］. 城市规划学刊（6）：55-60.
孙斌栋，潘鑫，宁越敏，2008a. 上海市就业与居住空间均衡对交通出行的影响分析［J］. 城市规划学刊（1）：77-82.
孙斌栋，吴雅菲，2008b. 上海居住空间分异的实证分析与城市规划应对策略［J］. 上海经济研究，20（12）：3-10.
孙中伟，张莉，张晓莹，2018. 工作环境污染、超时加班与外来工的精神健康：基于“二次打击”的理论视角［J］. 人口与发展，24（5）：14-23.

汤爽爽，黄贤金，2015. 农村流动人口定居城市意愿与农村土地关系：以江苏省不同发展程度地区为例［J］. 城市规划，39（3）：42-48.
吐尔孙，2016. 城镇化进程中农民夫妻联合迁移及其对土地流转的影响研究［D］. 武汉：华中农业大学 .
汪海，2016. 以国际大都市为鉴构建基于轨道交通体系的上海大都市圈［J］. 上海城市规划（5）：94-100.
汪海龙，2015. 新型城镇化背景下进城农民工市民化问题研究：以重庆市为例［D］. 重庆：重庆工商大学 .
王大立，刘政宏，1999. 台湾地区工作—居住平衡之研究［C］// 台湾地区住宅学会 .1999 年住宅学会第八届年会论文集 . 台北：台湾地区住宅学会 .
王飞虎，陈满光，刘丽绮，2021. 城乡融合发展试验区存在问题及应对策略 [J]. 规划师，37（5）：12-18.
王宏伟，2003. 大城市郊区化、居住空间分异与模式研究：以北京市为例［J］. 建筑学报（9）：11-13.
王济川，郭志刚，2001. Logistic 回归模型：方法与应用［M］. 北京：高等教育出版社 .
王继峰，陈莎，姚伟奇，等，2015. 县域农民工职住关系及通勤交通特征研究［J］. 国际城市规划，30（1）：8-13.
王梅梅，刘孟琴，杨永春，等，2022. 2000—2015 年中国西部中心城市郊区城乡融合比较：兰州与成都［J］. 兰州大学学报（自然科学版），58（1）：1-10.
王霞，王岩红，苏林，等，2014. 国家高新区产城融合度指标体系的构建及评价：基于因子分析及熵值法［J］. 科学学与科学技术管理，35（7）：79-88.
王兴平，2008. 中国开发区空间配置与使用的错位现象研究：以南京国家级开发区为例［J］. 城市发展研究，15（2）：85-91.
王兴平，2014. 以家庭为基本单元的耦合式城镇化：新型城镇化研究的新视角［J］. 现代城市研究，29（12）：88-93.
王兴平，赵虎，2014. 南京都市区内城外郊就业者的职住平衡差异［J］. 城市问题（3）：37-43.
王雅娟，屈信，张尚武，2018. 规划研究视角的特大城市通勤空间紧凑性评价方法：以济南市为例［J］. 城市规划学刊（6）：61-68.
魏东雄，华玉武，李宇佳，2018. 北京农村电子商务发展现状及前景［J］. 农业展望，14（5）：96-101.
魏海涛，赵晖，肖天聪，2017. 北京市职住分离及其影响因素分析［J］. 城市发展研究，24（4）：43-51.
沃尔特斯，布朗，2006. 设计先行：基于设计的社区规划［M］. 张倩，邢晓春，潘春燕，译 . 北京：中国建筑工业出版社 .
吴定平，2013. 新华网评：新型城镇化是贪大求快的克星［EB/OL］.（2013-06-30）［2022-05-17］. https：//www.gov.cn/jrzg/2013-06/30/content_2437510.htm.
吴志强，李德华，2010. 城市规划原理［M］. 4 版 . 北京：中国建筑工业出版社 .

谢花林，李波，2008. 基于 logistic 回归模型的农牧交错区土地利用变化驱动力分析：以内蒙古翁牛特旗为例［J］. 地理研究，27（2）：294-304.
谢守红，2003. 大都市区的概念及其对我国城市发展的启示［J］. 城市（2）：6-9.
新华社，2019. 中共中央　国务院关于建立健全城乡融合发展体制机制和政策体系的意见［EB/OL］.（2019-05-05）［2023-11-03］.http：//www.gov.cn/zhengce/2019-05/05/content_5388880.htm.
徐海贤，2017. 同城化的阶段特征、形式与趋势探析［J］. 规划师，33（S2）：129-133.
徐坚，钱宇佳，何冰玥，等，2024. 新型城镇化与建筑业协调发展测度及影响因素研究：以云南省为例［J］. 小城镇建设，42（3）：60-68.
徐艺轩，周锐，戴刘冬，等，2014. 我国中部中等城市职住分离的空间差异及其影响因素：以漯河市为例［J］. 城市发展研究，21（12）：52-58.
许学强，周一星，宁越敏，1997. 城市地理学［M］. 北京：高等教育出版 .
薛薇，2013. SPSS 统计分析方法及应用［M］. 3 版 . 北京：电子工业出版社 .
杨珺丽，2018. 上海城市居住空间结构演变研究［D］. 上海：华东师范大学 .
杨上广，2005. 大城市社会空间结构演变研究：以上海市为例［J］. 城市规划学刊（5）：17-22.
姚秀利，王红扬，2008. 近百年来大连居住空间分异特征及其形成机制［J］. 现代城市研究，23（11）：6-12.
叶超，于洁，2020. 迈向城乡融合：新型城镇化与乡村振兴结合研究的关键与趋势［J］. 地理科学，40（4）：528-534.
伊海燕，姚玫玫，2014. 新型城镇化背景下乡镇政府面临的信访难题及破解思路：以安徽省 BL 镇为调查对象［J］. 齐齐哈尔大学学报（哲学社会科学版）（3）：47-49.
袁亚琦，2020. 大城市棚户区改造的时空特征、机理与效应研究：以南京为例［D］. 南京：南京大学 .
湛东升，孟斌，2013. 基于社会属性的北京市居民居住与就业空间集聚特征［J］. 地理学报，68（12）：1607-1618.
张小瑛，赖海榕，2022. 新型工农城乡关系：从“以工促农”到“工农互促”的战略转变与动力机制［J］. 经济社会体制比较（1）：171-177.
赵虎，2014. 中国都市区就业空间演化研究：以南京为例［M］. 南京：东南大学出版社 .
赵虎，李迎成，倪剑波，2015. 特大城市快速公共客运走廊地区规划刍议：基于探寻职住平衡调控有效空间载体的视角［J］. 城市规划，39（1）：35-40.
赵虎，司建平，何晓伟，2016. 快速公交系统站点综合可达性评价研究：以济南市为例［C］// 中国城市规划学会 . 规划 60 年：成就与挑战：2016 中国城市规划年会论文集 . 北京：中国建筑工业出版社 .
赵虎，王兴平，丛喜静，2012. 长三角中心城市“首位就业区”比较研究：基于全国经济普查数据的分析［J］. 城市发展研究，19（8）：82-88.
赵虎，张悦，尚铭宇，等，2022. 体现产城融合导向的高新区空间规划对策体系研究：以枣庄高新区东区为例［J］. 城市发展研究，29（6）：15-21.

赵虎，赵奕，张一凡，2014. 都市区就业空间演化及规划策略探讨：以济南市为例［J］. 城市发展研究，21（7）：42-47.

赵鹏军，曹毓书，2018. 基于多源 LBS 数据的职住平衡对比研究：以北京城区为例［J］. 北京大学学报（自然科学版），54（6）：1290-1302.

赵鹏军，吕斌，德罗格特，2016a. 转型期职住协同对北京城市通勤的影响研究（上）［J］. 重庆山地城乡规划（3）：63-68.

赵鹏军，吕斌，德罗格特，2016b. 转型期职住协同对北京城市通勤的影响研究（下）［J］. 重庆山地城乡规划（4）：62-68.

郑思齐，徐杨菲，张晓楠，等，2015. "职住平衡指数"的构建与空间差异性研究：以北京市为例［J］. 清华大学学报（自然科学版），55（4）：475-483.

周丽娟，2013. 农户耕地撂荒影响因素研究：基于宜宾市南溪区的调查［D］. 雅安：四川农业大学.

周书琼，魏开，黄幸，2020. 家庭城镇化理论研究综述［J］. 城市问题（10）：98-103.

周一星，1989. 中国城镇的概念和城镇人口的统计口径［J］. 人口与经济（1）：9-13.

邹伟勇，黄炀，马向明，等，2014. 国家级开发区产城融合的动态规划路径［J］. 规划师，30（6）：32-39.

· 外文文献 ·

CALTHORPE P，1993. The next American metropolis：ecology，community，and the American dream［M］. New York：Princeton Architectural Press.

CERVERO R，1989. Jobs-housing balancing and regional mobility［J］. Journal of the American planning association，55（2）：136-150.

CERVERO R，1991. Jobs-housing balance as public policy［J］. Urban land（10）：4-10.

HAMILTON B W，RÖELL A，1982. Wasteful commuting［J］.The journal of political economy，90（5）：1035-1053.

图片来源

图 1-1 源自：笔者绘制 .

图 1-2 源自：笔者绘制［底图源自山东省标准地图之济南市地图，审图号为鲁 SG（2023）026 号］.

图 1-3 源自：笔者绘制 .

图 2-1 源自：笔者绘制 .

图 2-2、图 2-3 源自：笔者根据《大都市区规划的职住平衡专题解读及其启示——以〈奔向 2040：芝加哥总体区域规划〉职住平衡报告为例》整理绘制 .

图 2-4 源自：笔者根据 2000 年美国人口普查数据和 2006 年美国社区调查数据整理绘制 .

图 2-5 源自：笔者根据 1980 年美国人口普查数据和 2004 年纵向雇主—家庭动态数据集（Longitudinal Employer -Household Dynamics，LEHD）整理绘制 .

图 2-6、图 2-7 源自：笔者根据《大都市区规划的职住平衡专题解读及其启示——以〈奔向 2040：芝加哥总体区域规划〉职住平衡报告为例》整理绘制 .

图 2-8 至图 2-11 源自：笔者绘制［底图源自上海市测绘院编制的上海市地图，审图号为沪 S（2019）062 号］.

图 2-12 源自：笔者根据《上海市城市总体规划（2017—2035 年）》整理绘制 .

图 2-13、图 2-14 源自：笔者绘制 .

图 3-1 至图 3-10 源自：笔者绘制 .

图 3-11 至图 3-14 源自：笔者绘制［底图源自山东省标准地图之济南市地图，审图号为鲁 SG（2023）026 号］.

图 3-15 至图 3-19 源自：笔者绘制 .

图 3-20 至图 3-23 源自：笔者绘制［底图源自山东省标准地图之济南市地图，审图号为鲁 SG（2023）026 号］.

图 3-24 至图 3-29 源自：笔者绘制 .

图 4-1 源自：笔者绘制 .

图 4-2 源自：笔者绘制［底图源自山东省标准地图之济南市地图，审图号为鲁 SG（2023）026 号］.

图 4-3 至图 4-21 源自：笔者绘制 .

图 5-1、图 5-2 源自：笔者绘制 .

图 5-3 源自：笔者根据高德地图整理绘制 .

图 5-4 至图 5-21 源自：笔者绘制 .

图 6-1 源自：笔者绘制 .
图 6-2、图 6-3 源自：笔者绘制［底图源自《济南市城市总体规划（2011—2020 年）》中心城用地规划图］.
图 6-4 源自：笔者绘制［底图源自山东省标准地图之济南市地图，审图号为鲁 SG（2023）026 号］.
图 6-5 至图 6-17 源自：笔者绘制 .
图 6-18 源自：笔者绘制（底图源自《济南市 15 分钟生活圈专项规划》）.
图 6-19 源自：笔者根据百度热力图整理绘制 .
图 6-20 源自：笔者绘制 .
图 6-21 至图 6-28 源自：孙涵，2020. 综合发展型高新区职住协同研究：以山东省高新区为例［D］. 济南：山东建筑大学 .

图 7-1 源自：笔者绘制［底图源自山东省标准地图之济南市地图，审图号为鲁 SG（2023）026 号］.
图 7-2 源自：笔者绘制［底图源自山东省标准地图之长清区地图，审图号为鲁 SG（2023）026 号］.
图 7-3 至图 7-7 源自：笔者绘制 .
图 7-8 至图 7-13 源自：笔者绘制［底图源自山东省标准地图之长清区地图，审图号为鲁 SG（2023）026 号］.
图 7-14、图 7-15 源自：笔者绘制 .
图 7-16 源自：笔者绘制［底图源自山东省标准地图之长清区地图，审图号为鲁 SG（2023）026 号］.

图 8-1 源自：笔者绘制 .
图 8-2 源自：笔者绘制［底图源自山东省标准地图之章丘区地图，审图号为鲁 SG（2023）026 号］.
图 8-3、图 8-4 源自：笔者绘制 .
图 8-5 源自：笔者绘制［底图源自山东省标准地图之章丘区地图，审图号为鲁 SG（2023）026 号］.
图 8-6 至图 8-13 源自：笔者绘制 .
图 8-14 源自：笔者绘制［底图源自山东省标准地图之章丘区地图，审图号为鲁 SG（2023）026 号］.
图 8-15 源自：笔者绘制 .
图 8-16、图 8-17 源自：笔者绘制［底图源自山东省标准地图之章丘区地图，审图号为鲁 SG（2023）026 号］.
图 8-18 源自：笔者绘制 .
图 8-19 源自：笔者绘制［底图源自山东省标准地图之章丘区地图，审图号为鲁 SG（2023）026 号］.

图 8-20 源自：笔者绘制.
图 8-21 源自：笔者绘制[底图源自山东省标准地图之章丘区地图，审图号为鲁 SG(2023)026 号].
图 8-22 源自：笔者绘制.
图 8-23 源自：笔者绘制[底图源自山东省标准地图之章丘区地图，审图号为鲁 SG(2023)026 号].
图 8-24 源自：笔者绘制.
图 8-25 源自：笔者绘制[底图源自山东省标准地图之章丘区地图，审图号为鲁 SG(2023)026 号].
图 8-26 源自：笔者绘制.
图 8-27、图 8-28 源自：笔者绘制[底图源自山东省标准地图之章丘区地图，审图号为鲁 SG(2023)026 号].
图 8-29 源自：笔者绘制.
图 8-30、图 8-31 源自：笔者绘制[底图源自山东省标准地图之章丘区地图，审图号为鲁 SG(2023)026 号].
图 8-32 源自：笔者绘制.
图 8-33、图 8-34 源自：笔者绘制[底图源自山东省标准地图之章丘区地图，审图号为鲁 SG(2023)026 号].
图 8-35 源自：笔者绘制.
图 8-36、图 8-37 源自：笔者绘制[底图源自山东省标准地图之章丘区地图，审图号为鲁 SG(2023)026 号].
图 8-38 至图 8-40 源自：笔者绘制.

表格来源

表 1-1、表 1-2 源自：笔者根据相关政策文件整理绘制 .
表 1-3 源自：笔者根据城市更新相关文件整理绘制 .
表 1-4 至表 1-6 源自：笔者绘制 .
表 1-7 源自：笔者根据经济普查和人口普查数据整理绘制 .

表 2-1 源自：笔者绘制 .
表 2-2 源自：笔者根据《大都市区规划的职住平衡专题解读及其启示——以〈奔向 2040：芝加哥总体区域规划〉职住平衡报告为例》整理绘制 .
表 2-3 源自：笔者根据《上海市第二次经济普查主要数据公报》《上海市第三次经济普查主要数据公报》《上海市第四次经济普查主要数据公报》整理绘制 .
表 2-4 源自：笔者根据上海市各区第四次全国经济普查主要数据公报整理绘制 .
表 2-5 源自：笔者根据上海市各区第五次、第六次全国人口普查主要数据公报整理绘制 .
表 2-6 源自：笔者根据上海市各区第六次全国人口普查主要数据公报整理绘制 .
表 2-7、表 2-8 源自：笔者根据上海市第二次全市性综合交通调查成果整理绘制 .
表 2-9 源自：笔者根据上海市第三次、第四次全市性综合交通调查成果整理绘制 .
表 2-10 源自：笔者根据《上海市嘉定区总体规划暨土地利用总体规划（2017—2035 年）》《嘉定区安亭镇总体规划暨土地利用总体规划（2017—2035 年）》相关内容整理绘制 .

表 3-1 源自：笔者根据第三次全国经济普查数据整理绘制 .
表 3-2 源自：笔者根据第二次全国基本单位普查主要数据整理绘制 .
表 3-3 至表 3-15 源自：笔者绘制 .

表 4-1 至表 4-14 源自：笔者绘制 .

表 5-1 至表 5-24 源自：笔者绘制 .

表 6-1 源自：笔者根据《第一批落实四至范围的开发区公告》绘制 .
表 6-2 至表 6-9 源自：笔者绘制 .
表 6-10 源自：笔者根据济南统计年鉴绘制 .
表 6-11 至表 6-17 源自：笔者绘制 .

表 7-1 至表 7-3 源自：笔者绘制 .

表 8-1 源自：笔者根据《济南统计年鉴：2015》相关数据整理绘制 .
表 8-2 源自：笔者根据济南市第六次人口普查数据整理绘制 .
表 8-3 至表 8-9 源自：笔者绘制 .

后记

职住空间协同研究是笔者在攻读博士学位期间，由导师王兴平教授帮助选定的研究领域，至今已过去15年的时间了。王兴平教授长期追踪长三角产业园区的发展状态，当时发现园区多存在职住空间错位的现象，由此衍生了诸多问题并降低了城市运行效率。自此在他的悉心指导下，笔者展开了在职住空间协同领域的研究工作，并且随着认识的不断深入，研究的尺度从园区进一步拓展到区县，再拓展到大都市区，甚至还延伸到京沪沿线区域。几年下来，不仅顺利完成了博士学位论文的写作，相关的成果也陆续在《城市发展研究》《城市规划学刊》等重要专业期刊上发表，其中一篇论文还获得了中国城市科学研究会颁发的优秀论文奖。

2012年，笔者博士毕业后来到济南进入高校从事教学科研工作，至今已经度过了第10个年头。其间结合广泛的地方实践调研，依托攻读博士学位期间职住协同研究的扎实基础，先后获得了国家自然科学基金青年科学基金项目（51308325）和国家自然科学基金面上项目（51878393）的立项，还获得了山东省高等学校青创人才引育计划立项建设团队的支持，在《城市规划》《城市发展研究》《城市问题》等专业重要期刊上发表了一系列高水平成果。同时，作为研究生导师，笔者还指导何晓伟、司建平、徐宁、高翔、孙涵、麻承琛、王浩文等人以职住协同为题完成了相关硕士学位论文的写作并走向了各自的工作岗位。特别值得一提的是，司建平获得了山东省优秀硕士论文的荣誉。今年，尚铭宇、张浩楠、董铭慧等研究生也已完成相关论文的开题工作，以实际行动继续践行着勇担该领域地域研究的使命。

今朝回首，在济南工作、生活的10年，也是持续学习和研究的10年，让笔者对济南都市区职住协同情况有了较为扎实的数据积累和相对清晰的空间认识，并结合本身城乡规划专业的特性建构了较为系统的调控优化策略集合。为了促进地域研究成果的分享与交流，在经过近两年的辛勤整理后，本书作为团队在济南10年聚焦职住协同研究工作的阶段性总结终于有幸集结成稿。在这里对团队中每一位成员的付出表示感谢，也对东南大学出版社徐步政编辑和孙惠玉编辑的支持表示感谢，尤其感谢导师王兴平教授15年如一日的指导和督促。最后需要说明的是，国内外有关职住空间协同研究的进展可谓日新月异，因笔者水平所限和信息不全等因素影响，书中难免会存在一些不足之处有待进一步完善，敬请学界同仁批评指正，再版时将尽力完善和弥补这些缺憾。

赵虎

2023年3月于山东建筑大学建筑艺术馆506A

本书作者

赵虎，男，山东茌平人。东南大学城市规划与设计专业博士，山东建筑大学教授、硕士生导师。山东省高等学校青创人才引育计划立项团队带头人，山东省普通高等教育课程思政示范课程主持人。主要研究方向为城镇化与职住空间协同、地域性与历史文化遗产保护。发表论文 50 余篇，出版著作 2 部，主持并完成国家自然科学基金项目 2 项，承担横向规划项目 40 余项。曾荣获中国城市规划学会科技进步奖、青年论文竞赛奖和求是理论论坛优胜奖、《城市发展研究》杂志（2007—2009 年）优秀论文奖，以及山东省高等学校优秀科研成果奖、江苏省优秀工程勘察设计奖等奖项。